DIANLI HUANBAO JISHU
YU HUANBAO GONGCHENG

电力环保技术与环保工程

内蒙古电力科学研究院　编著

中国电力出版社
CHINA ELECTRIC POWER PRESS

内 容 提 要

本书以电力环保技术为出发点，并辅以相应电力环保工程案例，对现阶段电力环保的技术进行全面总结。全书分为两篇，第一篇为电力环保技术，梳理电力环保发展历程，从烟气、废水、固体废物、电磁与噪声等几个方面详细介绍现有电力环保治理的详细技术路线；第二篇为电力环保工程，主要介绍烟气、废水、固体废物、电磁与噪声等几个方面的电力环保工程实例，并通过相应工程案例的实地测试数据体现工程效果。

本书内容理论联系实际，可供电力环保专业技术人员、管理人员在电力工程建设、设计、运行、研究等工作过程中参考使用，也可作为大中专院校相关专业师生的参考用书。

图书在版编目（CIP）数据

电力环保技术与环保工程/内蒙古电力科学研究院编著 . —北京：中国电力出版社，2020.9
ISBN 978-7-5198-4826-2

Ⅰ.①电…　Ⅱ.①内…　Ⅲ.①电力工程—环境保护　Ⅳ.①X322

中国版本图书馆 CIP 数据核字（2020）第 134515 号

出版发行：中国电力出版社
地　　址：北京市东城区北京站西街 19 号（邮政编码 100005）
网　　址：http：//www.cepp.sgcc.com.cn
责任编辑：刘汝青（010－63412382）　董艳荣
责任校对：黄　蓓　朱丽芳
装帧设计：赵姗姗
责任印制：吴　迪

印　　刷：北京天宇星印刷厂
版　　次：2020 年 9 月第一版
印　　次：2020 年 9 月北京第一次印刷
开　　本：787 毫米×1092 毫米　16 开本
印　　张：13.75
字　　数：303 千字
印　　数：0001—2000 册
定　　价：65.00 元

前　言

近年来，随着我国社会主义现代化建设的逐步推进，以及科学发展观的逐步落实，环境行业特别是电力环保行业发展突飞猛进，以火力发电厂环境保护为代表的电力环境保护已成为全国环境治理的排头兵。在《煤电节能减排升级与改造行动计划（2014—2020年）》《水污染防治行动计划》《土壤污染防治行动计划》等政策出台后，电力行业对新政策的积极响应使得电力环保技术又迎来了新一轮的发展，电力环保技术手段日新月异、技术路线日趋成熟、污染治理范围逐步扩大，在这样的形式下对电力行业环保技术开展研究尤为必要。

本书回顾了电力环保技术发展历程，结合国家、行业内政策及标准更新，着重介绍了目前电力环保中主流的烟气、废水、固体废物、电磁与噪声等几个方面的治理技术。同时，结合实际，介绍了目前电力环保设施生产状况和主要污染物的排放情况及各类电力环保工程实例。通过理论与实际相结合，对现阶段电力环保的技术进行总结，为其他行业环保发展提供经验参考，为电力环保行业内技术选型提供指导，为未来电力环保行业发展提供帮助。

本书分为两篇，共九章。第一篇为电力环保技术，内容包含第一～四章，分别为烟气环保技术路线、废水环保技术路线、固体废物环保技术路线、电磁与噪声环保技术路线，分别介绍了电力环保行业以上几个方向主流的环境治理技术。第二篇为电力环保工程，内容包含第五～九章，分别为烟气环保工程、废水环保工程、固体废物环保工程、电磁与噪声环保工程、电力环保工程经济性水平，主要围绕电力环保工程的生产状况、污染物排放情况及工程案例等方面介绍电力环保技术的实际运用情况。

在本书的编写过程中，得到了内蒙古电力（集团）有限责任公司相关领域领导、内蒙古电力科学研究院领导和同事的大力支持、帮助以及自筹科技项目资金的资助，在此对他们表示真挚的谢意！

除本书所列参考文献外，在编写过程中还参阅了许多我国电力环保工程等领域专家及技术人员撰写的报告、文献、总结资料，恕难以一一列举，在此向各位专家、同仁致谢！

限于作者水平，书中难免存在疏漏之处，恳请读者批评指正！

编著者
2020 年 5 月

目　录

第一篇
电力环保技术

第一章

烟气环保技术路线

第一节 脱硝技术路线

燃煤电厂 NO_x 控制技术主要有两种：一是低氮燃烧技术，其控制燃烧过程中 NO_x 的生成；二是烟气脱硝技术，其对生成的 NO_x 进行处理。烟气脱硝技术主要有选择性催化还原法（Selective Catalytic Reduction，SCR）、选择性非催化还原法（Selective non-Catalytic Reduction，SNCR）、SNCR/SCR 联合脱硝、等离子脱硝、微生物法脱硝、液体吸收法脱硝、液膜法脱硝、吸附法脱硝和 NO 氧化脱除等。目前，在燃煤电厂锅炉上成熟应用的烟气脱硝技术是 SCR、SNCR 和 SNCR/SCR 技术。据中国电力企业联合会 2017 年统计数据，SCR、SNCR 和 SNCR/SCR 技术应用占比分别为 95.81%、3.19% 和 1.00%，其他方法应用较少。通常将低氮燃烧技术与烟气脱硝技术结合，使 NO_x 达到超低排放水平。

一、低氮燃烧技术

（一） NO_x 生成机理

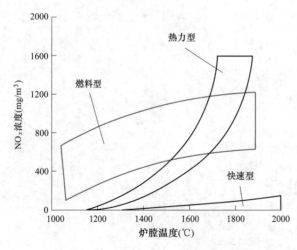

图 1-1 煤粉炉中不同类型 NO_x 生成量与炉膛温度的关系

煤燃烧过程中生成的氮氧化物主要包含 NO、NO_2 和 N_2O，其中 NO 和 NO_2 统称为 NO_x。煤燃烧过程中生成的 NO_x 包括 3 种：快速型 NO_x、热力型 NO_x 和燃料型 NO_x。图 1-1 所示为煤粉炉中不同类型 NO_x 生成量与炉膛温度的关系。可以看到，燃料型 NO_x 占生成总量的 60%~80%，是 NO_x 最主要的生成途径；热力型 NO_x 的生成与炉膛温度成正比，当温度足够高时，热力型 NO_x 的生成量可占到 NO_x 生成总量的 20%；快速型 NO_x 生成量很小。

快速型 NO_x 主要是由空气中的 N_2 被富燃料区域火焰中的烃基氧化生成，其反应速率的控制步主要是 N_2 和燃料燃烧生成的烃反应生成 N 和 HCN 等，因此其主要发生在生产大量烃基的富燃料火焰区。研究表明，快速型 NO_x 主要在不含 N 的"清洁"燃料的碳氢火焰中生成，因此在燃煤锅炉中，该类型的 NO_x 可忽略。

热力型 NO_x 是空气中的 N_2 在高温富氧区域被氧化生成的，该过程可主要描述为 Zeldovich 两步反应机理，即

$$N_2 + O \longrightarrow NO + N \tag{1-1}$$

$$N + O_2 \longrightarrow NO + O \tag{1-2}$$

影响热力型 NO_x 生成的因素主要是氧原子浓度和温度。当温度低于 1800K 或当地为富燃料火焰区域时，热力型 NO_x 的生成率很低。

燃料型 NO_x 主要由燃料中的氮生成，燃煤热解生成的挥发分中的含氮化合物在煤热解过程中释放出来，部分挥发分氮迅速转化为 HCN，剩余部分挥发分氮反应生成 NH_3，然后这两种物质根据当地环境反应生成 NO 或 N_2；燃煤热解生成的焦炭中含有有机氮，也会反应生成 NO 或 N_2。燃料型 NO_x 较热力型 NO_x 更易生成，这是由于燃料氮中的 N—H 和 C—N 键能比空气中 N_2 的 N≡N 键能小得多，因此燃烧过程中主要为燃料型 NO_x。

（二）低氮燃烧技术分类

低氮燃烧技术是根据燃烧学原理，通过改变运行工况抑制或还原燃烧过程中生成的 NO_x，主要有低过量空气系数燃烧、空气分级燃烧、燃料分级燃烧、烟气再循环技术等。

1. 低过量空气系数燃烧

低过量空气系数燃烧也叫低氧燃烧，使燃烧反应在炉内总过量空气系数较低的工况下进行。在低过量空气系数下，煤粉气流在主燃区的燃烧处于缺氧条件，不完全燃烧产生了大量的 CO，有助于主燃区形成比较强的还原性气氛，还原的 NO_x 更多。过量空气系数越小，NO_x 生成量越少，但不完全燃烧损失也越大，而且过量空气系数太小还可能重新生成 NO_x。通常，采用低过量空气系数燃烧，NO_x 生成量可降低 15％～20％。

2. 空气分级燃烧

目前，应用最多的低氮燃烧技术是空气分级燃烧，又称为两级燃烧技术，将燃烧过程分两个阶段完成，见图 1-2。通过降低送入主燃烧区域的空气量，在主燃烧区域形成氧气相对不足、燃料相对富集的低温燃烧状态，同时为了保证总的过量空气，将减少的这部分空气在燃烧区域的上部送入炉膛内完成煤粉的燃尽过程。一般情况下，减少的这部分空气是通过安装在主燃区上部的燃尽风喷嘴射入炉膛的，这就将燃烧需要的空气分为了主燃风和燃尽风两部分，主燃风一般占总风量的 70％～90％，燃尽风所占比例为 10％～30％。主燃风与煤粉气流混合后在主燃烧区域可以形成温度比较低、燃料富集、氧量相对不足的燃

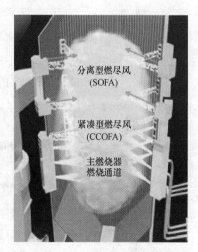

图 1-2　空气分级燃烧原理

烧特性，这对减少 NO_x 的生成是有利的，通过燃尽风（OFA）喷嘴射入炉膛上部的燃尽风会与煤粉颗粒继续反应，完成煤粉的燃尽，由于此区域的温度相对主燃区比较低，有利于进一步控制氮氧化物的生成。

3. 燃料分级燃烧

燃料分级燃烧是将炉膛分为主燃区、再燃区和燃尽区 3 个部分。主燃区的过量空气系数大于 1，约 80% 的燃料在富氧条件下点燃并完全燃烧，生成一定的 NO_x；再燃区的过量空气系数小于 1，将其余燃料送入再燃区，与主燃区生成的烟气及未燃尽的煤粉混合，形成还原性气氛，生成的部分 NO_x 被还原为 N_2；在燃尽区送入空气，使燃料完全燃烧，送入的空气称为燃尽风。

4. 烟气再循环技术

烟气再循环技术是指将一部分燃烧后的烟气再返回燃烧区循环使用。该技术可以有效抑制热力型 NO_x 的生成，这是因为循环烟气温度和含氧量均较低，从而降低了炉内的燃烧区温度和氧气浓度。循环烟气可以直接喷入炉内、用来输送二次燃料或与空气混合后掺混到燃烧空气中，与空气混合后掺混到燃烧空气中，在实际中效果最好，应用也最多。但是随着循环烟气量的增加，入口速度增大，燃烧趋于不稳定，发生脱火现象并增加不完全燃烧的热损失；通常将循环率控制在 15%~20%，NO_x 可降低 25% 左右。此外，该技术需要增加辅助设备，如风机、风道等，这会使系统复杂化并增加投资，而且旧机组改造时往往受到场地的限制。

由于热力型 NO_x 生成比例较小，所以该方法对降低总生成量的效果也相对较小。另外，必须注意的是，尽管使用烟气再循环技术降低了燃烧温度和氧气浓度，但也会导致灰中含燃碳的增加。

二、SCR 烟气脱硝技术

SCR 是目前最成熟可靠且应用广泛的脱硝技术，还原剂在催化剂的作用下与烟气中的 NO_x 发生化学反应生成 N_2 和 H_2O，以达到脱硝的目的。该技术最早由美国发明，日本于 20 世纪 70 年代率先将其商业化，20 世纪 80 年代起，欧洲引入日本技术后，SCR 技术迅速普及，20 世纪 90 年代，我国首次将该技术用于福建后石电厂 600MW 机组。目前，该技术已得到了大规模的应用。本节主要介绍 SCR 方法的原理和技术。

（一）SCR 烟气脱硝反应原理

SCR 烟气脱硝技术是在合适的温度下，还原剂（通常为 NH_3）在催化剂的作用下"有选择性"地将烟气中的 NO_x 还原为 N_2 和 H_2O，反应机理如图 1-3 所示，反应方程式见式 (1-3)～式 (1-6)。

$$4NO + 4NH_3 + O_2 \longrightarrow 4N_2 + 6H_2O \tag{1-3}$$

$$NO + 2NH_3 + NO_2 \longrightarrow 2N_2 + 3H_2O \tag{1-4}$$

$$6NO_2 + 8NH_3 \longrightarrow 7N_2 + 12H_2O \tag{1-5}$$

$$2NO_2 + 4NH_3 + O_2 \longrightarrow 3N_2 + 6H_2O \tag{1-6}$$

在有氧气存在的情况下，NH_3 会优先与 NO 反应，也就是反应式 (1-3)，因此，NH_3 耗量与 NO 存在一一对应的关系。由于通常 NO 占 NO_x 总量的 95% 左右，NO_2

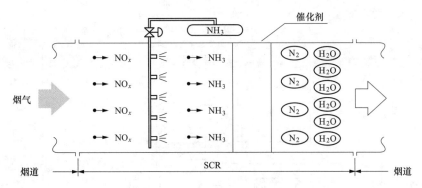

图 1-3　SCR 烟气脱硝反应机理

的占比很小，所以 NO_2 对反应的影响不显著。由于催化剂的存在，反应的活化能大幅降低，反应温度区间通常为 $300 \sim 420℃$，该温度相当于省煤器和空气预热器之间的烟气温度。所以，SCR 反应器通常安装于省煤器和空气预热器之间，属于高尘布置。SCR 法的脱硝效率很高，在氨氮摩尔比为 0.9 左右时，效率可达 $80\% \sim 90\%$。

此外，催化剂主要活性成分是 V_2O_5，在 V_2O_5 的催化作用下，烟气中的部分 SO_2 会被氧化为 SO_3，发生如下副反应，即

$$SO_2 + \frac{1}{2}O_2 \longrightarrow SO_3 \tag{1-7}$$

$$SO_3 + NH_3 + H_2O \longrightarrow NH_4HSO_4 \tag{1-8}$$

SO_3 会与多余的 NH_3 反应生成硫酸氢铵，硫酸氢铵属于黏稠性物质，在空气预热器的低温端受热面上会形成飞灰的沉积，造成空气预热器阻力增大，严重时引起堵塞。可通过改变催化的活性成分和添加剂的选择，开发新型催化剂，降低 SO_2 的氧化率。此外，影响 SO_2 氧化的因素还有催化剂的结构、层数以及脱硝运行工况等。SO_2 转化率与催化剂壁厚线性正相关，因此，减小催化剂的壁厚也可降低 SO_2 的氧化率。

（二）SCR 烟气脱硝工艺流程

SCR 反应器的布置方式主要有高温高尘布置（省煤器和空气预热器之间）、高温低尘布置（除尘器后）和低温低尘布置（脱硫塔后），由于高温高尘布置时的烟气温度处于催化剂的工作温度窗口内，且该方式结构简单，所以绝大部分 SCR 反应器均采用高温高尘布置方式。SCR 烟气脱硝工艺流程如图 1-4 所示，还原剂液氨经由蒸发槽蒸发成氨气，再经氨气缓冲罐稳压后，送往 SCR 反应器，与稀释风在氨/空气混合器内混合，由喷氨格栅（AIG）喷入烟道，与省煤器出口的烟气混合进入 SCR 反应器，在催化剂的作用下，氨与 NO_x 发生催化还原反应。

（三）SCR 烟气脱硝系统组成

SCR 烟气脱硝包括氨储存与制备区和 SCR 反应区。其中，氨储存与制备区包括氨卸载和储存系统、氨制备系统、事故喷淋系统、氮气吹扫系统、废氨稀释及废水系统、洗眼淋浴系统等；SCR 反应区包括烟气系统、氨稀释系统、氨注射系统、反应器和催化剂、吹灰器等。

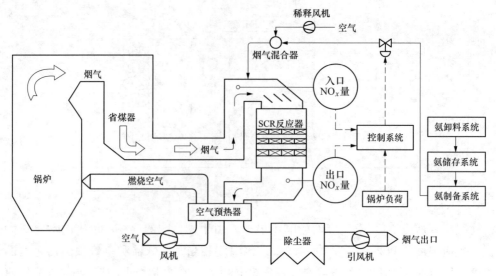

图 1-4　SCR 烟气脱硝工艺流程

1. 氨卸载和储存系统

液氨的供应由液氨槽车运送，利用卸氨泵或压缩机将槽车中的液氨卸入液氨储罐中。液氨储罐装有温度计、压力表、液位计、高液位警报器和相应的变送器，信号送到脱硝控制系统，当液氨储罐内温度或压力高时报警。液氨储罐还装有超流阀、止回阀、紧急关断阀和安全阀，以防止液氨储罐中的液氨泄漏。此外，液氨储罐还有防太阳辐射措施，四周安装有工业水喷淋管线及喷嘴，当液氨储罐罐体温度过高时自动淋水装置启动，对罐体自动喷淋减温；当有微量氨气泄漏时也可启动自动淋水装置，对氨气进行吸收，控制氨气污染。

2. 氨制备系统

在送入 SCR 反应器前，液氨需送入蒸发器蒸发为氨气，然后进入氨气缓冲罐，经调压阀减压到合适的压力，再通过氨气输送管道送到锅炉侧的脱硝系统。蒸发器上装有压力控制阀，可将氨气压力控制在一定范围内，在出口压力过高时切断液氨进料。氨气出口管上装有温度传感器，当温度过低时切断液氨，保证氨气至缓冲罐维持适当温度及压力。蒸发器也应装有安全阀，可防止设备压力异常过高。氨气缓冲罐应能满足为 SCR 系统供应稳定的氨气，避免受蒸发器不稳定运行的影响。液氨及气氨的输送主通道系统（混合器前）采用不锈钢管，不得采用镀锌和铜部件。与液氨及氨接触的阀门均采用不锈钢氨系统专用阀，阀门执行机构均采用气动阀门。

3. 事故喷淋系统

事故喷淋系统的水源采用消防水，通过气动控制阀分别为液氨储存区和制备区供应喷淋水。喷淋水通过喷淋支管分别覆盖氨储存区和制备区。当氨系统发生氨泄漏或者储罐温度高时，系统发出事故报警信号并自动启动喷淋水系统，以吸收泄漏气氨或冷却储罐以降低温度和压力。

4. 氮气吹扫系统

氮气吹扫系统的氮气由氮气瓶提供。当液氨卸载前后或检修需吹扫管道或设备时，可通过氮气吹扫管线进行氮气吹扫或通过管道和设备上的排气阀（带盲法兰）用软管连接氮气瓶进行氮气吹扫，以排除残余氨。吹扫废氨通过排气阀排出汇集后排入稀释槽内被水吸收和稀释。

5. 废氨稀释及废水系统

液氨系统各排放处所排出的氨气由管线汇集后从稀释槽顶部进入，利用稀释槽内的水进行吸收。紧急排放或设备检修时排放的氨气也进入稀释槽被吸收，然后进入废水池，经废水泵升压后输送到厂区废水处理系统集中处理。

6. 洗眼淋浴系统

液氨卸载、制备区和液氨储存区分别配有一套洗眼淋浴装置。在氨区卸载或运行过程中，因操作不当或发生泄漏事故致使氨泄漏喷溅至人身上时，应立即开启就近设置的洗眼淋浴装置进行长时间冲洗，降低伤害程度。

7. 烟气系统

烟气系统是指从锅炉尾部省煤器出口至 SCR 反应器入口、SCR 反应器、SCR 反应器出口至空气预热器入口的连接管道。所有管道均应在适当位置配有足够数量和大小的人孔门和清灰孔，以便烟道的维修检查和积灰的清除。每台锅炉配置 2 套烟气系统，每套烟道系统配有一套烟气分析仪，以检测脱硝入口烟道和出口烟道的氮氧化物浓度、氧量，并设有出口氨逃逸仪表，控制喷氨量。

8. 氨稀释系统

每台锅炉应配置一套氨稀释系统，稀释空气由稀释风机提供，通常设置 2 台稀释风机（1 台运行、1 台备用）。稀释空气和氨气在氨/空气混合器内混合均匀后经喷氨格栅喷入烟道与烟气混合。在氨稀释系统中，氨被稀释到 5% 安全浓度以下。稀释风机出口应设置就地压力表、压力变送器和流量计。

9. 氨注射系统

每台反应器入口设有喷氨格栅，喷氨格栅与喷嘴对应，喷嘴间隔均匀地分布在烟道截面内，来自空气稀释系统的氨/空气混合气体，每侧经一个母管上的多个支管喷入反应器的入口烟道中，喷氨支管现场布置见图 1-5。每个支管上均配有一个手动调节阀，

图 1-5 喷氨支管现场布置

可以在初始运行阶段根据烟气工况进行手动调节，使每个喷嘴喷入的氨流量与其覆盖区域的氮氧化物浓度匹配，一旦调节好则固定阀门，不再调整。

10. 反应器和催化剂

通常，每台锅炉配置 2 个 SCR 反应器，烟气水平进入反应器的顶部并且垂直向下通过反应器，进口罩使进入的烟气更均匀地分布，见图 1-6。反应器应设置足够大小和数量的人孔门和催化剂检修及更换所需的安装门。脱硝催化剂通常按 $N+1$ 或 $N+2$ 层布置，即 N 层催化剂层加 1 或 2 层预留层。在初始运行时只填装 N 层催化剂，当运行一段时间后催化剂的活性下降不满足要求或需进行改造时再填装预留层，以后再根据活性衰减的情况逐层更换，这样可以有效延长催化剂寿命。

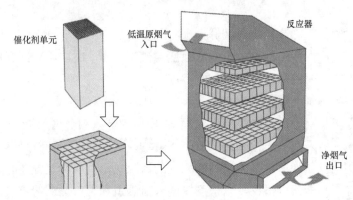

图 1-6 SCR 反应器

脱硝催化剂是 SCR 系统的核心设备，SCR 系统脱硝效率和运行状况取决于催化剂的成分、结构、寿命及相关参数。催化剂应具有如下特点：具有较高的 NO_x 选择性，具有较高的活性，具有较好的抗化学稳定性、热稳定性和机械稳定性等。目前，普遍使用的催化剂形式主要有蜂窝式催化剂、平板式催化剂和波纹板式催化剂，如图 1-7 所示。蜂窝式催化剂是使用最广的催化剂形式，主要以 TiO_2 为基材，将活性物质及成型剂混合后挤压成型，经烘干焙烧制得。平板式催化剂是以不锈钢金属丝网为基材，浸泡活性物质焙烧成型。波纹板式催化剂是以成型的玻璃纤维板或陶瓷板为基材，浸泡活性物质焙烧而成。各种催化剂活性成分均为 V_2O_5 和 WO_3。

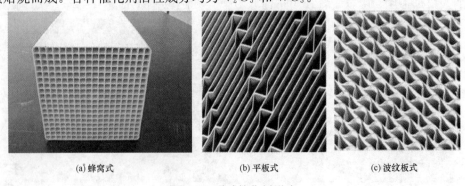

(a) 蜂窝式　　　　　　　　(b) 平板式　　　　　　　　(c) 波纹板式

图 1-7 脱硝催化剂形式

11. 吹灰器

吹灰器用于清除催化剂表面的积灰，以防飞灰沉积造成催化剂的堵塞。吹灰器有蒸汽吹灰器和声波吹灰器两种，根据烟气成分、粉尘浓度、积灰部位、积灰程度和粉尘黏度，结合吹灰器的性能特点，选择合适的清灰方式以获得最大的经济效益，并使安全性达到最大化。

蒸汽吹灰器为传统吹灰器，由于其安全、可靠，在我国工业锅炉和电站锅炉上得到广泛应用，其工作原理是将适当干度和压力的蒸汽从吹灰器喷口高速喷出，吹扫积灰沉积面来清除催化剂上的积灰，蒸汽压力决定了吹灰的有效性。SCR脱硝工程常用可伸缩的耙式蒸汽吹灰器，吹灰介质为高压蒸汽，蒸汽压力和温度通常为 $0.8\sim3.5\text{MPa}$ 和 $300\sim350℃$。其结构为在母管上隔一定距离开一个支管，支管上开有多个喷射孔；与烟气流动同向，过热蒸汽从喷射孔喷出并吹扫催化剂表面的积灰，吹灰器移动一个行程后蒸汽吹扫就覆盖了SCR反应器内的整个催化剂表面。对于耙式蒸汽吹灰器，根据催化剂的类型，确定催化剂所能承受的最大表面吹扫压力，以便调节吹灰器的阀后压力，达到高效的吹扫效果。蒸汽吹灰器的现场布置见图1-8。耙式蒸汽吹灰器的清灰强度大，对结渣性较强、熔点较低、黏度较大的积灰清除效果明显。

声波吹灰技术是清灰领域的一项新技术。膜片式声波吹灰器的工作频率在 20Hz 左右，工作原理是以 $0.5\sim0.7\text{MPa}$ 的压缩空气为动力源，用自激振荡和谐振的方法把压缩空气转变成低频声能，发出低频、高能的声波，通过扩声筒放大，由空气介质把声能传递到相应的积灰点，直接作用于灰尘颗粒上，达到有效清灰、清堵的目的。声波吹灰器的现场布置见图1-9。声波吹灰器预防性的吹灰方式，能够保证SCR反应器内催化剂的连续清洁，不会对催化剂表面产生磨损、腐蚀、堵塞等，对各种脱硝催化剂无毒副作用，有利于延长催化剂的使用寿命。声波吹灰器对灰干度高、松散结灰效果明显，对严重堵灰以及坚硬的灰垢无法清除。

图1-8　蒸汽吹灰器的现场布置

图1-9　声波吹灰器的现场布置

（四）SCR烟气脱硝技术主要影响因素

影响SCR烟气脱硝技术脱硝效率的主要影响因素有反应温度、氨氮摩尔比、反应时间和空间速率等。

1. 反应温度

烟气温度对催化剂活性和脱硝效率均有较大影响，不同催化剂因其物理和化学性质的差异，其活性温度窗口也不同。通常，随温度的升高，催化剂反应活性和脱硝效率均增大，但当温度超过温度窗口上限时，催化剂反应活性和脱硝效率反而随温度的升高而下降。这是由于虽然升高温度反应速率加快，脱硝效率增大；但温度过高时，NH_3被氧化为NO_x的速率加快，导致脱硝效率降低。当烟气温度低于温度窗口下限时，SO_3与NH_3反应生成硫酸氢铵，减少NO_x与NH_3的反应，而且硫酸氢铵会附着于催化剂表面引起催化剂通道及微孔的堵塞，降低催化剂活性和脱硝效率。

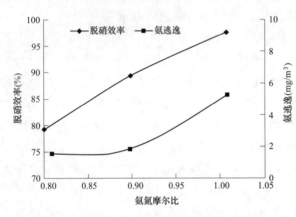

图 1-10　氨氮摩尔比对脱硝效率和氨逃逸的影响

2. 氨氮摩尔比

氨氮摩尔比是评价 SCR 经济性的指标，在相同的脱硝效率下，氨氮摩尔比越大，其运行费用也越高，原因是需要消耗更多的还原剂。氨氮摩尔比对脱硝效率和氨逃逸的影响如图 1-10 所示。可以看到，随着氨氮摩尔比的增大，脱硝效率和氨逃逸均增大，但增大的趋势不同，当氨氮摩尔比小于 0.95 时，脱硝效率随氨氮摩尔比的增大快速增加，此后，增速放缓；而对于氨逃逸，氨氮摩尔比小于 1.0 时，氨逃逸缓慢增加，当其超过 1.0 后，氨逃逸急剧增大。通常将氨氮摩尔比控制在 0.9～1.05 范围内，结合机组负荷调整，将氨逃逸控制在 2.28mg/m³ 以下。

3. 反应时间

反应时间（即反应气体与催化剂的接触时间）也直接影响脱硝效率。图 1-11 给出了脱硝效率与接触时间的关系。随接触时间的增加，脱硝效率迅速增大，接触时间增加到 200ms 左右时，脱硝效率达到最大值，接触时间继续增大，脱硝效率反而下降。这是由于增加接触时间，有利于反应气体在催化剂微孔内的扩散、吸附、反应，及产物的解吸和扩散，从而提高脱硝效率。但接触时间过长，开始发生NH_3的氧化反应（被氧化为NO_x），导致脱硝效率的降低。

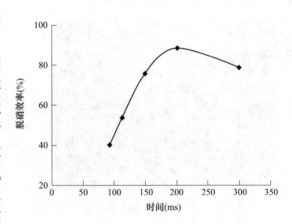

图 1-11　脱硝效率与接触时间的关系

4. 空间速率（SV）

空间速率（SV）是指烟气体积流量（标准状态湿烟气）与催化剂体积的比值，是

SCR 技术的一个关键设计参数。脱硝效率会随空间速率的增大而降低，这是因为空间速率越快，烟气在反应器内停留的时间越短，催化反应的作用时间也越短，从而降低脱硝效率。

三、SNCR 烟气脱硝技术

（一）SNCR 烟气脱硝反应原理

SNCR 于 20 世纪 90 年代初成功应用于 600MW 以上大型燃煤机组，该技术建设周期短、投资少、脱硝效率中，适用于中小型燃煤电厂锅炉的改造。SNCR 是仅次于 SCR 被广泛应用的烟气脱硝技术。SNCR 脱硝技术是一种不用催化剂，在 $850\sim1050℃$ 的温度范围内，将含氨基的还原剂（如氨水、尿素溶液等）喷入炉内，将烟气中的 NO_x 还原脱除，生成 N_2 和 H_2O 的清洁脱硝技术。在氨氮摩尔比为 $2\sim3$ 时，脱硝效率为 30%～50%。在合适的温度区域，其反应方程式为

$$4NO + 4NH_3 + O_2 \longrightarrow 4N_2 + 6H_2O \tag{1-9}$$

然而，当温度过高时，会发生如下副反应，将 NH_3 自身氧化为 NO，增加了 NO_x 的排放量，即

$$4NH_3 + 5O_2 \longrightarrow 4NO + 6H_2O \tag{1-10}$$

当温度过低时，式（1-9）的反应速率减慢，因此，控制温度至关重要。加入添加剂可扩大反应温度窗口，如在尿素中加入增强剂可使操作温度扩大到 $500\sim1200℃$。SNCR 技术不需要催化剂，但脱硝效率低，且高温喷射对锅炉受热面安全有一定的影响。在同等脱硝效率情况下，SNCR 技术的氨耗量高于 SCR 技术，使得氨逃逸增加。

（二）SNCR 烟气脱硝工艺系统流程

SNCR 烟气脱硝工艺系统主要包括还原剂卸载（配置）与稀释、还原剂输送和还原剂喷射 3 部分。SNCR 烟气脱硝工艺系统流程见图 1-12。

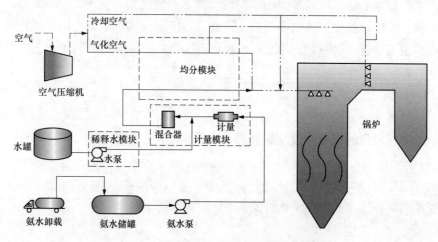

图 1-12　SNCR 烟气脱硝工艺系统流程

还原剂采用液氨或尿素，液氨直接由液氨槽车卸载到液氨储罐，尿素通常为固体颗粒，需配置溶解装置。制备好的还原剂经输送泵输送，在喷入炉膛前，再经过计量分配

装置分配到每个喷枪，然后经喷枪喷入炉膛。计量模块是 SNCR 脱硝控制的核心装置，用于精确计量和独立控制每个喷射区的流量。该模块采用独立的化学剂流量控制，通过区域压力控制阀与就地 PLC 控制器结合，以及响应来自机组燃烧控制系统、NO_x 和氧监视器的控制信号，自动调节还原剂流量，通过开关喷射区或控制其质量流量来响应锅炉负荷、NO_x 浓度、燃料或燃烧方式的变化。

分配模块用来控制到每个喷枪的雾化/冷却空气、混合的还原剂和冷却水的流量。可以在该模块上调节空气、混合的化学剂，以达到适当的气/液质量比，并达到最佳的 NO_x 脱除效果。

还原剂喷射器有墙式和枪式两种类型。墙式喷射器在锅炉内墙的特定位置插入，通常每个喷射位置设置一个喷嘴。墙式喷射器一般用于短程喷射，在小型锅炉中，还原剂和烟气可以达到均匀混合的目的。由于墙式喷嘴不直接暴露于高温烟气中，其使用寿命更长。枪式喷射器由一根细管和喷嘴组成，可将其从炉墙深入到烟气中。枪式喷射器一般用于还原剂和烟气难于混合的大型锅炉，由于受高温烟气的冲击，喷射器易发生侵蚀、腐蚀和结构破坏。因此，喷射器一般采用可更换的不锈钢制造。当锅炉启停或其他原因使 SNCR 需停运时，可将喷射器退出运行。

（三）SNCR 烟气脱硝技术主要影响因素

影响 SCR 烟气脱硝技术脱硝效率的主要因素有温度窗口、停留时间、氧量、还原剂与烟气的混合情况等。

1. 温度窗口

温度窗口是 SNCR 的重要影响因素之一，若反应温度过低，还原剂与 NO_x 反应活化能太小，从而使脱硝效率下降；若温度过高，尿素会被氧化为 NO_x，从而增加 NO_x 的排放，脱硝效率下降。以尿素为还原剂的 SNCR，温度窗口为 $900 \sim 1150℃$。机组负荷不同，锅炉的炉膛温度分布也不相同，因此为适应不同锅炉负荷，向炉膛内喷入还原剂的喷射器也是分若干层布置。通常，SNCR 温度窗口对应于锅炉折焰角至燃烧器上部之间的区域。

2. 停留时间

为了达到理想的脱硝效果，在还原剂离开温度窗口前需要完成 SNCR 的整个反应过程，即从喷射器射出的尿素溶液与烟气混合、尿素溶液中水的蒸发、尿素分解出 NH_3、NH_3 分解为 NH_2 及自由基、NH_2 与 NO_x 反应。因此，为使脱硝反应更加充分，应延长还原剂在温度窗口内的停留时间。还原剂的停留时间需要至少 $0.5s$ 以上，才能获得理想的脱硝效果，这主要取决于锅炉结构。

3. 氧量

合适的氧量也是影响 SNCR 反应的重要因素之一。没有氧存在的条件下，NO_x 脱除效率很低；氧浓度从 2% 增加到 4% 时，还原 NO_x 的量不随其变化；随着氧量的进一步增加，脱硝效率反而下降。过量的氧会将 NH_3 氧化，反而增加了 NO_x 的排放。工业煤粉炉中的氧浓度一般为 $3\% \sim 4\%$，脱硝效率受氧量的影响很小。

4. 还原剂与烟气的混合情况

还原剂与烟气的混合是保证脱硝充分反应的一个关键技术，是保证在适当的氨氮摩尔比下得到较高脱硝效率的重要指标。大型电站锅炉由于炉膛尺寸大、锅炉负荷变化范围大，增加了该因素控制的难度。为了确保还原反应的顺利进行，尿素喷入炉膛后需要立即扩散并与烟气混合，但对于大型锅炉，由于空间尺度大，很难实现混合。需要通过喷射系统，喷射器能够雾化还原剂，并调整喷射角和喷射速度。为提高尿素溶液的混合传播效果，需通过特殊设备将溶液雾化为合适的液滴尺寸。

四、SNCR/SCR 联合烟气脱硝技术

SNCR/SCR 联合烟气脱硝技术并非是 SCR 技术与 SNCR 技术的简单组合，它是结合了 SCR 技术高效、SNCR 技术投资省的特点而发展起来的一种新型工艺。SNCR/SCR 联合烟气脱硝技术可以达到 90% 的脱硝效率。SNCR/SCR 联合烟气脱硝技术工艺流程见图 1-13。

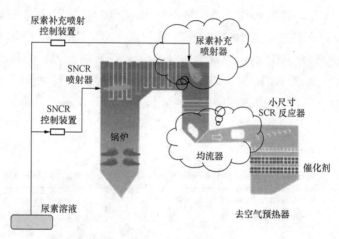

图 1-13　SNCR/SCR 联合烟气脱硝技术工艺系统流程

SNCR/SCR 联合烟气脱硝技术工艺具有两个反应区，首先还原剂通过布置在锅炉炉墙上的喷射系统喷入第一个反应区——炉膛，在高温下，还原剂与烟气中的 NO_x 在没有催化剂的参与下发生还原反应，实现初步脱硝。未反应完的还原剂进入第二个反应区——SCR 反应器，在催化剂的作用下完成进一步的脱硝。该技术由于预除了一部分 NO_x，可大幅减少催化剂的用量。此外，该技术工艺具有如下优点：

（1）脱硝效率高。单一的 SNCR 技术脱硝效率较低，通常在 40% 以下，在保证催化剂用量的情况下，SNCR/SCR 联合烟气脱硝技术可获得与 SCR 技术一样高的脱硝效率，可达 90%。

（2）催化剂用量少。SCR 技术使用催化剂降低反应温度并提高脱硝效率，但催化剂的用量很大，催化剂价格昂贵（约占 SCR 技术总投资的 1/3），而且需要定期更换，投资和运行费用很高。SNCR/SCR 联合烟气脱硝技术由于在炉内的初步脱硝，降低了 SCR 入口 NO_x 浓度，相应减少了催化剂的用量。

（3）SCR 反应器体积小，空间适应性强。由于 SNCR/SCR 联合烟气脱硝技术的催

化剂用量少，所以对于现有机组改造工程，可以直接对锅炉烟道、扩展烟道、省煤器或空气预热器等进行改造，布置 SCR 反应器，可以节省投资，受场地的约束小。

（4）脱硝系统阻力小。由于该技术催化剂用量少、反应器体积小、前部烟道短，系统阻力比 SCR 技术小，减少了引风机改造的工作量，运行费用低。

（5）催化剂回收处理量减小。脱硝催化剂需定期更换，目前所用催化剂寿命通常为 3 年左右，催化剂属于危险废物，需进行无害化处理，由于 SNCR/SCR 联合烟气脱硝技术催化剂用量少，可大大减少废催化剂的处理量。

（6）简化还原剂喷射系统。为达到较高的脱硝效率，要求喷入的 NH_3 与 NO_x 充分混合，并且在反应器前获得分布均匀的流场、温度场和浓度场。因此，SCR 技术需设置静态混合器、AIG 和复杂的控制系统，并加长烟道，以保证 NH_3 与 NO_x 充分混合。而 SNCR/SCR 联合烟气脱硝技术的还原剂喷射系统置于锅炉炉墙，与 SCR 反应器距离很远，有足够的混合时间，因此，无需加装 AIG 和静态混合器，也无需加长烟道。

（7）提高 SNCR 的脱硝效率。单一的 SNCR 技术为控制氨逃逸，要求还原剂的喷射点必须严格选择在位于温度窗口内的区域。在 SNCR/SCR 联合烟气脱硝技术中，SNCR 的氨逃逸可作为 SCR 的还原剂，因此，可无需考虑 SNCR 的氨逃逸问题。相对于单一的 SNCR 技术，SNCR/SCR 联合烟气脱硝技术的氨喷射系统可布置于温度窗口靠前的位置，如此可延长还原剂的停留时间，提高 SNCR 的脱硝效率。

表 1-1 给出了 SCR 脱硝技术、SNCR 脱硝技术和 SNCR/SCR 联合烟气脱硝技术的综合特性比较。

表 1-1　SCR 脱硝技术、SNCR 脱硝技术和 SNCR/SCR 联合烟气脱硝技术的综合特性比较

项目	SCR 脱硝技术	SNCR 脱硝技术	SNCR/SCR 联合烟气脱硝技术
还原剂	NH_3 或尿素	NH_3 或尿素	NH_3 或尿素
反应温度（℃）	320～400	850～1250	前段：850～1250 后段：320～400
催化剂	主要为 TiO_2、V_2O_5 和 WO_3	—	后段装少量催化剂，主要为 TiO_2、V_2O_5 和 WO_3
脱硝效率（%）	80～90	30～60	40～90
SO_2/SO_3 氧化	SO_2/SO_3 氧化率较高	不导致 SO_2/SO_3 氧化	SO_2/SO_3 氧化率较 SCR 技术低
氨逃逸（mg/m³）	<2.3	<7.6	<2.3
对空气预热器的影响	SO_3 与 NH_3 反应生成硫酸氢铵，造成空气预热器堵塞	SO_3 浓度低，造成堵塞的概率最低	硫酸氢铵的生成量少，造成堵塞的概率较 SCR 脱硝技术低
系统压力损失	新增烟道和催化剂造成较大的压力损失	无压力损失	催化剂用量少，造成的压力损失较 SCR 技术低
燃料的影响	高灰分磨耗催化剂，碱金属氧化物劣化催化剂	无影响	高灰分磨耗催化剂，碱金属氧化物劣化催化剂
锅炉的影响	受省煤器出口烟气温度的影响	受炉膛内烟气流速、温度分布及 NO_x 浓度分布的影响	受炉膛内烟气流速、温度分布及 NO_x 浓度分布的影响
占地面积	较大，需增加大型催化剂反应器和还原剂供给系统	小，无需增加催化剂反应器	较小，需增加小型催化剂反应器
工程造价	高	低	较高

第二节　除尘技术路线

一、燃煤电厂烟尘排放

烟尘是燃煤电厂日常生产的主要排放物，每年经过各类工业企业生产所产生的烟尘近千万吨，工业排放的烟尘是大气中的各类悬浮粒子，如气溶胶、PM$_{2.5}$、PM$_{10}$等重要的来源。工业排放的烟尘严重威胁人民身体健康，是国民经济发展道路上的阻碍。我国针对燃煤电厂烟尘排放的治理由来已久，早在 1974 年 1 月 1 日施行的 GBJ 4—1973《工业三废排放试行标准》中就对燃煤电厂的烟尘排放有一定要求，见表 1-2。

表 1-2　　　　　　　GBJ 4—1973 中工业排放阀出口处烟尘排放标准

排放有害物企业	排气筒高度（m）	排放量（kg/h）	排放浓度（mg/mg³）
电站（煤粉）	30	82	
	45	170	
	60	310	
	80	650	
	100	1200	
	120	1700	
	150	2400	
工业及采暖锅炉			200
炼钢电炉			200
炼钢转炉（小于 120）			200
炼钢转炉（大于 120）			150
水泥			150
生产性粉尘（第一类）			100
生产性粉尘（第二类）			150

注　1. 表中未列出的企业，其有害物质的排放量可参照本表类似企业。

2. 表中所列数据按平原地区、大气为中性状态、点源连续排放制定。间隔排放的，若每天多次排放，其排放量按表中规定，若每天排放 1 次而又小于 1h，排放量可为表中规定量的 3 倍。

3. 生产性粉尘是指局部通风除尘后所允许的排放浓度。第一类指含 10％以上的游离二氧化硅或石棉粉尘、玻璃棉和矿渣棉粉尘、铝化物粉尘等；第二类指含 10％以下的游离二氧化硅煤尘及其他粉尘。

此后多年间，该标准一直是我国对燃煤电厂烟尘排放量的要求。随着社会进步，进入社会主义现代化建设阶段初期的 20 世纪 90 年代初，工业的发展突飞猛进，原有的烟尘排放标准已经过时，工业烟尘排放总量随着工业化水平的提高已经开始对环境有所影响，1991 年，原国家环境保护局发布 GB 13223—1991《燃煤电厂大气污染物排放标准》中燃煤电厂大气污染物排放开始以标准的方式进行要求，标准中对二氧化硫排放量也开始进行限制并按烟囱高度执行，而烟尘排放则开始按照排放浓度开始执行，烟尘治理的脚步也开始加快。

随着我国环境保护意识的逐步提升，针对燃煤电厂的大气污染物排放标准经过了多次的更新，GB 13223—1996《火电厂大气污染物排放标准》于 1997 年 7 月实施，取代 GB 13223—1991《燃煤电厂大气污染物排放标准》，而后 GB 13223 经历了于 2003 年 1 月 GB 13223—2003《火电厂大气污染物排放标准》及现行的 GB 13223—2011《火电厂大气污染物排放标准》。各个《火电厂大气污染物排放标准》版本标准中，对燃煤电厂烟尘排放量限值要求逐年严格，详见表 1-3～表 1-6。

表 1-3　　GB 13223—1991《燃煤电厂大气污染物排放标准》烟尘排放标准限值

燃煤应用基灰分 A_y（％）	新扩改电厂锅炉		现有火力发电厂锅炉	
	670t/h 及以上的锅炉或在县及县以上城镇建成区内的锅炉（mg/mg³）	670t/h 以下，且在县建成区以外地区的锅炉（mg/mg³）	采用电除尘器的锅炉（mg/mg³）	采用其他除尘器的锅炉（mg/mg³）
$A_y \leqslant 10$	150	500	200	800
$10 < A_y \leqslant 20$	200	700	300	1200
$20 < A_y \leqslant 25$	300	1000	500	1700
$25 < A_y \leqslant 30$	350	1300	600	2100
$30 < A_y \leqslant 35$	400	1500	700	2400
$35 < A_y \leqslant 40$	450	1700	800	2800
$A_y > 40$	600	2000	1000	3300

表 1-4　　GB 13223—1996《火电厂大气污染物排放标准》烟尘排放标准限值

燃煤应用基灰分 A_{ar}（％）	第一时段		第二时段		第三时段		
	电除尘器（mg/mg³）	其他除尘器（mg/mg³）	670t/h 及以上的锅炉或在县及县以上城镇规划区内的锅炉（mg/mg³）	670t/h 以下，且在县规划区以外地区的锅炉（mg/mg³）	在县及县以上城镇规划区内的锅炉（mg/mg³）	在县规划区以外地区的锅炉（mg/mg³）	第一时段的在县及县以上城镇规划区内、1997 年 1 月 1 日后还有 10 年及以上剩余寿命的火力发电厂锅炉（mg/mg³）
$A_{ar} \leqslant 10$	200	800	150	500	200	500	600
$10 < A_{ar} \leqslant 20$	300	1200	200	700			
$20 < A_{ar} \leqslant 25$	500	1700	300	1000			
$25 < A_{ar} \leqslant 30$	600	2100	350	1300			
$30 < A_{ar} \leqslant 35$	700	2400	400	1500			
$35 < A_{ar} \leqslant 40$	800	2800	450	1700			
$A_{ar} > 40$	1000	3300	600	2000			

注　第一时段：1992 年 8 月 1 日之前建成投产或初步设计已通过审查批准的新建、扩建、改建火力发电厂；第二时段：1992 年 8 月 1 日至 1996 年 12 月 31 日期间环境影响报告书通过审查审批的新建、扩建、改建火力发电厂，包括 1992 年 8 月 1 日之前环境影响报告书通过审查批准、初步设计待审查批准的新建、扩建、改建火力发电厂；第三时段：1997 年 1 月 1 日起环境影响报告书待审查批准的新建、扩建、改建火力发电厂。

表 1-5　　　GB 13223—2003《火电厂大气污染物排放标准》烟尘排放标准限值　　mg/mg³

时段	第一时段		第二时段		第三时段
实施时间	2005 年 1 月 1 日	2010 年 1 月 1 日	2005 年 1 月 1 日	2010 年 1 月 1 日	2004 年 1 月 1 日
燃煤锅炉	300① 600②	200	200① 500②	50 100③ 200④	50 100③ 200④
燃油锅炉	200	1200	200	700	700

注　第一时段：1996 年 12 月 31 日前建成投产或通过建设项目环境影响报告书审批的新建、扩建、改建火力发电厂建设项目，执行第 1 时段排放控制要求；第二时段：1997 年 1 月 1 日起至本标准实施前通过建设项目环境影响报告书审批的新建、扩建、改建火力发电厂建设项目，执行第二时段排放控制要求；第三时段：自 2004 年 1 月 1 日起，通过建设项目环境影响报告书审批的新建、扩建、改建火力发电厂建设项目（含在第 2 时段中通过环境影响报告书审批的新建、扩建、改建火力发电厂建设项目，自批准之日起满 5 年，在本标准实施前尚未开工建设的火力发电厂建设项目），执行第三时段排放控制要求。

①县级及县级以上城市建成区及规划区内的火力发电锅炉执行该限值。

②县级及县级以上城市建成区及规划区以外的火力发电锅炉执行该限值。

③在本标准实施前，环境影响报告书已批复的脱硫机组，以及位于西部非两控区的燃用特低硫煤（入炉燃煤收到基硫分小于 0.5%）的坑口电厂锅炉执行该限值。

④以煤矸石等为主要燃料（入炉燃料收到基低位发热量小于或等于 12 550kJ/kg）的资源综合利用火力发电锅炉执行该限值。

表 1-6　　　GB 13223—2011《火电厂大气污染物排放标准》烟尘排放标准限值　　mg/m³

燃料和热能转化设施类型	适用条件	限制	污染物排放监控位置
燃煤锅炉	一般限制	30	烟囱或烟道
燃煤锅炉	特别限制	20	烟囱或烟道
以油为燃料的锅炉或汽轮机组	一般限制	30	烟囱或烟道
以油为燃料的锅炉或汽轮机组	特别限制	20	烟囱或烟道
以气体为燃料的锅炉或汽轮机组	一般限制	5	烟囱或烟道
以气体为燃料的锅炉或汽轮机组	特别限制	5	烟囱或烟道

注　执行大气污染物特别排放限值的具体地域范围、实施时间，由国务院环境保护行政主管部门规定。

随着国家进一步对环境保护工作的推进，自 2014 年 7 月，GB 13223—2011《火电厂大气污染物排放标准》中关于烟尘的排放限值开始全面执行，不少火电企业也开始向更清洁的大气排放不断前进。2014 年 9 月，原环保部、国家发展改革委、国家能源局印发《煤电节能减排升级与改造行动计划（2014—2020 年）》中提出东部地区新建燃煤发电机组烟尘排放浓度基本达到燃气轮机组排放限值，中部地区新建机组原则上接近或达到燃气轮机组排放限值，鼓励西部地区新建机组接近或达到燃气轮机组排放限值。计划中提出了燃煤电厂烟尘排放浓度为 10mg/m³ 的新要求，即燃煤电厂的"超低排放"要求。2015 年 12 月，原环保部、国家发展改革委、国家能源局印发《全面实施燃煤电厂超低排放和节能改造工作方案》，自此，我国燃煤电厂烟尘排放已向超低排放过度，燃煤电厂 10mg/m³ 的烟尘排放浓度成为默认的行业标准。

二、除尘技术的发展

燃煤电厂烟尘排放治理要求的日益严格，要求电力行业除尘技术与之共同进步。除尘设备的主要工作原理是使用外力将烟气中的烟尘捕集并清除，通过收集手段集中并处置，以降低烟气中携带的烟尘含量，减少烟尘排放量，在保障电力生产的同时减少对大气的污染。我国用于电力行业的除尘技术的应用起源于 20 世纪中叶，1956 年，吉林热电厂和保定热电厂分别引入苏联和德国的电除尘技术，1975 年邵武电厂使用的电除尘器是我国第一台自主设计的电除尘器。我国燃煤电厂大量运用电除尘器是在 20 世纪 80 年代以后。同时，在 20 世纪 60 年代又从国外引进了袋式除尘技术。除尘技术也随着国外设备引进开始了移植、消化、应用和创新的过程，并完成了国产化。

我国目前主流的燃煤电厂除尘技术包括电除尘器、袋式除尘器和电袋复合除尘器。同时，近年来燃煤电厂超低排放实施后，原有的常规除尘技术难以满足超低排放限值的要求。为满足超低排放技术要求，各类对现有除尘设备的改造技术以及采用湿式电除尘、低低温电除尘、湿法脱硫除尘复合除雾器技术的使用日渐出现。

目前，燃煤电厂烟尘想要实现超低排放，技术路线面临着两方面选择。

（1）烟气经脱硝后烟尘的脱除。这里通常使用传统除尘方式，即一次除尘，以电除尘器、袋式除尘器、电袋复合除尘器为主流除尘手段。其中电除尘器一般采用高效电源供电并结合了先进的新型清灰装置，同时还可使用低低温电除尘技术进行搭配，实际除尘效率可达 99.85% 以上。目前，电袋复合除尘器或袋式除尘器一般除尘效率可达 99.9% 以上。

（2）烟气在经过一次除尘后，在进入脱硫后通过脱硫设备的改造实现对烟尘的脱除，称为深度除尘或二次除尘。对于石灰石-石膏湿法脱硫复合塔工艺，通常采用对脱硫塔加装高效除雾器或增设湿法除尘设施，这样的协同脱除烟尘的除尘效率一般均在 70% 以上；在使用干法脱硫及半干法脱硫的电厂，存在脱硫后烟尘浓度仍不达标的情况，这类电厂宜采用袋式除尘器及电袋复合除尘器，若要达到超低排放烟尘浓度要求，也需要加装湿式电除尘器等设备。

对于不同的工程，应根据电厂实际情况，进行具体的分析，结合电厂已有的各种技术及原理，抓住特点，提高原有设备利用率进行改造，尽可能消除改造带来的各种影响，保障能耗与经济性指标的最优化。烟尘超低排放技术路线选择见表 1-7。

表 1-7　　　　　　　　　烟尘超低排放改造技术路线选择

锅炉类型	机组规模（万 kW）	入口烟尘浓度（g/m³）	一次除尘			二次除尘	
			电除尘	电袋复合除尘	袋式除尘	湿式电除尘	湿法脱硫协同
煤粉炉（切向燃烧、墙式燃烧）	≤20	≥30	适宜	最适宜	最适宜	最适宜	适宜
		20~30	较适宜	较适宜	较适宜	较适宜	较适宜
		≤20	最适宜	适宜	适宜	适宜	适宜
	30	≥30	适宜	最适宜	较适宜	最适宜	适宜
		20~30	较适宜	较适宜	适宜	较适宜	较适宜
		≤20	最适宜	适宜	适宜	适宜	最适宜

续表

锅炉类型	机组规模（万 kW）	入口烟尘浓度（g/m³）	一次除尘			二次除尘	
			电除尘	电袋复合除尘	袋式除尘	湿式电除尘	湿法脱硫协同
煤粉炉（切向燃烧、墙式燃烧）	≤60	≥30	适宜	最适宜	不适宜	最适宜	适宜
		20～30	较适宜	较适宜	不适宜	较适宜	较适宜
		≤20	最适宜	适宜	适宜	适宜	最适宜
煤粉炉（W 形火焰燃烧）		≥30	适宜	最适宜	较适宜	最适宜	适宜
		20～30	较适宜	最适宜	适宜	较适宜	较适宜
		≤20	最适宜	较适宜	适宜	适宜	最适宜
循环流化床锅炉			适宜	最适宜	较适宜	最适宜	适宜

同时，在选择时应注意，若煤质与灰的性质适合电除尘可选择使用电除尘，若不适合则需选择袋式除尘或电袋复合除尘。同时，针对部分燃煤电厂一次除尘后就需烟尘浓度小于超低排放要求的，则适合选择电袋复合除尘；若一次除尘后烟尘浓度大于 30mg/m³ 的电厂，则二次除尘需要选择湿式电除尘；若一次烟尘浓度在 10～30mg/m³，则适宜采取湿法脱硫协同脱除技术。

三、传统除尘技术

（一）电除尘技术

1. 工作原理

电除尘是燃煤电厂运用最为广泛的技术，其发展时间最长，目前我国燃煤电厂 75% 左右使用电除尘技术进行烟尘脱除。

电除尘器的基本工作原理是通过在极线（阴极）与极板（阳极）上接通高压直流电，产生一个可以将烟气电离的静电场，高压电场产生的库仑力使烟气电离产生大量的阴离子和阳离子，离子的带电属性使携带烟尘的烟气进入电场区域后，烟尘颗粒同带电粒子碰撞，这一过程使烟尘荷电。荷电烟尘因带电性，在电场中受到电场力作用，在电场力的作用下向集尘极和电晕极运动，集尘极收集绝大部分带负电烟尘，少部分带正电烟尘吸附在电晕极上；在电极上的烟尘沉积到一定厚度时，振打机构振打电极使沉积的烟尘层落入灰斗，净化后的气体随烟气流向离开电场区域。灰斗中的烟尘经过气力输灰系统输送到便于储存的地方去。电除尘内部结构示意见图 1-14。

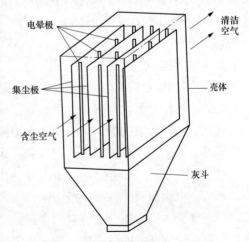

图 1-14 电除尘器内部结构示意

（1）气体的电离。在用于产生电晕的极线和用于吸附烟尘的极板施加电压达到一定强度的直流电压时，通常情况下极线与极板在几何尺寸上存在差异，两者之间产生的电场分布呈不均匀性。在极线处电场强度是最高的，在剧烈的电场强度下，极线附近气体被电离，产生电晕放电，释放大量自由电子。放电使空气电离产生大量的带电阴离子和阳离子。而在远离极线处，电场强度低，气体在这样的场强下不足以发生碰撞电离，但却吸附在气体分子上，使气体带负电成为负离子。负离子在电场力的作用下向阳极板运动。在这样的作用下，烟气在电除尘器的电场区域就不断变为负离子，使得除尘作用一直持续下去。

（2）烟尘的荷电。烟尘的荷电是电除尘基本的过程，目的是让烟气中的烟尘全部携带电荷，创造烟尘与烟气分离的条件。在电场中，烟尘荷电的电量与烟尘的大小、所在电场的电场强度和在电场中的停留时间相关。在电除尘空间中，因为极线与极板之间的电晕放电，空间中充满了负离子，烟尘进入后就会与空间中的负离子结合。离子在电场作用下产生电场力，在力的驱动下获得动能并与烟尘碰撞使烟尘荷电，这类碰撞所导致的荷电称为碰撞荷电；另外，在热能驱使下造成离子不规则运动与烟尘碰撞完成荷电，这个过程称为扩散荷电。对于燃煤电厂的电除尘器来说，碰撞荷电与扩散荷电共同在除尘器运行时发挥作用，总体来讲碰撞荷电对除尘的影响效果更为突出，这主要受燃煤电厂的烟尘粒径所影响。

（3）荷电烟尘颗粒的捕集。烟尘在进入电除尘器产生的电场后，经过碰撞荷电和扩散荷电两种作用完成荷电。从荷电的原理与荷电区域及电场中电荷分布规律来看，电除尘空间中只有在极线附近的很少一部分烟尘会携带正电荷，其余烟尘均带负电荷。荷电后的烟尘在电场中受电场力作用向各自相反极性的电极动，后吸附在电极上。吸附在电极上的烟尘在周期性振打和重力的共同作用下从吸附处剥离，脱落后的大堆烟尘落入下方灰斗。这是一般电除尘器的荷电烟尘颗粒的捕集过程。

（4）清灰。在电极表面富集的烟尘达到一定的厚度时，可采用机械振打清灰、湿式淋洗清灰或声波清灰等手段将烟尘捕集下来，从灰斗排出，烟气经净化后从除尘器出口排出，从而达到净化烟气的目的。及时清除电除尘捕集的烟尘，是保障电除尘器正常运行的重要条件。

2. 电除尘器构造

电除尘器按气体流向分为立式和卧式两类。

立式：电除尘器内烟气流向为垂直流动的方向。

卧式：电除尘器内的烟气流动为水平流动。

电除尘器按集尘极类型分为管式和板式两类。

管式：以方形、圆形或六角形的管子作为除尘器的集尘极，电晕极悬挂在管子中心。

板式：以金属板作为集尘极，电晕极为一根带电极线位于两排金属板之间。

（1）外壳。除尘器外壳包含两个部分：一是承受本体重量的结构的框架；另一部分外部包裹形成内部空间的隔墙。除尘器外壳起到隔绝外部环境的作用，要到达不漏气，需要有足够的强度和温度适应性。通常除尘器的外壳用钢板、混凝土等建筑材料制作。绝大部分电除尘器壳体采用钢制结构，少部分使用钢筋混凝土或砖砌筑的，若烟气的腐蚀性较强，会使用瓷砖或铅板作内衬。通常壳体占除尘器总钢量的 $1/5 \sim 1/3$，壳体的成本决定了电除尘器的经济性。壳体在设计时要具有足够的空间、强度及严密性，同时要保障壳体在恶劣环境下耐腐蚀和稳定。在除尘器投运后，电除尘器的主要部件在烟气温度的影响下会发生变形，因此，用于固定除尘器的支座都不能与基础固定，只保留一个固定点，其余采用活动支座，使其在支座的指示方向滑动。

（2）集尘电极（极板）。集尘电极是除尘器的主要部件，集尘电极决定着电除尘器的除尘效率。极板应在运行中保障其产生均匀的电场强度和电流密度，保证振打频率均匀、振打效率高、烟尘易振落、收集的烟尘不随气流扬起，极板应耐高温（350～400℃）。板卧式电除尘通常采用板状集尘极，通常为 C 型、Z 型、CS 型等，除此外极板还有网状式、棒帏式、管帏式；立式电除尘器通常采用管式、袋式等集尘极。由集尘极构成的阳极系统包含极板排、振打砧及防摆装置，阳极板与阴极线在导通电流后产生静电场及收尘，阳极板采用在专用轧机上轧制成形的特制的薄板制成。阳极排平面由多块具有较好的刚性阳极板组成，在平面度规定范围内，确保阴极、阳极间距的极限偏差。极板排通过其装有的吊环悬挂在壳体顶梁底部的吊耳上，振打锤通过振打砧传递到极板排上，电磁锤振打器通过振打阳极系统进行清灰，一般 3～5 排阳极板配 1 个振打器。

（3）电晕电极（极线）。电晕电极是保障电除尘器能够产生电晕、电场的构件，其性质决定着电除尘器的电晕强弱，决定烟尘荷电的能力，影响除尘效率。极间距是电晕电极安装时重要参数，要严格保证整个电除尘器内电晕极与其他部件拥有足够的放电距离，以保证绝缘性能。电晕极包括电晕线、电晕线框架、电晕线框悬吊架、悬吊杆和支承绝缘套管等。电晕线的常用形式有圆形、螺旋形、芒刺形等。电晕电极的重要指标包括要保障起晕电压、放电特性、电晕电流；机械强度、准确的极距；便于振打；耐腐蚀性等。当阴极系统支承绝缘子或绝缘轴的温度低时，电晕电极上容易结露，运行中，结露可能导致沿绝缘子或绝缘轴表面产生爬电或沿面放电，使工作电压低，因此，在支承绝缘子上常装有电加热器、外包保温箱体、温度控制器等，以保持温度。

（4）电极清灰装置。电极清灰装置有湿式清灰和干式清灰。湿式清灰使用喷雾、溢流等方法，在电极上形成一层水膜，水膜流下烟尘随之带下，以进行清灰作业。干式清灰利用振打将粉尘振落。通常通过锤击、电磁和电容振打等方式振打集尘极。通常以传递给电极的振打加速度 g 来量度振打强度，通常称为 g 值，g 值与比电阻、粉尘的粒度和沉积厚度、电极的刚度有关。确定时要保证烟尘随振打脱落，同时引起的二次扬尘少。振打后收集的烟尘落入灰斗，而后通过输灰装置输送至储存点，来进行电除尘器烟尘捕集的持续运行。输灰方式有 3 类，即气力输灰、机械输灰和水力冲灰。

（5）尘斗。尘斗用于储存电除尘器捕集的烟尘，一般分为锥形和槽形斗。

（6）气流分布装置。气流分布装置用于调整电除尘器入口流速分布不均的情况，流速不均会导致电除尘器内部烟气存在高低流速的差异，形成除尘器内局部涡流和死角，导致除尘效率降低。同时，流速不均导致极板上捕集的烟尘受到气流影响，造成二次扬尘。气流分布装置安装在电除尘器的进口或出口处，一般由分布板和振打机构组成，气流分布板分为多孔式、网式、百叶窗式等多种。

（7）供电装置。供电装置包含高压供电装置和低压控制装置两个部分。高压供电装置设置于电除尘器的顶部，高压供电装置与电场搭配设置，通过绝缘子箱连接电晕极，低压控制系统与高压供电系统和电场一比一设置，高压供电装置与低压控制装置共同运作组成了电除尘器的供电装置，两者缺一不可。

高压供电是电除尘器电源控制装置的主要功能，可以依据烟气和烟尘的特性调节电除尘器的电压，在发生火花放电的电压之下运行。

低压控制装置由振打周期控制、温度检测和恒温加热控制、安全联锁控制、高低位报警、自动卸灰控制、灰位指示等组成，其可以保证电除尘器长期安全、可靠运行。

3. 电除尘技术优、缺点

（1）电除尘技术在全部除尘技术中主要有以下优点：

1）除尘效率较高。对粒径较小的超细烟尘也具有很高的脱除率，受电厂负荷率变化情况影响小。在对除尘效率要求很高的情况下，可视要求增加电场数及电场参数。

2）对工况适应强。对于烟气流量大、温度高、烟气流速高或具有特殊理化性质气体均可处理。

3）系统阻力小，运行成本低。由于电除尘器对于烟尘的捕集原理是利用电场的作用将烟尘荷电后再利用电极对烟尘进行捕集，所以烟气在除尘器中的流通基本不受阻。因为阻力较小，所以其引风机相应的耗电量就小。

4）维修方便。日常电除尘器维护周期长，更换零部件少，损耗小。

（2）电除尘技术在全部除尘技术中主要有以下缺点：

1）电除尘器设备整体占用空间大，一次性设备费用相对较高。

2）对粉尘的比电阻有一定要求，若烟尘中成分发生改变，对除尘效率会产生影响。

3）振打的运行方式容易导致二次扬尘的问题，致使电除尘器出口烟尘含量在很低要求下无法稳定保持。

（二）袋式除尘技术

1. 工作原理

过滤材料将烟尘气中的尘粒滤下来，过滤材料主要通过惯性碰撞作用收集大颗粒烟尘，通过扩散和筛分作用收集小颗粒烟尘。过滤材料上捕集的粉层也具有过滤作用。烟气进入除尘器中到达袋区下方的锥体。可以将一部分大颗粒的烟尘分离，烟气中其余的小颗粒烟尘旋向上方进入袋子，烟尘就被袋子阻挡和吸附在袋内表面。经过除尘后的烟气由布袋内逸出，最后排出除尘器。

袋式除尘器的工作机理包括筛滤作用、惯性碰撞、扩散作用、拦截作用、重力沉降、静电沉降。以上的捕集机理并非都同时有效，往往是有一种机理起主导作用，其余几种机理起联合作用。机理作用通常由袋式除尘器的特性和运行条件、滤料结构、尘粒性质等实际运行情况主导。袋式除尘器工作原理见图1-15。

（1）筛滤作用。烟气通过袋式除尘器滤袋时，烟尘的直径大于滤袋纤维及纤维表面捕集烟尘间的孔隙时，烟尘就被筛滤下来。一般情况下，因为大部分烟尘的直径都是小于滤袋上滤料纤维的孔隙，所以这时的筛滤作用比较小，但当滤袋中捕集一定的烟尘后，滤料表面形成烟尘层后，烟尘间的孔隙和滤料间的孔隙变得质密后，筛滤作用对各

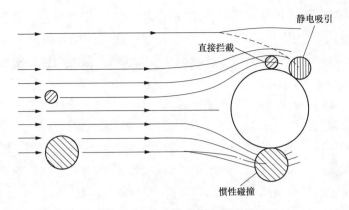

图 1-15　袋式除尘器工作原理

类直径大小的粉尘过滤效果会明显增大。筛滤作用是袋式除尘器捕集烟尘的主要机制。

（2）惯性碰撞。由于滤料纤维的特殊形状，当烟气流过滤料纤维时会使气流发生改变，当烟尘的直径大于 $1\mu m$ 时，烟尘颗粒会在惯性作用下，不随原有气流流动而保持原有运动方向，而后与滤料纤维发生碰撞而被捕获。对于直径大于 $1\mu m$ 的烟尘，惯性碰撞是最主要的捕尘机理。烟气中烟尘的颗粒直径越大，惯性碰撞的效果会越明显。

（3）扩散作用。当烟气中的烟尘颗粒直径小于 $0.2\mu m$ 时，这类颗粒会在烟气中受到气体分子碰撞，颗粒在碰撞的作用下做布朗运动，会增加这类颗粒与滤料纤维的碰撞的概率。在烟气中，烟尘直径越小、烟气流动的速度越小、烟气温度越高，都会使小直径颗粒的布朗运动加剧，增高与滤料纤维碰撞的概率，从而使得扩散作用越明显。

（4）拦截作用。烟气中的烟尘在接近滤料纤维时，直径较小的烟尘的惯性相对较小，当烟气在滤料附近改变流动方向时，这部分烟尘会随着气流流动方向的改变而绕行；当烟尘颗粒的半径小于烟尘中心到滤料纤维表面时，烟尘颗粒即被滤料纤维捕获。拦截作用与烟气的状态无关，只与烟气中的烟尘直径有关。

（5）静电沉降。袋式除尘器的滤料纤维及烟气中的烟尘在烟气流动的情况下会携带部分电荷，这部分电荷会吸附在滤料及烟尘颗粒上，当滤料上携带的电荷同烟尘上携带的电荷异向时，带电滤料和烟尘就会相互吸附，这类电荷对烟尘捕集有很大的影响，可以提高除尘效率。

（6）重力沉降作用。烟气中的烟尘在流速较低的状态下，高密度、大粒径的烟尘颗粒会在重力作用下改变运动状态，自然沉降在滤袋中，也是烟尘捕集的一种方式。但是在烟气流速过高的情况下，烟气中的细烟尘颗粒很难产生重力沉降作用。

2. 袋式除尘器构造

袋式除尘器的基本构造分为灰斗、净气室、滤袋、清灰系统、卸灰系统。

滤袋部分是袋式除尘器的核心，是捕尘的基础。滤袋主要是以滤料为主要构成，滤料的种类决定了除尘器的除尘效率、压损大小、清灰方式以及使用寿命等关键指标。因此，在除尘器进行设计时，对于滤料的选择尤为重要。

在选择滤料时，主要有以下几点要求：第一，保证清灰后仍有一部分烟尘留在滤料之中，保持除尘的筛滤作用；第二，在保留一部分烟尘在滤料中的情况下，滤料仍要具有良好的透气性，压力损失低；第三，具有良好的理化性能，耐高温、耐腐蚀、耐磨损、耐弯折；第四，具有良好的疏水性，不易吸收水分后造成烟尘结块；第五，经济性良好，成本低，寿命长。

滤料基本上是由单根纤维为基本结构织成的织物。滤料的材料基本以人造的合成纤维为主，目前针对复杂而严酷的烟气环境，滤料通常采用合成纤维或玻璃纤维材料。合成纤维采用人工合成且具有合成特性的高分子聚合材料，通常为聚酯、聚丙烯、均聚丙烯腈、偏芳族聚酰胺、聚酰亚胺、聚苯硫醚、聚四氟乙烯等。玻璃纤维由熔融玻璃液拉伸制成，通常使用的材质有两类：一类为无碱性的铝硼硅酸盐玻璃，另一类为中碱性的钠钙硅酸盐玻璃。滤料理化性能见表 1-8。

表 1-8　　　　　　　　　　　　　　滤料理化性能

材料	适用温度（℃）	延展性	耐磨性	酸	碱	氧化剂	有机溶剂	水	阻燃性
聚酯	130	1	1	3	4	2	2	4	3
聚丙烯	90	1	1	1	1	4	2	1	4
均聚丙烯腈	125	3	3	2	3	2	1～2	1～2	4
偏芳族聚酰胺	200	2	1～2	3	2	2	3	3	2
聚酰亚胺	200	2	2	2	3	2	1	2	1
聚苯硫醚	170	2	2	1	3	1	1	1	1
聚四氟乙烯	240	3	3	1	1	1	1	1	1
铝硼硅酸盐玻璃纤维	200	1	1	3	3	1	2	1	1
钠钙硅酸盐玻璃纤维	300	1	2	2	2	1	2	2	1

注　性能表现：1 为优秀；2 为良好；3 为中等；4 为较差。

由于袋式除尘器的工作原理，滤料在捕集粉尘后会增大烟气流动的阻力，同时滤料在连续过滤烟尘时会产生积灰，长时间会导致引风机抽力不足以维持烟气的流量。所以，当滤袋运行一定周期或滤袋阻力大到一定程度时就需要进行清灰。清灰机制原理共有机械振动、气流反吹、脉冲喷吹三种。对应可以按清灰机制将袋式除尘器分为如下几类：

（1）机械振打袋式除尘器。

（2）反吹风袋式除尘器。

（3）中心喷吹脉冲袋式除尘器。

（4）环隙喷吹袋式除尘器。

（5）反吸风袋式除尘器。

（6）扁袋除尘器。

3. 袋式除尘技术优、缺点

（1）袋式除尘器的主要优点：

1）除尘效率高，对小粒径尘有较高的脱除效率。

2）应用范围广，既可用于工业炉窑的烟气除尘，也可用于大型燃煤电厂。

3）滤袋结构简单，对其维护操作简便。

4）相比电除尘器在达到相同的除尘效率下造价低。

5）采用耐高温滤料时，可在高温条件下运行。

6）运行状况受粉尘的特性影响小，不受粉尘及电阻的影响。

7）能实现不停机检修。

（2）袋式除尘器的主要缺点：

1）滤袋受使用寿命限制，滤袋更换费用占维护成本比例高。滤袋也容易受到外力损伤，破损率高。

2）与电除尘器相比，其过滤除尘的工作原理阻力高，整体设施运行能耗大。

3）不宜用于净化含有油雾、水雾及黏结性强的粉尘。

4）在用于有爆炸危险或带有火花的含尘气体，需要采取防爆措施。

5）气体相对湿度较高时，需要采取保温措施，以免结露。

6）有腐蚀性气体时，需要选用耐蚀的滤袋。

（三）电袋复合除尘技术

1. 工作原理

电袋复合除尘器是一种将电除尘器与袋式除尘器复合的技术，其综合了电除尘技术与袋式除尘技术的优点。通常电袋复合除尘器前部电区可以预收烟气中70%～80%的烟尘，后部袋区捕集电区未能捕集的剩余烟尘。同时，前部电场对烟尘的荷电作用会提高袋区的捕尘能力，这一特性使电袋复合除尘器的捕尘性能有了重要突破，同时电区对烟尘中的大颗粒过滤作用使得后部袋区烟尘颗粒度较小且均匀，滤袋阻力平稳增加、清灰周期延长且可控。烟尘经过荷电后，烟尘沉积在滤料表面形成特殊结构，在带电烟尘之间相互吸引排斥的作用下，烟尘排列有序，烟尘间的孔隙规则有序，透气性好、清灰时容易脱落，显著提高袋式除尘技术性能，降低了袋区阻力，有助于延长滤袋寿命。电袋复合除尘器示意见图1-16。

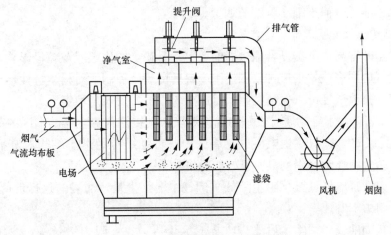

图1-16 电袋复合除尘器示意

烟气由进口烟道进入除尘器前端的气流均布板被整流，而后进入电除尘区，烟气中的烟尘在电场作用下进行荷电，一部分荷电后被电除尘器捕集，经过振打后落入灰斗；另一部分烟尘随烟气进入袋区。袋区与电区之间由多孔板分割开来，少部分细颗粒烟尘可直接通过多孔板进入袋区，其余随烟气向下弯折由下而上进入袋区，当烟气通过滤袋时，烟尘被滤袋捕集，经过除尘的洁净烟气通过滤袋进入净气室，净气室顶部装有提升阀，烟气通过提升阀进入出口烟道。通常袋区会被分为多个独立区域，每个区域安装一个提升阀，当采用离线清灰时，可关闭相应区域内的提升阀，烟气便不能从该区域通过。一般每条滤袋上方安装一根有多排开孔的喷管，喷管连接安装有脉冲阀的汽包。当滤袋需要清灰时，启动脉冲阀，打开压缩空气管路，压缩空气通过喷管进入滤袋完成反吹。袋区清灰系统示意见图1-17。

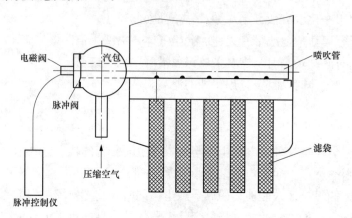

图 1-17　袋区清灰系统示意

2. 电袋复合除尘器构造

电袋复合除尘器的原理就是电除尘器与袋式除尘器的复合。结构前半部分为电除尘器，包括集尘电极、电晕电极、电极清灰装置、灰斗、供电装置等。后部分为袋式除尘器，包括灰斗、净气室、滤袋、清灰系统、卸灰系统等。电除尘器适合捕集大颗粒烟尘，袋式除尘器适合捕集细小颗粒的烟尘。

3. 电袋复合除尘技术优、缺点

（1）除尘效率高。电袋复合除尘器的效率不受粉尘的比电阻及粒径影响，除尘过程由电区和袋区协同完成，出口排放烟尘浓度最后由袋区控制，对粉尘特性不敏感，适应工况更宽广。排放浓度可以保证在超低排放要求以下，且长期稳定。

（2）对 $PM_{2.5}$ 及汞等物质有较好的脱除效果。电袋复合除尘器的电区的荷电作用可有效使 $PM_{2.5}$ 级的颗粒物发生电凝并，袋区的滤料纤维上的烟尘结构对其捕集效果良好。同时，结合活性炭吸附剂具有良好的脱汞效果。

（3）阻力低。电场进行预除尘降低了烟气中的烟尘量，滤袋的运行负荷量被降低，从而降低了阻力上升速率。

（4）清灰周期长。预除尘后滤袋收集的烟尘压力小，阻力增长慢，滤袋的清灰期长，能耗低，滤袋使用寿命长。

由于电袋复合除尘器综合了电除尘器和袋式除尘器各自的特性，弥补了两者之间相互的缺点，故性能缺点较少，主要缺点即为因技术复合造成的设备占用空间庞大与结构复杂，同时在运行过程中，电除尘与袋式除尘共同运转，对运行及检修技术要求高。

四、超低排放新兴除尘技术

（一）低低温电除尘技术

1. 工作原理

通常为降低电除尘器入口烟气温度至酸露点以下，在除尘器入口处加装烟气冷却器或热回收器和再加热器来将烟气温度换热至 90℃左右。温度降低后，烟气中绝大多数气态 SO_3 及一部分其他可凝结颗粒物冷凝成为气溶胶、颗粒物。烟气中烟尘表面结构复杂，比表面积大，这为气溶胶、颗粒物等物质的附着提供了良好的条件，这些气溶胶、颗粒物吸附在烟尘上，能够降低除尘器中烟尘的比电阻，并被除尘器同烟尘一起脱除。烟气温度降低后，除尘器运行时烟气流量减小、流速降低，烟尘在除尘器中停留时间变长，有效提高了除尘器运行的击穿电压，以此提高了除尘效率，同时可除去大部分可凝结颗粒物。低低温电除尘器系统示意如图 1-18 所示。

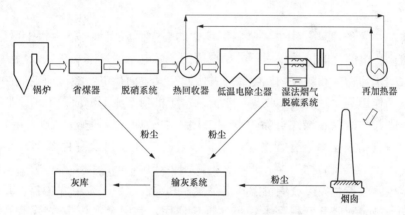

图 1-18　低低温电除尘器系统示意

2. 技术特点

通过换热器使电除尘器入口烟气温度降至酸露点下，烟气中的 SO_3 冷凝为酸雾吸附在烟尘表面，酸雾改变了烟尘的性质。同时，烟气温度下降，在温度低的条件下表面比电阻占主导地位，并且当温度降低时会更低。烟尘性质变化与除尘器入口烟气温度的降低使烟尘比电阻大幅下降，降低了反电晕现象的发生概率，提高除尘效率。电除尘器入口烟气温度降低，提高了电场击穿电压，可提高除尘效率。烟气温度降低后，烟气流量下降，除尘器内烟气流速降低，增加了烟尘在电场中的停留时间，比集尘面积同时增大，提高除尘效率。

烟气温度降至酸露点以下，烟气中包含的 SO_3 等一部分可凝结物质将凝结为液态或酸雾。烟气在降温时未经除尘，烟尘浓度高，同时烟尘具有比表面积大的特性，则为酸雾等物质的凝结附着提供了基础。

同时，经过低低温电除尘器捕集后的烟尘，除尘器出口烟尘的粒径大于普通除尘器，当使用低低温电除尘器时，可辅助提高脱硫塔除尘效率，提高除尘脱硫的协同脱除烟尘的效果。

低低温电除尘器投运时，烟气换热系统将回收的热能主要供给到再热器，用于提高烟囱排出的烟气温度，可提高污染物排放的扩散能力。同时，烟气在进入脱硫塔时温度降低，可减少脱硫塔的水分蒸发，节约脱硫用水。

3. 适用条件

（1）灰硫比：＞100。

（2）煤种：低硫煤或中硫煤且灰分较低。

（3）出口烟尘浓度：出口烟尘浓度要求小于 $15mg/m^3$ 时，电场数大于或等于 5 个。

（4）煤种除尘难易性：容易或较易，比集尘面积大于或等于 $130m^2/(m^3/s)$；一般，比集尘面积大于或等于 $140m^2/(m^3/s)$。

（5）在煤种灰硫比过大、含硫量高、飞灰中碱性氧化物（主要为 Na_2O）含量高时，烟尘性质改善幅度小，对低低温电除尘器提效幅度有一定影响。

（二）湿式电除尘器技术

1. 工作原理

湿式电除尘器的原理是用电极吸附烟气中的粉尘而后用水冲洗电极上吸附的粉尘，在通有直流高压电的放电极的作用下电晕线周围产生电晕层，空气在电晕层中电离，电离产生的负离子与粉尘和颗粒物发生碰撞并吸附在其表面荷电，经过荷电后的粉尘、颗粒物在静电场作用下，被集尘极收集，水流从集尘极顶部流下形成稳定的水膜进而将收集的粉尘、颗粒物清除。湿式电除尘器主要用于去除烟气经脱硫塔后烟气中剩余的粉尘、酸雾、可凝结颗粒物等有害物质，是目前可凝结颗粒物及有色烟羽控制的可行手段。湿式电除尘器英文简称为 WESP，根据其阳极选用不同结构类型可分为 3 大类：金属极板湿式电除尘器、导电玻璃钢湿式电除尘器和柔性极板湿式电除尘器。目前，随着超低排放的实施，WESP 已得到大规模的推广应用，其中金属极板式 WESP 已在国外燃煤电厂应用近 30 年，技术成熟度高。湿式电除尘器系统示意见图 1-19。

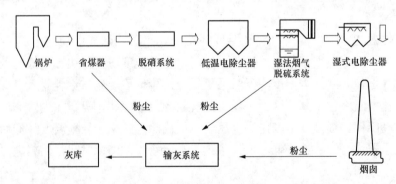

图 1-19　湿式电除尘器系统示意

湿式电除尘器系统布置方式见图 1-20。

2. 技术特点

（1）金属极板湿式电除尘器。金属极板湿式电除尘器的放电极通过高压直流电，产生强烈电场，在极线附近会产生电晕层，周围空气剧烈电离，释放大量负离子，负离子对环境中的烟尘和各类雾滴进行荷电。这些微粒在荷电后在其所携带电性驱使下向除尘

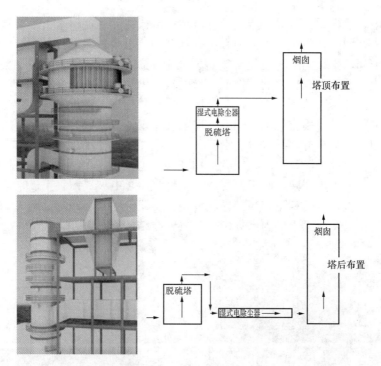

图 1-20　湿式电除尘器系统布置方式

器的集尘极吸附，而后被水流从极板上冲刷下去。相对于其他除尘器，金属极板湿式电除尘器所产生的电晕功率可几倍于干式除尘器。同时，其脱除烟尘不受烟尘比电阻影响，对于烟气中其他特殊污染物（如可凝结颗粒物、$PM_{2.5}$ 等）的脱除效率远高于其他设施。设置在湿法脱硫后的金属极板湿式电除尘器可消除烟气中因脱硫过程产生的副产物（如石膏雨等）。同时，出口烟尘浓度极低，可稳定达到超低排放限值以下甚至更低。金属极板湿式电除尘器示意见图 1-21。

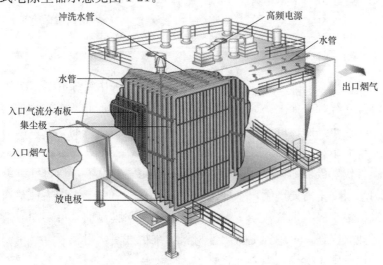

图 1-21　金属极板湿式电除尘器示意

（2）导电玻璃钢湿式电除尘器。导电玻璃钢湿式电除尘器指采用导电玻璃钢作为除尘器的集尘极，同时在每个集尘极中心设有合金的放电极。通过向电极材料通入直流高压电，在两极间产生强电场将空气电离，诱发电晕放电，为烟气中的烟尘及雾滴荷电，荷电后的烟尘及雾滴在电场力的驱使下被导电玻璃钢捕获，而后通过玻璃钢上吸收的雾滴在表面形成连续不断的自流水膜，实现清灰过程。与金属极板湿式电除尘相比，导电玻璃钢湿式电除尘器采用自流水与间断辅助喷淋实现清灰过程，相较于金属极板湿式电除尘器单纯使用连续喷淋，导电玻璃钢湿式电除尘器水耗较小。同时，导电玻璃钢具有极强的抗酸和抗腐蚀性能，强度、硬度等物理参数也极为优秀，玻璃钢组件可直接在生产中一体化成型，无需安装，施工便捷，严密性强。导电玻璃钢集尘极采用蜂窝结构布置，比集尘面积大，空间利用率高。导电玻璃钢湿式电除尘器示意见图1-22。

导电玻璃钢湿式电除尘器内部集尘极与放电线结构见图1-23。

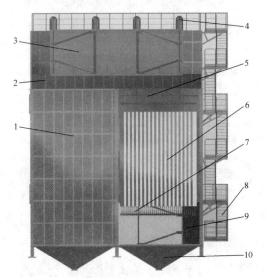

图1-22　导电玻璃钢湿式电除尘器示意　　　　图1-23　导电玻璃钢湿式电除尘器
1—壳体；2—进口烟道；3—导流室；4—防护罩；　　　　　内部集尘极与放电线结构
5—喷淋系统；6—阳极系统；7—阴极系统；8—楼梯走道；
9—出口烟箱；10—集水组件

（3）柔性极板湿式电除尘器。柔性极板湿式电除尘采用绝缘的疏水纤维布作为集尘极，将水流淋洗在纤维布面上，通过纤维的毛细作用，在布上形成一个均匀的水膜，水膜和被浸湿的纤维布共同组成集尘极。烟尘在水膜的作用下从烟气中分离，与水流一同落入收集槽，排放至特定地点。柔性绝缘疏水纤维质量轻，其本身不导电，只作为水膜的载体，水膜替代了极板的作用。同时，这类纤维耐腐蚀性强，通过纤维结构可有利于表面形成均匀水膜，不需要连续用水冲洗，用水量很少。由于采用柔性材料，当烟气通过时，放电极与集尘极在烟气作用下振动，配合表面水膜流动，可实现自清洁，不需清灰。在结构上独立性强，可单独更换柔性材料，维护方便，附属系统简单。柔性极板湿式电除尘器示意见图1-24。

柔性极板湿式电除尘器内部电极结构见图1-25。

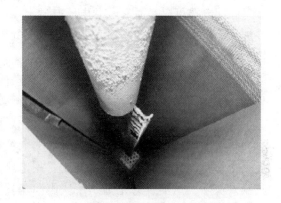

图 1-24 柔性极板湿式电除尘器示意　　图 1-25 柔性极板湿式电除尘器内部电极结构

3. 适用条件

（1）湿式电除尘器入口需为饱和烟气。

（2）新建工程设计烟尘浓度小于或等于 $5mg/m^3$。

（3）改造工程除尘、脱硫设备改造难度大、烟尘排放不达标且场地允许的条件下。

（4）锅炉用煤为中、高硫煤时。

（三）现有设备改造技术

1. 复合塔高效除雾器技术

复合塔高效除雾器技术是指实施超低排放后运用托盘、错流、分区、单塔双循环、旋回耦合等技术的脱硫塔再加上除雾器改造如管式除雾器、高效除雾器等，以提高脱硫塔对烟尘脱除效率的技术。复合塔在原有空塔基础之上，通过结构改造，均布烟气在脱硫塔内流速，优化塔内传质、传热和反应进度，提高烟气在塔内停留时间，提高气液接触，强化气液传质，有效降低液气比。在复合塔脱硫可更好提高脱硫效率，同时也增大了烟尘与浆液接触的概率，实现很高的烟尘脱除效率。同时，高效除雾的代表为管式除雾器，吸收塔喷淋后的净烟气中含有大量由浆液液滴、凝结液滴和尘颗粒组成的雾滴首先经过高效管式除雾器的旋流板时，雾滴与旋流板叶片碰撞聚集成为大颗粒，在旋流板叶片上形成液膜，烟尘与液膜发生碰撞被捕集，液膜厚度逐渐增加从叶片脱离向下流入吸收塔浆池，实现除尘除雾的作用。烟气经过旋流板后，运动方向由原来的垂直向上运动变成旋转上升运动，未被旋流板捕捉的雾滴在旋转运动过程中受离心力的作用向气旋筒表面运动，气旋筒表面同样是存在均匀的液膜，运动到液膜表面的雾滴及粉尘同样被捕捉，从而进一步达到了除尘除雾的作用。

2. 高效电源技术

电除尘器在运行时，其高压电源的运行参数严重影响除尘效率。目前，在常规电源基础之上已产生了多种新型高效电源，主要为高频电源、脉冲电源和三相电源。

高频电源的工作原理是依据除尘器的各种工况可产生不同波形的电压，具有良好的除尘适应性。同时，其可以稳定输出接近的峰值与峰谷电压，控制因电压过高而产生的闪络现象，有助于整体提高运行电压水平。

脉冲电源可以在原有电源电压基础上，输出宽度窄、峰值高的微秒级脉冲电压进行叠加。可以有效减少比电阻高的烟尘引起的反电晕现象，提升对比电阻较高烟尘的捕捉效果。

三相电源顾名思义采用三相用电而非单项用电，输出电压高、波形规律完整，可提高输出电压和电流，同时保持电源相间平衡，减少了因为三相不平导致的电网波动。

3. 旋转电极技术

旋转电极技术是将除尘器的末端的电场进行修改，采用回转式的集尘板，在集尘板滚动时，在滚动的底部设置电刷，用电刷清洁在灰斗上方集尘板上附着的烟尘，将其刷入灰斗。这类设计是为了解决电除尘器末端因集尘板振打不良所引起的二次扬尘问题。

第三节　脱硫技术路线

我国大气污染主要是煤烟型污染，最主要的污染物是 SO_2。我国 SO_2 每年的排放量都在 2000 万 t 以上，居世界第一位。我国硫酸型酸雨造成国土面积受损达总面积的30%，全国每年因此损失上千亿元。SO_2 污染已经成为限制我国经济和社会可持续发展的重要因素，控制 SO_2 排放势在必行。自 20 世纪中后期，日本、美国施行控制 SO_2 排放战略以来，越来越多的国家开始制定严格的 SO_2 排放标准以及中长期控制战略，我国也陆续出台了一些控制标准，以我国火力发电厂为例，GB 13223—2011 规定，新建机组 SO_2 排放浓度应控制在 $100mg/m^3$，已有机组 SO_2 排放浓度也要控制在 $200mg/m^3$ 以内，重点地区的火力发电锅炉燃煤机组 SO_2 排放浓度应控制在 $50mg/m^3$。国家发展改革委、生态环境部、国家能源局联合 2015 年 12 月 11 日下发的《关于印发〈全面实施燃煤电厂超低排放和节能改造工作方案〉的通知》（环发〔2015〕164 号），明确了到2020 年全国所有具备条件的燃煤电厂力争实现超低排放，其中要求 SO_2 浓度控制在 $35mg/m^3$ 以下。目前火力发电厂脱除 SO_2 的方式主要包括湿法脱硫、半干法脱硫及干法脱硫。湿法脱硫以石灰石-石膏湿法脱硫、双碱法烟气脱硫以及氨法脱硫为主进行介绍。半干法脱硫主要介绍循环流化床烟气脱硫技术、炉内喷钙尾部增湿活化脱硫技术及喷雾干燥脱硫技术。干法脱硫技术主要介绍炉内喷钙脱硫技术。

一、湿法脱硫

湿法脱硫技术根据其吸收剂的类型一般分为钙法脱硫、镁法脱硫、氨法脱硫和海水脱硫等。石灰石-石膏湿法脱硫技术以石灰石为吸收剂，与烟气中的 SO_2 反应生成石膏晶体，该方法优点是石灰石价格低廉同时产物能够进行综合利用，是世界上应用最广泛的脱硫措施。镁法脱硫与钙法脱硫一样，主要利用 $Mg(OH)_2$ 的碱性吸收烟气中的 SO_2，由于氧化镁具有来源广泛、脱硫效率高、投资及运行费用低等优点，使其成为应用广泛度仅低于钙法脱硫的脱硫技术。海水脱硫技术是利用海水的碱度吸收烟气中的 SO_2，近些年在火力发电厂中得到较为广泛的应用。氨法脱硫由于其具有脱硫效率高、副产品绿色环保且综合利用率高的特点引起了人们的广泛关注。本章主要介绍石灰石-石膏湿法脱硫、钙钠双碱法烟气脱硫以及氨法脱硫。

（一）石灰石-石膏湿法脱硫工艺

第一台湿法洗涤烟气脱硫装置出现在 20 世纪 70 年代。在开发初期，石灰主要用作湿法石灰/石灰石工艺中的脱硫剂。由于石灰石反应速率慢，初期脱硫剂主要使用氧化钙，氧化钙的 pH 值大于 6。因此，对 SO_2 具有较强的吸附能力和较高的脱除率。脱硫的主要产品是 $CaSO_3$。最初 $CaSO_3$ 从脱硫塔中排除后，把浆液引入氧化池同时加入 H_2SO_4，将 pH 值降至 3～4。但是控制起来比较困难，容易引起石膏过饱和，导致脱硫系统经常发生结垢和堵塞问题。在此后的发展过程中，湿法烟气脱硫装置在塔外增加了强制氧化措施，将氧化塔与吸收塔底部的浆液池合并，在大容量的浆液池中完成石膏的氧化结晶过程。将亚硫酸盐 pH 值控制在 5 时进行氧化，$Ca(HSO_3)_2$ 被氧化成 $CaSO_4$，所以不再需要使用 H_2SO_4。这时的吸收塔已经逐渐变成如今吸收塔内吸收与氧化的过程，吸收塔能在 pH 值为 4.5～5.5 之间进行工作，有利于石灰石的溶解，为石灰石在湿法脱硫中的应用打下了坚实的基础，延长了脱硫剂在吸收塔中的停留时间。通过增加石灰石粉料的细度，将石灰石的利用率增加至 95%～99%。将空气通入浆液池中，使石灰石充分溶解，可强制排出 CO_2，保证石灰石的溶解反应持续进行。在初期的脱硫装置中，还设立了独立的预冷洗涤塔，主要作用是利用水冲洗去除烟气中的 HCl、HF、H_2SO_4 及飞灰。经过不断的探索与研究，吸收塔已发展成为结合清洗、冷却、吸收、氧化为一体的设备，降低了系统的整体投资、运行成本和覆盖面积，提高了适应负荷变化的能力，极大地增强了系统的运行稳定性和可靠性。

经过几十年的发展，石灰石-石膏湿法脱硫已经发展成为目前世界上技术最成熟、应用最广泛、运行最可靠的方法，目前已成为世界商业 FGD 的主导。石灰石-石膏湿法脱硫工艺适用于大型新建项目。

1. 原理

石灰石-石膏湿法脱硫原理是将石灰石粉加水制成浆液作为吸收剂泵入吸收塔与烟气充分接触混合，烟气中的 SO_2 与浆液中的 $CaCO_3$ 以及从塔下部鼓入的空气进行氧化反应生成 $CaSO_4$，$CaSO_4$ 达到一定饱和度后，结晶形成二水石膏。经吸收塔排出的石膏浆液经浓缩、脱水，使其含水量小于 10%，然后用输送机送至石膏储仓堆放，脱硫后的烟气经过除雾器除去雾滴，再经过换热器加热升温后，由烟囱排入大气。由于吸收塔内吸收剂浆液通过循环泵反复循环与烟气接触，吸收剂利用率很高，钙硫比较低，脱硫效率可大于 95%。石灰石-石膏湿法脱硫原理示意见图 1-26。

主要反应式为

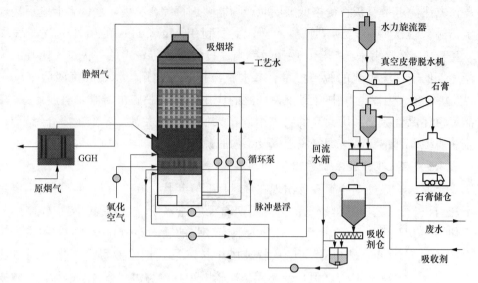

图 1-26 石灰石-石膏湿法脱硫原理示意

$$SO_2 + H_2O \longrightarrow H_2SO_3 \qquad (1\text{-}11)$$

$$CaCO_3 + H_2SO_3 \longrightarrow CaSO_3 + CO_2 + H_2O \qquad (1\text{-}12)$$

$$CaSO_3 + 1/2O_2 \longrightarrow CaSO_4 \qquad (1\text{-}13)$$

$$CaSO_3 + 1/2H_2O \longrightarrow CaSO_3 \cdot 1/2H_2O \qquad (1\text{-}14)$$

$$CaSO_4 + 2H_2O \longrightarrow CaSO_4 \cdot 2H_2O \qquad (1\text{-}15)$$

$$CaSO_3 + H_2SO_3 \longrightarrow Ca(HSO_3)_2 \qquad (1\text{-}16)$$

2. 优、缺点

石灰石-石膏湿法脱硫优、缺点见表1-9。

表 1-9 石灰石-石膏湿法脱硫优、缺点

优 点	缺 点
(1) 脱硫剂利用率高;	(1) 系统结构复杂，操作困难;
(2) 脱硫效率高;	(2) 能耗大，对烟道腐蚀严重;
(3) 对除尘器等设备影响小;	(3) 投资费、运行和维护费高;
	(4) 脱硫塔结垢严重

（二）钙钠双碱法烟气脱硫

钙钠双碱法烟气脱硫工艺简称双碱法。双碱法烟气脱硫技术是为了克服石灰石-石膏法容易结垢的缺点而发展起来的。石灰石-石膏湿法烟气脱硫工艺采用石灰石作为脱硫剂与 SO_2 反应后生成的 $CaSO_3$、$CaSO_4$，由于 $CaSO_4$ 溶解度较小，如果没有足够的晶核或过饱和度过大，石膏晶体极易在吸收塔内及管道内结垢，堵塞管道，严重影响脱硫系统的正常运行，甚至还会对机组的正常运行产生严重影响。为了尽可能避免钙基脱硫剂带来的不利因素，钙法脱硫工艺需要强制氧化系统即氧化风机，这无疑会加大初始投资费用和运行费用，而采用钠基脱硫剂运行费用又太高，同时脱硫产物不易处理，基

于这两方面的不利因素，钙钠双碱法烟气脱硫技术由此产生，该工艺能够非常好地解决以上问题。

双碱法是采用钠基脱硫剂进行塔内脱硫，由于钠基吸收剂碱性较钙基吸收剂强，同时吸收 SO_2 后生成物溶解度较大，不容易发生过饱和结晶，从而引起结垢和堵塞问题。此外，含钠的脱硫产物在进入再生池内后可以用 $Ca(OH)_2$ 对其进行还原再生，再生后的钠基脱硫剂再次返回吸收塔内进行循环使用。双碱法烟气脱硫技术降低了投资及运行费用，适用于中小型机组进行脱硫系统的改造。双碱法烟气脱硫技术以 $NaOH$、Na_2SO_3 以及 Na_2CO_3 作为脱硫剂，配制好的吸收剂溶液直接打入吸收塔脱除烟气中的 SO_2，然后通过吸收剂再生池将脱硫生成物反应生成钠基吸收剂再返回吸收塔内循环使用。双碱法适用于锅炉烟气、焦炉气、锅炉生产废气等的脱硫。

1. 原理

钙钠双碱法是先利用钠碱性吸收液进行烟气脱硫，然后用石灰粉再生脱硫液，由于整个反应过程是在气液两相之间进行，同时由于反应产物溶解性较大，避免了脱硫系统的结垢和堵塞问题，而且吸收速率高，液气比低，吸收剂利用率高，投资费用和运行成本低。钙钠双碱法脱硫系统见图 1-27。

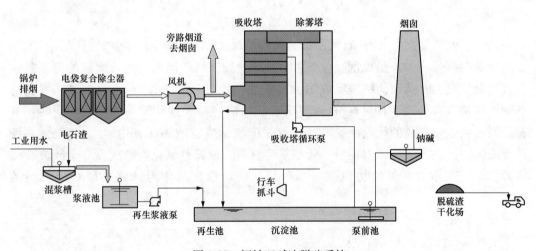

图 1-27 钙钠双碱法脱硫系统

（1）在吸收塔内吸收。

用 $NaOH$ 吸收为

$$2NaOH + SO_2 \longrightarrow Na_2SO_3 + H_2O \tag{1-17}$$

用 Na_2SO_3 吸收为

$$Na_2SO_3 + SO_2 + H_2O \longrightarrow 2NaHSO_3 \tag{1-18}$$

用 Na_2CO_3 吸收为

$$Na_2SO_3 + SO_2 + H_2O \longrightarrow 2NaHSO_3 \tag{1-19}$$

（2）将吸收了 SO_2 的吸收液送至再生池，进行吸收液的再生和固体副产品的析出。如以钠盐作为脱硫剂，用石灰或石灰石对吸收剂进行再生，则在反应器中会进行下面的反应。

用石灰再生为

$$Ca(OH)_2 + Na_2SO_3 \longrightarrow 2NaOH + CaSO_3 \qquad (1-20)$$

$$Ca(OH)_2 + 2NaHSO_3 \longrightarrow Na_2SO_3 + CaSO_3 \cdot 1/2H_2O + 3/2H_2O \qquad (1-21)$$

用石灰石再生为

$$CaCO_3 + 2NaHSO_3 \longrightarrow Na_2SO_3 + CaSO_3 \cdot 1/2H_2O + 1/2H_2O + CO_2$$

$$(1-22)$$

再生的 $NaOH$ 和 Na_2SO_3 等脱硫剂可以循环使用。由于烟气中存在着一定的 O_2，因此会发生反应为

$$Na_2SO_3 + 1/2O_2 \longrightarrow Na_2SO_4 \qquad (1-23)$$

脱除硫酸盐反应为

$$Ca(OH)_2 + Na_2SO_4 + 2H_2O \longrightarrow 2NaOH + CaSO_4 \cdot 2H_2O \qquad (1-24)$$

$$2(CaSO_3 \cdot 1/2H_2O) + Na_2SO_4 + H_2SO_3 + 3H_2O \longrightarrow 2NaHSO_3 + 2(CaSO_4 \cdot 1/2H_2O)$$

$$(1-25)$$

软化反应为

$$Ca^{2+} + Na_2CO_3 \longrightarrow 2Na^+ + CaCO_3 \qquad (1-26)$$

$$Ca^{2+} + CO_2 + H_2O \longrightarrow 2H^+ + CaCO_3 \qquad (1-27)$$

钠钙双碱法是在石灰石-石膏湿法脱硫的基础上结合钠碱法，利用钠盐易溶于水，在吸收塔内部采用钠基脱硫剂吸收 SO_2，反应产物在再生池内利用较廉价的钙基吸收剂进行反应再生，从而使钠基吸收剂循环使用。该工艺综合石灰石-石膏湿法脱硫与钠碱法的特点，解决了石灰石-石膏湿法脱硫塔内容易腐蚀和结垢的问题，同时还具有钠碱法吸收效率高的优点。脱硫产物为亚硫酸钙或硫酸钙（氧化后）。亚硫酸钙配以合成树脂可生产一种称为钙塑的新型复合材料；或将其氧化后制成石膏；或者直接将其与粉煤灰混合，可增加粉煤灰的塑性，增加粉煤灰作为铺路底层垫层材料的强度。

2. 优、缺点

钠钙双碱法脱硫优、缺点见表 1-10。

表 1-10　　　　　　　　　　钠钙双碱法脱硫优、缺点

优　点	缺　点
（1）对水泵、管道、设备均无腐蚀与堵塞现象，便于设备运行与保养； （2）吸收剂的再生和脱硫渣的沉淀发生在塔外，这样避免了塔内堵塞和磨损，提高了运行的可靠性，降低了操作费用，能够用更加高效的板式塔或填料塔替代空塔，整个脱硫系统更紧凑，能够提高脱硫效率； （3）钠基吸收剂与 SO_2 反应速度快，能够降低液气比； （4）能够提高石灰石的利用率	（1）反应副产物 Na_2SO_4 较难再生，需不断补充新鲜的 $NaOH$ 或 Na_2CO_3 而弥补消耗量； （2）Na_2SO_4 的存在也会影响石膏的品质

（三）氨法脱硫技术

氨法脱硫的原理与石灰石/石灰-石膏湿法脱硫工艺类似，该工艺在 20 世纪 70 年代初被日本和意大利研究成功，然而考虑到氨的价格、来源以及技术方面的问题，导致该工艺在工业上的应用较少。随着技术的不断完善和氨产量逐渐增多，上述问题逐渐得到解决，也慢慢被更多的国家和企业所应用。中天合创能源有限责任公司热电中心采用一定浓度氨水作为脱硫剂，介绍了氨法脱硫处理锅炉尾气的原理、工艺改造流程、主要设备及副产品等，结果显示氨法脱硫技术脱硫效率高，脱硫后操作装置尾气排放的 SO_2 和烟尘浓度均达到超低排放标准，脱硫效率达 98.7%。

氨法脱硫根据过程和副产物的不同又可以分为氨-肥法、氨-亚硫酸铵法和氨-硫酸铵法等。氨-硫酸铵法在脱硫过程中，氨水进入浆液池与亚硫氢酸铵反应生成亚硫酸铵；部分亚硫酸铵吸收亚硫酸形成亚硫酸氢铵，部分亚硫酸铵被氧气氧化生成硫酸铵。在氨-硫酸铵法中，二氧化硫的吸收剂是亚硫酸铵。选取该工艺应充分考虑氨水或液氨的来源，不宜长距离运输，厂区附近最好有废氨水，同时副产品可就近利用。由于氨水输送时密封要求高，且需要防止脱硫过程中的氨逃逸，系统较为复杂，因而脱硫系统投资较高。

氨法脱硫是高效、低耗能的湿法脱硫技术。氨法脱硫是气液两相反应，反应速率快，吸收剂利用率高，脱硫效率保持在 95%～99%。氨在水中的溶解度大于 20%。氨法脱硫以氨为原料，可以是液氨、氨水和碳铵，氨法脱硫的原料非常丰富。目前，我国火力发电厂每年排放约 1000 万 t 的 SO_2，即使都采用氨法脱硫，用氨量也不会超过 500 万 t/年，供应完全没有问题。氨法的最大优点是 SO_2 可资源化，能够把污染物 SO_2 回收成为高附加值的产品硫酸铵，硫酸铵作为一种性能优良的氮肥，在我国拥有非常好的市场前景。

1. 原理

氨法脱硫工艺利用氨与烟气中的 SO_2 反应生成 $(NH_4)_2SO_3$ 溶液，并在有氧条件下将 $(NH_4)_2SO_3$ 氧化成 $(NH_4)_2SO_4$，通过加热蒸发结晶获得 $(NH_4)_2SO_4$ 晶体，过滤干燥后得到化肥产品。整个过程主要包括吸收、氧化及结晶。氨法脱硫工艺流程见图 1-28。

（1）吸收过程。在脱硫塔中，氨和 SO_2 在液态环境中以离子形式反应，即

$$2NH_3 + H_2O + SO_2 \longrightarrow (NH_4)_2SO_3 \tag{1-28}$$

$$(NH_4)_2SO_3 + H_2O + SO_2 \longrightarrow 2NH_4HSO_3 \tag{1-29}$$

随着吸收进程的持续，溶液中的 NH_4HSO_3 会逐渐增多，而 NH_4HSO_3 已不具备对 SO_2 的吸收能力，应及时补充氨水维持吸收浓度。

（2）氧化过程。氧化过程主要利用空气氧化 NH_4HSO_3 和 $(NH4)_2SO_3$ 生成 $(NH4)_2SO_4$ 的过程，即

$$2(NH_4)_2SO_3 + O_2 \longrightarrow 2(NH_4)_2SO_4 \tag{1-30}$$

$$2NH_4HSO_3 + O_2 \longrightarrow 2NH_4HSO_4 \tag{1-31}$$

$$NH_4HSO_4 + NH_3 \longrightarrow (NH_4)_2SO_4 \tag{1-32}$$

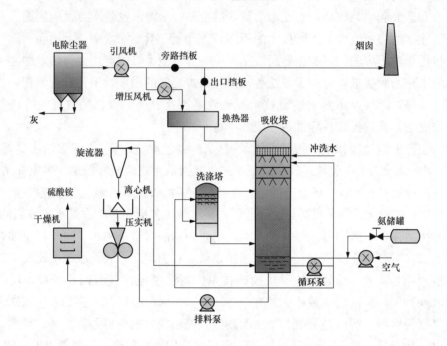

图 1-28　氨法脱硫工艺流程

（3）结晶过程。氧化后的（NH_4）$_2SO_4$ 浆液经加热蒸发，形成饱和溶液，（NH_4）$_2SO_4$ 逐渐从溶液中析出，过滤干燥后得到化肥产品硫酸铵。

2．优、缺点

氨法脱硫优、缺点见表 1-11。

表 1-11　　　　　　　　　　　　氨法脱硫优、缺点

优　　点	缺　　点
（1）反应速度快，能在瞬间完成，吸收剂利用率高，脱硫效率高； （2）适用范围广，操作弹性大； （3）原料易得； （4）氨法脱硫的副产物可以资源化； （5）占地面积较小，阻力小，投资较少； （6）脱硫的过程中兼具脱硝功能； （7）氨法脱硫不会有新增的 CO_2 生成，符合国家低碳节能和减排的要求	（1）原料费用，电耗、水耗比其他脱硫技术要高； （2）腐蚀比较严重，包括化学腐蚀，冲刷腐蚀，结晶腐蚀； （3）有氨逃逸、气溶胶、气拖尾现象； （4）长周期运行，会有废浆液产生

（四）几种湿法脱硫技术的对比

几种湿法脱硫技术的对比见表 1-12。

表 1-12   几种湿法脱硫技术的对比

方法	石灰石-石膏湿法脱硫	钙钠双碱法脱硫	氨法脱硫
适用煤种	不限	不限	不限
脱硫效率	＞95％	＞95％	＞95％
吸收剂	石灰石、石灰	Na_2CO_3、NaOH	液氨、氨水
副产物	石膏	石膏	硫酸铵
废水	有	有	无
市场占有率	高	高	低

二、干法脱硫

干法脱硫技术是将烟气中的 SO_2 通过直接裂解或固定在特殊载体中，在环境干燥脱硫过程中，气相与固相之间发生反应进行脱硫的方法。目前，运用最广泛的干法脱硫法是在燃烧过程中，将小颗粒的固体石灰喷入反应器中，与烟道气发生化学反应以吸收二氧化硫。干法脱硫工艺具有无腐蚀性、后期处理简单、易改造、有助于烟道气排出等优点。然而干法脱硫工艺的缺点就是脱硫效率比其他方法低，比湿法脱硫效率低甚至50％左右。

（一）炉内喷钙脱硫技术

循环流化床锅炉燃烧技术因具有煤种适应性强、负荷调节范围大、燃烧稳定、燃烧中向炉内添加石灰石可实现低成本脱硫、分级燃烧能有效减少 NO_x 排放、灰渣易综合利用等优点，在世界上得到了广泛应用。我国已成为世界上拥有循环流化床锅炉数量最多、技术示范最多的国家，从中积累了大量的经验，并建立了完整的设计理论体系。目前，循环流化床锅炉已经在 600MW 机组上得到了实际的应用，在燃煤锅炉中占据着举足轻重的地位。

1. 原理

炉内喷钙脱硫技术是通过稀相气力输送系统将一定粒径的石灰石粉喷射到炉内最佳温度反应区，并使石灰石粉与烟气有良好的接触和反应时间。石灰石在 $850\sim1150℃$ 的温度条件下受热分解成 CaO 和 CO_2，CaO 再与烟气中的 SO_2 在 O_2 的参与下反应生成 $CaSO_4$。由于循环流化床锅炉炉膛出口设有旋风分离器，绝大部分被烟气携带出去的、未反应完全的脱硫剂能够经过旋风分离器返回炉膛进行循环反应，提高了脱硫剂的利用率，同时，循环流化床锅炉较低的燃烧温度确保 CaO 不会被烧结，从而保证了系统的脱硫效率。根据锅炉烟气量、SO_2 浓度和所需达到的脱硫效率向炉膛内计量喷入石灰石粉，而石灰石粉的喷入通过石灰石粉库下的稀相输送系统来完成。炉内喷钙脱硫技术工艺流程如图 1-29 所示。

$$CaCO_3 \longrightarrow CaO + CO_2（煅烧反应） \tag{1-33}$$

$$CaO + SO_2 + 1/2O_2 \longrightarrow CaSO_4（化合反应） \tag{1-34}$$

2. 优、缺点

炉内喷钙脱硫工艺优、缺点见表 1-13。

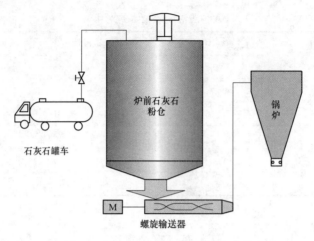

图 1-29　炉内喷钙脱硫技术工艺流程

表 1-13　　　　　　　　　　　炉内喷钙脱硫工艺优、缺点

优　　点	缺　　点
(1) 设备简单，占地面积小；	(1) 应速度慢，脱硫率低；
(2) 投资和运行费用较低；	(2) 吸收剂利用率低；
(3) 操作方便、能耗低；	(3) 磨损、结垢现象比较严重；
(4) 生成物便于处置、无污水处理系统	(4) 设备维护难度较大；
	(5) 设备运行的稳定性、可靠性不高，且寿命较短

（二）电子束辐射脱硫技术

电子束辐射脱硫技术由日本 Ebara 公司在 20 世纪 70 年代提出。该技术是一种物理方法同化学方法结合的新技术，该技术烟气脱硫过程包括烟气降温增湿、加氨、电子束辐射以及副产品收集等部分。直流高压电源产生的电子束通过电子加速器加速后，经高真空的扫描管透射过窗箔冷却装置辐照烟气，使烟气中的 O_2、H_2O 等电离成如 OH、O 和 HO_2 等活性基团，将 SO_2 氧化并与水反应生成硫酸，在 65～80℃温度下与加入的氨气进行中和反应，得到干燥的硫酸铵颗粒。40 几年来，全球范围内大约有十几个国家的研究人员曾致力于电子束辐射脱硫技术的研究与开发，先后建成和在建的工业装置有 5 座，已经从小试、中试和工业示范迈向工业应用。20 世纪 80 年代由美国政府和日本荏原制作所等单位分担出资在美国某燃煤发电厂建立了一套世界最大高硫煤烟气处理电子束装置，烟气处理量为 24 000m³/h，取得了比较满意的结果，脱硫效率能够达到 90％以上。日本荏原制作所与中国电力工业部共同实施的"中国 EBA 工程"已在成都某发电厂建成一套烟气处理能力为 300 000m³/h 的电子束脱硫装置，入口 SO_2 设计浓度为 5143mg/m³，在吸收剂化学计量比为 0.8 的情况下脱硫效率达到 80％。电子束辐射脱硫技术工艺流程如图 1-30 所示。

1. 原理

电子束辐射脱硫工艺主要包括烟气冷却、加氨、电子束照射、颗粒捕集 4 个过程组成。温度约为 150℃ 的烟气经预除尘后再经冷却塔喷水冷却到 60～70℃，在反应室前端通过测量烟气中 SO_2 的浓度调整氨的用量，然后混合气体在反应器中经高能电子束照射，生成大量的活性物质，将烟气中的 SO_2 氧化为 SO_3，进一步生成 H_2SO_4，并与氨（NH_3）或石灰石（$CaCO_3$）脱硫剂反应。反应生成的颗粒经捕集装置收集后，洁净的烟气排入大气。

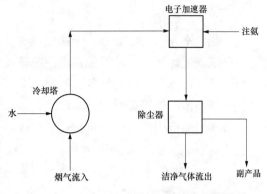

图 1-30　电子束辐射脱硫技术工艺流程

（1）自由基生成为

$$N_2, O_2, H_2O + e \longrightarrow OH, O, HO_2, N \tag{1-35}$$

（2）SO_2 氧化并生成 H_2SO_4 为

$$SO_2 \longrightarrow SO_3 \longrightarrow H_2SO_4 \tag{1-36}$$

$$SO_2 \longrightarrow H_2SO_3 \longrightarrow H_2SO_4 \tag{1-37}$$

（3）酸与氨反应生成硫酸铵和硝酸铵为

$$H_2SO_4 + 2NH_3 \longrightarrow (NH_4)_2SO_4 \tag{1-38}$$

2. 优、缺点

电子束辐射脱硫技术优、缺点见表 1-14。

表 1-14　　　　　　　　　　　**电子束辐射脱硫技术优、缺点**

优　点	缺　点
（1）脱硫效率高；	（1）最大运行装置为处理烟气量受限；
（2）工艺设备简单，易操作、运行、维护；	（2）能耗较高，要求的脱硫率越高，能耗越大；
（3）对烟气条件变化适应性强；	（3）设备体积庞大，电子束要防辐射；
（4）水耗低；	（4）有氨逃逸
（5）不产生废水废渣，副产品可作肥料；	
（6）兼具脱硝的功能	

（三）几种干法脱硫技术的比较

几种干法脱硫技术的比较见表 1-15。

表 1-15　　　　　　　　　　　**几种干法脱硫技术的比较**

方法	炉内喷钙脱硫	电子束辐射脱硫
适用煤种	不限	不限
脱硫效率	低	高
吸收剂	石灰石、石灰	NH_3
副产物	$CaSO_4$	$(NH_4)_2SO_4$
废水	无	无
市场占有率	低	低

三、半干法脱硫

湿法脱硫率高、反应充分，干法脱硫成本低、后处理简单。结合这两种方法又派生出另一种烟气脱硫技术，那就是半干法脱硫技术。半干法脱硫技术开发进行得较晚，使得该类技术在西方发达国家烟气脱硫市场上应用较晚，因而它的市场占有率很低，这并不是说此类技术的应用存在局限；相反，半干法脱硫技术具有投资低、工艺简单、维护方便、脱硫效率范围广、运行可靠、适应性强等优点，研究和利用此类技术对我国的脱烟气脱硫具有非常重要的意义。

（一）循环流化床烟气脱硫技术

循环流化床烟气脱硫技术（Circulating Fluidized Bed Flue Gas Desulfurization，CFB-FGD）是 20 世纪 80 年代后期由德国 Lugri 公司研发的一种新型的半干法脱硫技术。循环流化床烟气脱硫工艺与循环流化床锅炉相似，它使吸收塔内反应达到一种激烈的湍流状态，同时通过对吸收剂的多次再循环，延长吸收剂与烟气的接触时间，极大地提高了吸收剂的利用率和脱硫效率。进入吸收塔的高温烟气在湍流床内与脱硫剂能够非常好地混合，SO_2 与吸收剂反应生成 $CaSO_3$ 和少量 $CaSO_4$，生成的固体颗粒物从床中被清除。强烈的湍流条件和较高的循环比为反应提供了不间断的颗粒碰撞，颗粒之间的频繁碰撞促使吸收剂表面的反应产物不断地磨损、脱落，有效避免了吸收剂微孔堵塞引起的活性降低。新的吸收剂表面连续暴露在气体中，加强了塔内的传质与传热。循环流化床烟气脱硫技术不但具有干法脱硫工艺的许多优点，如流程简单、占地少、投资少及副产物可利用等，而且能在较低的钙硫比情况下接近或达到与湿法洗涤工艺相同的脱硫效率。循环流化床烟气脱硫技术工艺流程如图 1-31 所示。

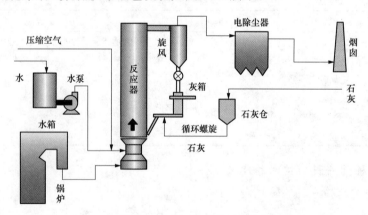

图 1-31　循环流化床烟气脱硫技术工艺流程

1. 原理

循环流化床烟气脱硫技术是在空气预热器和除尘器之间安装循环流化反应系统，烟气从流化反应器下部布风板进入反应器，与消石灰颗粒充分混合，SO_2、SO_3 及其他有害气体等与 $Ca(OH)_2$ 发生反应，生成 $CaSO_3 \cdot 1/2H_2O$、$CaSO_4 \cdot 1/2H_2O$ 等。由于反应器内吸收剂呈悬浮的流化状态，反应接触面积大，传质/传热条件较好，且颗粒之间不断碰撞、反应。随后，夹带着大量粉尘的烟气进入除尘器中，被除尘器收集下来的固体颗粒大部分又返回流化床反应器中，继续参加脱硫的反应过程，同时循环量可以根据负荷进行调节。由于脱硫剂在反应器内滞留时间长，所以使脱硫效果和吸收剂的利用率大大提高。另外，工业水用喷嘴喷入反应器下部，以增加烟气湿度，降低烟气温度，从而提高了脱硫效率。化学反应过程为

$$CaO + H_2O \longrightarrow Ca(OH)_2 \tag{1-39}$$

$$Ca(OH)_2 + SO_2 \longrightarrow CaSO_3 \cdot 1/2H_2O + 1/2H_2O \tag{1-40}$$

$$Ca(OH)_2 + SO_3 \longrightarrow CaSO_3 \cdot 1/2H_2O + 1/2H_2O \tag{1-41}$$

$$CaSO_3 \cdot 1/2H_2O + 1/2O_2 \longrightarrow CaSO_4 \cdot 1/2H_2O \tag{1-42}$$

$$Ca(OH)_2 + CO_2 \longrightarrow CaCO_3 + H_2O \tag{1-43}$$

$$Ca(OH)_2 + 2HCl \longrightarrow CaCl_2 + 2H_2O \tag{1-44}$$

$$Ca(OH)_2 + 2HF \longrightarrow CaF_2 + 2H_2O \tag{1-45}$$

2. 优、缺点

循环流化床烟气脱硫技术优、缺点见表 1-16。

表 1-16　　　　　　　　　　循环流化床烟气脱硫技术优、缺点

优　点	缺　点
（1）吸收塔内没有运动部件，无磨损，设备使用寿命长，维护量小； （2）流程简单、占地少、投资少； （3）副产物可综合利用； （4）脱硫效率高	（1）易造成二次污染； （2）烟气量的不稳定变化会影响吸收剂的流化状态不稳定； （3）压降较大； （4）对锅炉负荷的变化适应性差，运行控制要求较高

（二）炉内喷钙-尾部增湿活化脱硫技术

炉内喷钙-尾部增湿活化脱硫技术（Limestone Injection into Furnace and Activation of Unreacted Calcium，LIFAC）脱硫工艺是由芬兰 Tampella 公司和 IVO 公司开发并于 1986 年首次投入商业应用的。与传统炉内喷钙工艺的较低的脱硫效率相比，LIFAC 脱硫工艺在炉内喷钙的基础上通过在尾部烟道的适当部位（一般在空气预热器和除尘器之间）增加活化反应器、通过喷水增湿来促进脱硫反应，脱硫效率可达 65%~80%。典型的炉内喷钙-尾部增湿活化脱硫技术有美国的炉内喷钙多级燃烧器（LIMB）技术、奥地利的灰循环活化（ARA）技术等。

对于燃用中、低硫煤的燃煤锅炉，利用炉内喷钙-尾部增湿活化脱硫技术来减少 SO_2 的排放量，从而控制 SO_2 污染核和酸雨污染，具有许多优越性。脱硫剂喷入锅炉炉膛后，必将增加灰量，并将改变灰成分，这就有可能使锅炉的运行情况发生变化，在结渣、积灰、腐蚀、磨损以及除尘等方面对锅炉运行产生影响。

1. 原理

炉内喷钙-尾部增湿活化脱硫工艺是在锅炉炉膛适当的区域喷射脱硫剂（石灰石粉

或生石灰），并在锅炉尾部加装活化反应器，用于进一步脱除烟气中的 SO_2，以提高脱硫效率。LIFAC 脱硫工艺主要分为 3 个过程：炉内喷钙过程、尾部增湿活化过程和脱硫灰再循环过程。炉内喷钙-尾部增湿活化脱硫技术流程如图 1-32 所示。

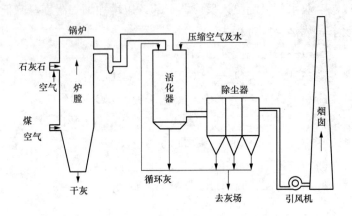

图 1-32   炉内喷钙-尾部增湿活化脱硫技术流程

（1）炉内喷钙过程。将石灰石粉通过气力输送装置喷射到炉膛上部 $850\sim1150℃$ 的温度区域内，石灰石粉受热分解为 CaO 和 CO_2，CaO 与烟气中的 SO_2 和少量 SO_3 反应生成 $CaSO_3$ 和 $CaSO_4$。由于反应在气固两项之间进行，受到传质过程的影响，反应速度较慢，脱硫剂利用率较低；脱硫效率受炉内温度场、烟气流场、SO_2 浓度、Ca/S、石灰石粉粒度、喷入点位置等因素影响，一般在 $30\%\sim50\%$。

$$CaCO_3 \longrightarrow CaO + CO_2 \tag{1-46}$$

$$CaO + SO_2 \longrightarrow CaSO_3 \tag{1-47}$$

$$CaO + SO_2 + 1/2O_2 \longrightarrow CaSO_4 \tag{1-48}$$

（2）尾部增湿活化过程。烟气中大部分未在炉膛内参与反应的 CaO 在活化器内与喷入的水反应生成 $Ca(OH)_2$，进而与烟气中的 SO_2 在有氧的条件下快速反应生成 $CaSO_3$ 进而氧化生成 $CaSO_4$。活化器内的脱硫效率取决于雾化水量、液滴粒径、水雾分布、烟气流速、出口温度等因素，一般为 $45\%\sim65\%$。

$$CaO + H_2O \longrightarrow Ca(OH)_2 \tag{1-49}$$

$$SO_2 + H_2O \longrightarrow H_2SO_3 \tag{1-50}$$

$$Ca(OH)_2 + H_2SO_3 \longrightarrow CaSO_3 + 2H_2O \tag{1-51}$$

$$CaSO_3 + 1/2O_2 \longrightarrow CaSO_4 \tag{1-52}$$

（3）脱硫灰循环过程。由于活化器出口烟气含有一部分可利用的钙基吸收剂，为提高钙的利用率，将除尘器捕集的部分物料再次喷入活化器内进行反应，提高脱硫剂的利用率。

2. 优、缺点

炉内喷钙-尾部增湿活化脱硫技术优、缺点见表 1-17。

表 1-17　　　　　　　　　　炉内喷钙-尾部增湿活化脱硫技术优、缺点

优　点	缺　点
(1) 工艺简单灵活、占地面积小、适应性好； (2) 投资少、能耗低、无废水排放； (3) 能有效弥补 CFB 锅炉脱硫效率不能达到排放标准的不足； (4) 提高了除尘器效率	(1) 反应对锅炉热效率会产生一定的影响； (2) 会增加烟尘比电阻，降低除尘效率

（三）喷雾干燥脱硫技术

喷雾干燥脱硫技术又称为干法洗涤脱硫，是在 20 世纪 80 年代发展起来的一种半干法脱硫工艺。在该过程中，SO_2 被雾化了的 $Ca(OH)_2$ 浆液吸收；同时，温度较高的烟气干燥了液滴，形成干固体废物，可由袋式除尘器或电除尘器捕集。

1. 原理

喷雾干燥脱硫技术采用生石灰（CaO）作为吸收剂，CaO 与水反应生成熟石灰 $Ca(OH)_2$ 浆液，$Ca(OH)_2$ 浆液通过泵输送至吸收塔顶部的旋转雾化器，在雾化器的作用下，浆液被雾化成雾滴，含硫烟气进入吸收塔后，与呈强碱性的吸收剂雾滴相接触，烟气中的其他酸性成分（如 HCl、HF、SO_3）也被吸收，同时雾滴的水分被蒸发，变成干燥的脱硫产物。喷雾干燥脱硫技术工艺流程如图 1-33 所示。

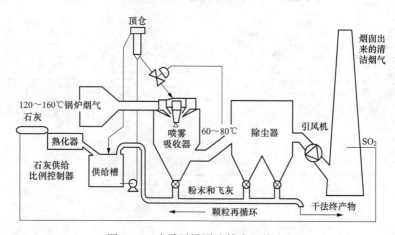

图 1-33　喷雾干燥脱硫技术工艺流程

喷雾干燥脱硫技术的反应过程为

$$CaO + H_2O \longrightarrow Ca(OH)_2 \tag{1-53}$$

$$Ca(OH)_2 + SO_3 \longrightarrow CaSO_4 + H_2O \tag{1-54}$$

$$Ca(OH)_2 + 2HCl \longrightarrow CaCl_2 + 2H_2O \tag{1-55}$$

$$Ca(OH)_2 + 2HF \longrightarrow CaF_2 + 2H_2O \tag{1-56}$$

$$2CaSO_3 + O_2 \longrightarrow CaSO_4 \tag{1-57}$$

喷雾干燥脱硫技术工艺流程较简单，投资也较小，适用于小机组、中低硫煤，在钙硫比为 1.5 时，脱硫效率可达 $70\% \sim 80\%$，副产物没有成熟的商用利用途径。

2. 优、缺点

喷雾干燥脱硫技术优、缺点见表1-18。

表 1-18 喷雾干燥脱硫技术优、缺点

优　点	缺　点
(1) 投资费用较低； (2) 电耗较低； (3) 占地面积少； (4) 净化后的烟气不会对尾部烟道及烟囱产生腐蚀； (5) 脱硫效率较高	(1) 吸收剂利用率低； (2) 废渣回收困难； (3) 喷雾较易磨损； (4) 石灰系统易结垢

（四）几种半干法脱硫技术的对比

几种半干法脱硫技术的对比见表1-19。

表 1-19 几种半干法脱硫技术的对比

方法	循环流化床烟气脱硫	炉内喷钙-尾部增湿活化脱硫	喷雾干燥脱硫
适用煤种	不限	中低硫煤	中低硫煤
脱硫效率	高	较高	较高
吸收剂	石灰	石灰石	石灰
副产物	$CaSO_4 \cdot 1/2H_2O$	$CaSO_4$	$CaSO_4$
废水	有	无	有
市场占有率	低	低	低

四、脱硫技术的对比

几种脱硫技术的对比见表1-20。

表 1-20 几种脱硫技术的对比

脱硫工艺	干法脱硫	半干法脱硫	湿法脱硫
污染	无污水废酸排出	无污水废酸排出	易造成二次污染
能耗	能耗低，无水耗	能耗	能耗大，水耗大
系统结构	设备简单	工艺简单，维护方便	系统复杂，设备庞大
适用场合	循环流化床锅炉	循环流化床锅炉	适用于大型机组
脱硫效率	脱硫效率较低	较高	大于95%
脱硫剂利用率	低	低	高

第二章

废水环保技术路线

第一节　废水水处理技术路线

一、废水处理方法

（一）按照对污染物实施的作用分类

1. 分离法

废水中的污染物有各种存在形式，大致有离子态、分子态、胶体和悬浮物。存在形式的多样性和污染物特性的各异性，决定了分离方法的多样性，具体见表 2-1。

表 2-1　　　　　　　　　　　分离法分类一览表

污染物存在形式	分 离 方 法
离子态	离子交换法、电解法、电渗析法、离子吸附法、离子浮选法
分子态	萃取法、结晶法、精馏法、吸附法、浮选法、反渗透法、蒸发
胶体	混凝法、气浮法、吸附法、过滤法
悬浮物	重力分离法、离心分离法、磁力分离法、筛滤法、气浮法

2. 转化法

转化法可分为化学转化和生化转化两类，具体见表 2-2。

表 2-2　　　　　　　　　　　转化法分类一览表

方法原理	转 化 方 法
化学转化	中和法、氧化还原法、化学沉淀法、电化学法
生化转化	活性污泥法、生物膜法、厌氧生物处理法、生物塘等

（二）按照处理原理或理论基础分类

根据每种不同的污染物质特征的废水，开发了按作用原理的废水处理方法，分别为物理处理法、化学处理法、物理化学处理法和生物化学处理法。

1. 物理处理法

物理处理法指通过物理作用从废水中分离和回收未溶解的悬浮污染物的处理方法。常用的物理处理方法有重力分离法（如沉砂、沉淀、隔油等处理单元）；离心分离法（如离心分离机和旋流分离器等设备）、筛滤截留法（如格栅、筛网、砂滤、微滤或超滤等设施）；此外，蒸发法浓缩废水中的溶解性不挥发物质也是一种物理处理法。

2. 化学处理法

化学处理法指通过化学反应去除废水中无机的或有机的（难于生物降解的）溶解或胶体状态的污染物质或将其转化为无害物质的废水处理法。在化学处理法中常用的处理单元有混凝、中和、氧化还原和化学沉淀等。

3. 物理化学处理法

物理化学处理法指通过物理和化学的结合作用从废水中去除污染物的处理方法或包括物理过程和化学过程的单元方法，如浮选、吸附、离子交换、萃取、电解、电渗析和反渗透等。

4. 生物化学处理法

生物化学处理法指通过微生物的代谢将废水的溶解和胶体生物降解性有机污染物转化为稳定无害的物质的废水处理方法。根据不同的微生物，生物处理方法可以分为好氧生物处理方法和厌氧生物处理方法。好氧生物处理法中又包括活性污泥法、生物膜法、生物氧化塘、土地处理系统等。

在废水处理过程中，有些物理法或化学法与物理化学法难以截然分开，既在物理方法中包含了化学作用，在化学方法中又包含了物理过程。

（三）按照处理程度分类

1. 一级处理

一级处理主要是去除废水中的悬浮物，同时废水通过中和或平衡等预处理进行调整，排放到水体或二级处理装置。这主要包括筛滤和沉淀等物理处理方法，一次处理后废水的生物需氧量（BOD）通常只去除了约30％，不符合排放标准，仍需要二次处理。

2. 二级处理

二级处理主要从废水中去除胶体和溶解的有机污染物，采用多种生物处理方法，去除BOD可达90％以上，经处理的水可达标排放。

3. 三级处理

三级处理也称为深度处理，基于一次和二次处理，进一步处理有机氮和磷等难以分解的营养素物质。还可实现污水回收和再用的目的，采用的方法有混凝、过滤、吸附、离子交换、反渗透、超滤、消毒等。

二、火力发电厂排放的废水

在火力发电厂的生产过程中水有着不可替代的重要作用，用水网络复杂，用水系统多。主要的用水系统包括凝汽器冷却、锅炉、辅机冷却、脱硫、输煤、除灰渣等系统，多数用水系统不独立，互相有联系；各系统对用水水质的要求不同，用水量差别也很大。火力发电厂的水源主要有地表水、地下水和中水。

火力发电厂排放的废水见图2-1。

三、火力发电厂废水的种类

火力发电厂的废水有以下特点：水质和水量差别很大，污水种类很多；废水中的污染物主要是无机物质，有机污染物主要是油；间歇排水较大。

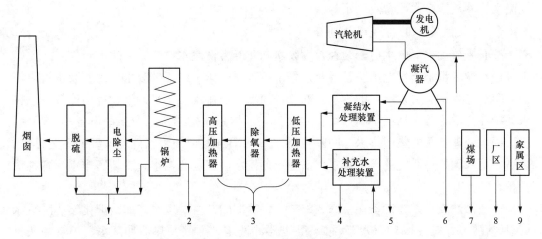

图 2-1 火力发电厂排放的废水

1—烟气脱硫和除尘排水、冲灰（渣）排水；2—锅炉化学清洗排水和停炉保护排水；3—主厂房排水、辅助
设备冷却排水；4—锅炉补给水的化学水处理装置排水；5—凝结水处理装置排水；6—循环冷却水排污水；
7—储煤场排水；8—厂区雨水排水；9—生活污水

（一）按照废水的来源划分

按照废水的来源划分，主要的废水包括循环水排污水、灰渣废水、工业冷却水排水、机组杂排水、煤泥废水、油库冲洗水、化学水处理工艺废水、生活污水等。

（二）按照废水的水质类型划分

1. 低含盐量废水

低含盐量废水指在用水过程中含盐量与原水相比没有显著增加的废水，低含盐量废水包括机组杂排水、工业冷却水系统排水、过滤器反洗排水、生活污水、氨区废水。与新鲜水相比，这类废水的共同特点是含盐量没有明显的升高；回用不需要进行脱盐处理，只要除去悬浮物、油等杂质，水质就可以达到或接近工业水的水质标准，甚至可以替代新鲜水。低含盐量废水最大的特点是回用处理成本交底，目前很多电厂已经对这类废水实现了回用。

含盐浓度较低的废水包括来自机组的杂排水、来自工业冷却水系统的排水以及生活污水。使用过程中盐分不会大幅度增加，排水处理不考虑淡化，因此排水处理的成本降低。经过处理的水质可以达到工业用水的水质，或者接近水源水质，可以置换淡水源。这种废水是在电厂的再利用率比例较高的废水。

2. 浓缩型高盐废水

浓缩型高盐废水指含盐量比新鲜水高很多，一般为工业水的数倍以上。废水的盐分高，主要是因为使用过程中原水的浓缩，以及水处理过程中加入的化学品（如酸、碱、盐等），高含盐量废水包括化学除盐再生废水、反渗透浓排水、循环水排污水和凝结水精处理再生废水等。

3. 煤源性废水

煤源性废水指水与煤，以及煤燃烧后的烟气、灰渣等产物接触后产生的废水，如脱硫废水、冲灰渣废水、含煤废水等。

（三）按照废水的排放规律划分

按照排放规律，废水可分为经常性废水和非经常性废水。

经常性废水是指发电厂正常运转过程中各种系统排出的工艺废水，这些废水可以连续或间断排出。火力发电厂的排水大部分是间歇性地排出，排水的连续排出比较少。排水的持续排放主要包括锅炉的连续排水、汽水取样系统的排水以及某些设备的冷却水。反渗透水处理装置的集中排水、间断性排水包括来自锅炉补给水处理系统的工艺排水、来自冷凝水精处理系统的再生排水、锅炉定期排水、实验室排水、冷却塔排水、各种清洗排水等。

非经常性废水是指设备在检修、维护、保养期间产生的废水。如锅炉化学清洗废水（包括盐酸、柠檬酸和 EDTA 清洗）、除尘器冲洗水、空气预热器冲洗水、炉管冲灰排水、凝汽器管泄漏检查排水、烟囱冲洗水等。

四、火力发电厂的废水排放控制标准和常规监测项目

（一）废水排放标准

废水排放标准包括国家标准和行业标准，国家综合排放标准与国家行业排放标准不交叉执行。目前电力行业的废水排放标准还没有出台，大部分火力发电厂废水的排放是按照 GB 8978—1996《污水综合排放标准》进行控制的。

（二）火力发电厂常规监测项目

火力发电厂废水排放监测项目见表 2-3。

表 2-3　　　　　　　　　　火力发电厂废水排放监测项目

监测项目	灰场排水	厂区工业废水	化学酸碱废水	生活污水	煤系统排水	脱硫废水
pH 值	√	√			√	√
悬浮固体（SS）	√	√		√	√	√
COD_{Cr}	√	√		√		√
石油		√			√	
氟化物	√	√				√
砷	√	√				
硫化物	√					√
挥发分	√				√	
重金属	√					√
BOD_5				√		
动植物油				√		
氨氮				√		
磷酸盐				√		

注　√表示监测。

五、火力发电厂各类废水的来源和特点

(一) 循环冷却水排污水

循环式冷却水系统产生的废水主要是冷却塔的排污水以及循环水处理系统的工艺废水。产生的排污水的水质除与原水的水质有关外，主要与循环冷却水的处理方式有关。冷却塔排污水为间断性排水，瞬间流量很大。

循环冷却水排污水质的特点：

(1) 高盐分、贫乏的水质稳定性、结垢容易，有机物、悬浮物也比较高。

(2) 循环水的富养条件和温度（30~40℃）条件适合于细菌生长，再加上含磷水质稳定剂的使用，大部分电厂的循环水系统有丰富的藻类物质。

(3) 除了总磷的含量有可能超标外，循环水中的其他污染物一般都不超过国家污水排放标准的规定。

(4) 在干出灰电厂，循环水排污水占全厂污水总量的70％以上，是全厂最大的一股污水。

(二) 水力冲灰 (渣) 废水

燃煤电厂除渣和除灰的方式通常分为干法除灰（渣）和湿法除灰（渣）两种。其中湿法除灰（渣）需要消耗大量的工业水，且产生一定量的废水。

灰（渣）的化学成分、冲灰（渣）水质、锅炉燃烧条件、除尘与冲灰（渣）方式及灰水比等因素，决定了冲灰（渣）废水中的杂质成分。锅炉燃用的煤种和除尘方式（干式或湿式）决定了灰（渣）废水中污染物的种类和浓度。在干除灰水力输送系统中，污染物质在水与灰的接触过程中从灰中溶出；在湿除尘水力输送系统中，除发生上述过程外，还将烟气中的一些污染物质，如氟及其化合物、砷及其化合物、二氧化硫和三氧化硫等转移进入灰水中。

冲灰（渣）废水的特点：

(1) 因为灰已经被浸出很长时间，所以灰中的无机盐完全溶解在水中，并且灰的盐含量非常高。

(2) pH值较高，最高可以大于11；水质不稳定，安定性差。pH值的高低主要取决于煤质和除尘的方式；燃煤中的钙、硫等元素的含量，对灰水的pH值影响很大；钙含量越高，pH值越高；硫含量越高，pH值越低。采用电除尘时，灰水的pH值高于水膜除尘。

(3) 灰场灰水大多长期沉淀，溢流水中的悬浮物含量大多很低。然而，由于沉降时间短，电厂中闭路砂浆浓缩系统的溢流水或排水仍然相对较高。这部分水经常会从灰水池溢流进入厂区公用排水系统，造成外排水悬浮物含量超标。另外，悬浮物的高浓度会导致COD超标。

(4) 灰水中的有毒物质（氟、砷以及重金属）。主要来源于燃煤，个别情况是受冲灰原水的影响，国内很多地区煤炭的含氟量较高，造成我国约15％的电厂灰水的含氟量超标，个别电厂砷超标。其他重金属如铅、铬、镉、汞等在我国电厂中的检测值普遍

很小，且在碱性灰水中以溶解度很小的氢氧化物存在，对环境造成污染的可能性不大。

（三）热力设备化学清洗和停炉保护排放的废水

锅炉化学清洗废液和停炉保护排放的废液属于非经常性排水，不定期排放，在较短的时间中排放量大、有害物质浓度高。

1. 锅炉化学清洗废液

包括新的锅炉启动清洗和运行锅炉定期清洗时排放的酸洗废液和钝化废液。化学清洗废液通常含有清洗剂，包括酸、碱、缓蚀剂、钝化剂、表面活性剂及腐蚀产物等。

锅炉化学清洗废液的水质与使用的药品的组成、锅炉加热面的污垢的化学组成和污垢的量有关。主要有游离酸（盐酸、氢氟酸、EDTA、柠檬酸等）、缓蚀剂、钝化剂（磷酸三钠、联氨、丙酮肟、亚硝酸钠等）以及许多溶解物质（如 Fe、Cu、Ca 和 Mg 等）、有机毒以及由重金属和洗涤剂形成的各种复杂的络合物或螯合物。它们以低 pH 值、高 COD_{Cr}、高重金属含量为特征。另外，氨（联氨）、DO（溶解氧）和 TDS（总溶解固体）也可能超出受纳水体要求的排放标准。

锅炉化学清洗液排放量与所用锅炉的功率和类型、除垢方法和除垢介质有关。可参照类似发电厂的运行数据确定。在无参考数据时，排水量宜按锅炉化学清洗总排水量的 $1/3 \sim 2/5$ 或清洗水容积的 $7 \sim 8$ 倍确定。

2. 锅炉停炉保护废水

停炉保护是锅炉的主要防腐措施之一，它是利用停炉保护剂在锅炉设备停炉、备用期间，保护锅炉不发生锈蚀，是缩短机组的启动并网时间、提高机组效率、延长锅炉化学清洗周期和设备使用寿命的必要措施。停炉保护这部分废水的排放量与锅炉的水量大致相同。

锅炉停炉保护废水的水质特点：由于停炉保护所采用的化学药剂大都是碱性物质，如十八胺、$NaOH$、NH_4HCO_3、联氨、氨水、磷酸三钠及碳酸环己胺等，所以排放的废水大都呈碱性，并含有一定量的铁、铜等化合物杂质。

锅炉化学清洗废水和锅炉停炉保护废水的颜色大部分是黄褐色或深褐色，悬浮固体含量从每升几百到近千毫克。酸性废液 pH 值一般为 $3 \sim 4$，碱性废液 pH 值高达 $10 \sim 11$，化学耗氧量（COD）在每升几百到几千毫克范围内。以上两种废水均为非经常性排水，排放集中，流量大，具有水中污染物成分和浓度随时变化的特点，处理困难。

（四）化学水处理废水

（1）澄清设备的泥浆废水。澄清设备的泥浆废水是原水在混凝、澄清、沉降过程中产生的，其废水量一般为处理水量的 5%。

澄清设备的泥浆废水水质与原水水质、加入的混凝剂种类等因素有关，主要含有 $CaCO_3$、$CaSO_4$、$Fe(OH)_3$、$Al(OH)_3$、$Ca(OH)_2$、$Mg(OH)_2$、$MgCO_3$，各种硅酸化合物和有机杂质等。泥浆废水中固体杂质含量为 1%～2%。当该废水排放到天然水体中时，不仅天然水体中碱性物质含量增加，而且水体浊度也增加。

（2）过滤设备的反洗排水。其排水量为处理水量的 3%～5%，水中悬浮固体含量可达 $300 \sim 1000mg/L$。这种废水排放到天然水体中后，悬浮固体成分的含量增加，水就会更加浑浊。

（3）离子交换设备的再生、冲洗废水。这部分产生的酸碱废水是间断排放的，废水排放量在整个周期有很大变化。其废水量大约是处理水量的10%。

这部分废水的pH值有的过高，有的过低。其中，酸性废水pH值的变化范围为1～5，碱性废水pH值的变化范围为8～13，具有很强的腐蚀性，还含有大量的溶解固形物、悬浮固体等杂质，平均含盐量为7000～10 000mg/L。

（4）凝结水净化装置的排放废水。凝结水精处理设备排出的废水仅占处理水量的一小部分，且污染物含量低，主要为热设备的腐蚀物、离子交换系统再生时的再生物、NH_3、酸、碱、盐类等。

（5）树脂的复苏废液。离子交换除盐系统在我国应用非常广泛，离子交换树脂产生的有机物污染严重。目前，常用复苏方法去除树脂吸附的有机物。因此，会产生浓度高、颜色深的有机物废水（又称复苏废液），不得直接排放。通常，每次复苏废液的量约为树脂体积的15倍，COD_{Cr}一般在2000mg/L左右。

（五）含煤、含油废水

1. 含煤废水

火力发电厂含煤废水主要包括煤场的雨排水、灰尘抑制水和输煤设备的冲洗水，一部分是煤场汇集的废水，另一部分是输煤栈桥、码头、铁路等处分散的废水，为间断性废水。

2. 含油废水

火力发电厂含油废水主要来自燃油储罐和油罐区的冲洗水、雨水，包括卸油栈台、油罐车的排水，油泵房排水，输油管道吹扫排水，主厂房汽轮机和转动机械轴承的油系统排水，以及电气设备（包括变压器、高断路器等）、辅助设备等排出的废水，事故排水和检修时的废水。

含油废水处理系统的主要处理对象是油。油在废水中的存在形式包括以下几种：

（1）浮油。漂浮于水面，形成油膜甚至油层。油滴粒径较大，一般大于100μm。这种状态常见于油罐排污废水和油库地面冲洗废水中。

（2）分散油。用微细油滴浮游在水中，不稳定，静置一段时间，变为浮油，其油粒粒径为10～100μm。在混有地面冲洗水的废水中，设备检修时排入沟道的废水中常见这种油的形态。

（3）乳化油。乳化液是一种或几种液体以微小的粒状均匀地分散于另一种液体中成的分散体系。水中往往含有表面活性剂，这样容易使油分散成为稳定的乳化油，乳化油的油滴直径极其微小，一般小于10μm，大部分为0.1～2μm。

（4）溶解油。一种化学溶解的微粒分散油，油粒径比乳化油小，有时小到几纳米。

火力发电厂含油废水处理系统的进水设计含油量范围很大，大多是在100～1000mg/L之间。一般油罐场地、卸油栈桥、燃油加热等处的含油量较高，其他含油量较低。火力发电厂含油废水排放量大时，其水量每小时可达数十吨，含油量为600～1000mg/L。

（六）生活污水

在火力发电厂，生活污水这类特殊的废水，主要来自食堂、浴室、办公楼、生活区的排水，一般有专用的排水系统。其水质与其他工业废水差异较大，有臭味，色度、有机物、悬浮物、细菌、油、洗涤剂等成分含量较高，含盐量比自来水稍高一些。大部分电厂设有生活污水处理装置，处理后达标排放。近年来，也有一些电厂将其深度处理后用于循环水系统。

生活污水的水量波动很大，但规律性较强。污水流量的大小通常取决于电厂的人数以及生活区的位置。对于生活区与厂区相距较远的电厂，厂区生活污水的流量很小，一般为 5～20t/h。如果生活区和电厂一并建设时，应考虑生活区污水。生活污水量应结合当地的用水定额，结合建筑内部给排水设施水平等因素确定。

（七）脱硫废水

燃煤发电机组中 90% 以上已配备烟气脱硫设施，如考虑具有脱硫作用的循环流化床锅炉，全国煤电机组配备脱硫设施比例接近 100%。按所采用的脱硫技术划分，我国煤电机组脱硫工艺类型及占比为石灰石-石膏法占 92.87%（含电石渣法），海水法占 2.58%，烟气循环流化床占 1.80%，氨法占 1.81%，其他占 0.93%。石灰石-石膏湿法是我国火力发电行业市场占有率最高的烟气脱硫技术。为了实现节能减排和清洁生产，燃煤电厂近年来广泛开展节水和废水综合治理工作，烟气脱硫系统对补水水质要求相对较低，因而成为电厂梯级用水和废水消纳的末端用水系统，电厂生产过程中由水源带入的污染因子如悬浮物、盐类、有机物、氨氮等均进入了脱硫系统，再加上烟气及脱硫剂带入的污染成分，造成脱硫系统排放的脱硫废水水质极差，没有综合利用的价值，成为全厂主要的末端废水。

对于不同环保要求的电厂，脱硫废水的处置目标和处理方式是不同的。当环保要求允许电厂可以对外排放废水时，脱硫废水可处理达标后排放；当要求电厂实现废水零排时，脱硫废水则只能干化处理。

脱硫废水排出方式有 3 种，即石膏旋流器溢流排放、废水旋流器溢流排放和石膏脱水滤液排放。

脱硫废水的特点：

在湿法脱硫中，为了维持脱硫浆料平衡，需要从脱硫系统内的液体保持槽或石膏制造系统排出脱硫废水。脱硫废水是火力发电厂经常性废水中最为复杂的一类，具有成分复杂、浊度高、盐分高、腐蚀性强及易结垢等特点：

（1）水质较差，含有高浓度的悬浮物、盐分以及各种重金属离子。其中，可沉淀物一般超过 10 000mg/L；很多无机离子的浓度很高，包括 Ca^{2+}、Mg^{2+}、Cl^-、SO_4^{2-}、SO_3^{2-}、F^-、PO_3^{3-} 等。

（2）脱硫废水中超过排放标准的项目很多，包括 COD、pH 值、重金属离子、F^- 等。与一般废水不同的是，COD 主要是由还原态的亚硫酸根、连二硫酸根等构成。

（3）这些离子的含量高低取决于脱硫吸收塔内氧化反应的程度；若氧化反应完全，则废水的 COD 就低。

（4）多种重金属离子超过排放标准是脱硫废水的特征之一。可能超标的重金属元素有 Cd、Hg、Pb、Ni、Cu、Cr、Zn 等。这些重金属元素会在煤的燃烧中生成多种不同的化合物。一部分形成炉渣排出炉膛，另一部分随烟气进入脱硫装置吸收塔，溶解于吸收塔浆液中。

（八）其他废水

其他废水包括锅炉的排污水、锅炉向火侧和空气预热器的冲洗废水、凝汽器和冷却塔的冲洗废水、化学监督取样水和实验室排水、消防排水以及轴承冷却排水等。

锅炉排污废水的水质与锅炉补给水的水处理工艺及锅炉参数和停炉保护措施有很大关系，如对亚临界参数的锅炉，其排污水除 pH 值为 9.0～9.5（呈弱碱性）外，其余水质指标都很好，电导率大约为 $10\mu S/cm$，悬浮固体小于 $50mg/L$，SiO_2 小于 $0.2mg/L$，Fe 小于 $3.0mg/L$，Cu 小于 $1.0mg/L$，因此这部分排水是完全可以回收利用的。

锅炉向火侧的冲洗废水含氧化铁较多，有的是以悬浮颗粒存在，有的溶解于水中。如在冲洗过程中采用有机冲洗剂，则废水中的 COD 较高，超过了排放标准。

空气预热器的冲洗废水水质成分与燃料有关。当燃料中的含硫量高时，冲洗废水的 pH 值可降至 1.6 以下；当燃料中砷的含量较高时，废水中的砷含量增加，有时高达 $50mg/L$ 以上。

凝汽器在运行过程中，可在铜管（或不锈钢管）内形成垢或沉积物，因此在停机检修期间用清洗剂清洗，就会产生一定的废水。这部分废水的 pH 值、悬浮固体、重金属、COD 等指标往往不合格。

冷却塔的冲洗废水主要含有泥沙、有机物、氯化物、黏泥等，排入天然水体会使有机物含量增加，浊度升高。

六、火力发电厂各类废水处理工艺

（一）循环冷却排污水处理

循环水排污水是最典型的、水量最大的浓缩型高盐排水，也是火力发电厂回用难度最大的废水之一。如果从排放的角度来看，除了总磷的含量有时超标外，大部分情况下循环水系统的排水水质可以满足现行国家综合污水排放标准。但是这股废水的回用难度很大。回用难度大的主要原因，一方面是杂质成分复杂，杂质含量高，水质安定性差、易结垢；另一方面是水量大，处理成本高。其回用途径有两个：一种是作为补充水用于输煤、除灰渣和湿法脱硫系统；另一种是通过反渗透处理，对水进行进一步脱盐和浓缩，脱盐产生的淡水可以代替新鲜水返回到全厂用水链的上游，浓排水用于脱硫等下游用水系统。这种用法比较复杂，成本较高。第一种是循环水排水目前最主要的用法，回用成本低，属于典型的废水梯级利用，但使用前要经过严格的水质评估；另外，这部分用水量有限，剩余的大部分排污水需要外排。当有废水零排放要求时，剩余的排污水就必须采用第二种方法，通过反渗透脱盐处理后回用。

循环冷却排污水的处理是去除污水中的悬浮物、微生物和 Ca^{2+}、Mg^{2+}、Cl^-、SO_4^{2-} 等离子，处理后再返回冷却系统循环使用，或者作为锅炉补给水处理系统的水源，而浓缩水用于除灰和煤场喷洒等系统。去除悬浮物一般采用混凝、沉淀、过滤等方法，去除 Ca^{2+}、Mg^{2+}、Cl^-、SO_4^{2-} 等离子可使用石灰软化法、膜处理方法（包括纳滤及反渗透）及离子交换法。以下重点介绍旁流过滤＋反渗透处理、纳滤处理、弱酸阳离子交换树脂处理等工艺。

1. 旁流过滤＋反渗透处理

旁流过滤是反渗透装置的预处理，去除水中的悬浮物、尘埃。旁流过滤的工艺流程一般采用加药-澄清-过滤（或微滤）；反渗透的作用是除盐，所获淡水可返回循环冷却水系统，也可它用。图 2-2 为某电厂旁流过滤＋反渗透处理循环冷却排污水的工艺流程。

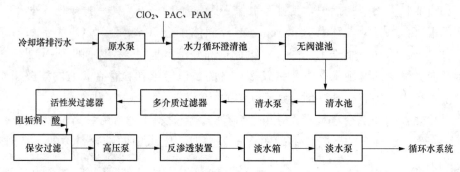

图 2-2 旁流过滤＋反渗透处理循环冷却排污水的工艺流程

图 2-2 所示工艺包括以下五个子系统：

（1）预处理系统。采用的是澄清＋过滤＋活性炭吸附过滤＋保安过滤工艺流程。澄清池中加入消毒剂二氧化氯（ClO_2）作用是杀菌；加入聚合氯化铝（PAC）、聚丙烯酰胺（PAM）的作用是混凝；无阀滤池是变水头过滤，出水再经过多介质过滤器，去除澄清水中残留悬浮固体；活性炭过滤器去除水中有机物、残留氯；保安过滤器去除水中细小颗粒；加入阻垢剂和酸的作用是防止反渗透装置结垢。

（2）反渗透系统。一般为两段或三段系统。

（3）加药系统。加药系统包括自动加混凝剂 PAC 装置，自动加助凝剂 PAM 装置、自动加酸装置、自动加阻垢剂装置。

（4）清洗系统。主要有多介质过滤器和活性炭过滤的反洗、反渗透装置的化学清洗和停机延时冲洗等。

（5）压缩空气系统。此系统是为气动阀门和过滤器反洗等提供气源。

2. 纳滤处理

纳滤可有效地去除循环排污水中的硬度、碱度，降低含盐量。与反渗透过程相比，纳滤过程的操作压力更小（1.0MPa 以下），在相同的条件下可节能，是今后的发展方向之一。但是，目前使用不多，经验较少。另外，纳滤水的回收率一般为 75%，大约产生处理水量 25% 的高含盐量废水。纳滤处理循环冷却排污水的工艺流程如图 2-3 所示。

在图 2-3 工艺中，澄清池的作用是将循环排污水中悬浮物降低到 10mg/L 以下，水经过多介质过滤、粗滤、精滤后，满足纳滤进水 SDI≤4（SDI 指原水的污染指数）的

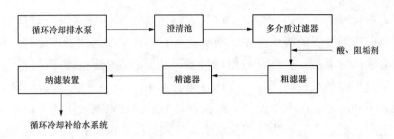

图 2-3　纳滤处理循环冷却排污水的工艺流程

要求。由于纳滤膜对一价离子的去除率不高，如果不适当选择纳滤膜的材质，循环水中的 Cl^- 可能会被浓缩。解决的办法有如下两种：

（1）选择耐 Cl^- 腐蚀的凝汽器管材。

（2）选择除 Cl^- 效果更高的纳滤膜。

不同的纳滤膜对 $NaCl$ 的截留率不同。

3. 弱酸阳离子交换树脂处理

对于缺水地区的循环冷却水系统，比较适宜用离子交换软化补充水，它可大幅提高循环水的浓缩倍率，节约补充水量，但投资较大，运行费用较高。一般，所用离子交换剂为弱酸性阳离子交换树脂，再生剂一般为 H_2SO_4。某电厂弱酸性阳离子交换树脂处理循环冷却排污水工艺流程如图 2-4 所示，该弱酸性阳离子交换树脂处理循环冷却排污水处理单元的工艺选择情况如下：

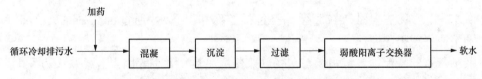

图 2-4　某电厂弱酸性阳离子交换树脂处理循环冷却排污水工艺流程

1）混凝所用混凝剂为 PAC，助凝剂为 PAM。

2）过滤采用无烟煤、稀土瓷砂构成的双层滤料，恒速过滤工艺。

3）弱酸阳离子交换器中树脂为 D113，层高为 800mm。

工艺软水的 pH 值较低，腐蚀性较强，通常采用以下措施予以解决：

1）混合补水。向软水中掺入碱度较高的补充水。

2）延长失效点。延长弱酸离子交换器碱性软水的制水时间。

3）更换耐蚀材料。如凝汽器换热管采用 304。316L 不锈钢管。

4）加强循环冷却水水质稳定处理。例如，提高循环冷却水中唑类含量，保护铜材设备；添加锌盐，提高碳素钢的缓蚀效果。为防止 pH 值较低对进水构筑物及设备造成腐蚀，可先行与循环冷却排污水混合，提高其 pH 值。若需要处理氯离子含量很高的循环冷却水，可再增加阴离子交换系统或反渗透系统，这样含盐量可以大大降低。

4. 电吸附处理

利用电吸附装置进行污水处理再利用也是近年来的研究课题，利用电极和液体的界面的双电层，进行离子的吸收、放出的同时，将污水作为循环水进行脱盐处理是基本。但是，要达到电吸附装置的吸水率，初期阶段需要非常复杂的预处理流程。例如，在电吸附之前，必须进行混凝、砂滤、纤维球过滤、超滤、保安过滤。不仅过程流程复杂，而且电极再生过程需要很长时间（占执行时间的 $1/4 \sim 1/2$），整个过程间断，难以提高设备的利用效率和水的生成率。此外，电极材料的限制会限制吸附能力，从而降低脱盐率。通常只适用于低盐水的再生。高盐废水的处理有很多设备和大的占地面积等缺点。

（二）灰水的处理

冲灰废水主要解决 pH 值和悬浮物超标的问题。其工艺流程为硫酸储槽→硫酸计量箱→计量泵→灰场排水沟（管）。

循环使用的处理工艺如下：

厂内闭路循环处理：灰水→灰浆浓缩池→浓灰浆送往灰场；清水进入回收水池，循环使用。

灰场返回水：灰水→灰场→澄清水进入回收水池（一般需要加酸或加阻垢剂处理）→回收水泵→厂内回收水池或冲灰水前池；循环使用。

根据我国的有关规定，冲灰废水首先应该回收复用，其次经过经济、技术、环境综合评价认可后才准排放。但是，不管是复用还是排放，都需要进行处理，以满足复用或排放要求。灰水处理的主要任务是降低悬浮物、调整 pH 值，以及去除砷、氟等有害物质。

1. 悬浮物超标的治理

灰水中悬浮物主要是灰粒和微珠（包括漂珠和沉珠），通过沉淀去除灰粒和沉珠，通过捕集或拦截去除漂珠。

灰场灰水的悬浮物含量主要与灰场（兼任沉淀池）大小等因素有关。火力发电厂为了预防灰场排放灰水悬浮物超标，着重延长冲灰废水在灰场中停留的时间，即延长沉淀时间。为了加速悬浮颗粒沉降，还可投加混凝剂，从根本上降低排水悬浮物。此外，为了提高沉降效率，还可采取如下措施：加装挡板，减少入口流速；用出水槽代替出水管以减小出水流速；在出口处安装下水堰、拦污栅等，防止灰粒流出。

灰水经灰场沉降后，澄清水可返回电厂循环使用，循环使用的灰水通常需要添加阻垢剂，以防止回水系统结垢。

2. 灰水 pH 值超标的治理

灰水 pH 值是否超标，与粉煤灰特性（如游离 CaO）、冲灰水质、除尘及冲灰工艺等存在直接的关系。我国灰水超标主要是 pH 值大于 9.0 的情况，为降低灰水 pH 值，可采用加酸、灰水炉烟、纯 CO_2 法、灰场植物自净调节等方法。

（1）加酸处理。灰场排水加酸处理工艺简单，关键是酸源和加酸控制系统。一般采用工业盐酸、硫酸或邻近工厂的废酸，中和灰水碱度。灰水量大，耗酸量多，加酸地点对耗酸量有影响。加酸点一般选择在灰场排放口或在灰浆泵入口，灰场排放口较为适宜。因为灰场排放口加酸量只需要中和灰场排水中的 OH^- 和 $1/2CO_3^{2-}$，灰浆泵入口除中和上述碱度外，还需中和灰中的部分游离 CaO。实践证明，灰场排放口耗酸量少且便于控制；灰浆泵入口耗酸量大，还有可能造成灰浆泵腐蚀加酸量以控制排放灰水 pH 值在 8.5 左右为宜，相当于酚酞标剂检测时，中和至无色为止。

有的灰场排水口 pH 值较难控制，尤其是在灰场澄清效果欠佳的场合，主要原因是残留于灰颗粒中游离 CaO 的溶解。加酸处理灰水的缺点是除需要消耗大量的酸外，还增加灰水中 SO$_4^{2-}$ 或 Cl$^-$ 浓度，以及水体的含盐量；有时废酸中的杂质较多，可能混入少量有毒金属。

（2）灰水炉烟处理法。灰水炉烟处理法是利用炉烟中的碳氧化物（CO$_2$）和硫氧化物（SO$_2$）降低灰水的碱度。该法适用于游离 CaO 含量较低的灰水。

根据 CO$_2$、SO$_2$ 在水中的溶解特点，可使用不同的炉烟处理流程，包括以利用炉烟中的 CO$_2$ 为主要目的用灰沟（池）布气吸收法、以利用炉烟中的 SO$_2$ 为主要目的可用吸收塔吸收法。

灰沟（池）布气法工艺流程如图 2-5 所示，在灰沟（池）的底部安装布气装置（如穿孔管），用风机将除尘后的炉烟鼓入布气装置，在灰池内炉烟中的酸性氧化物（主要是 CO$_2$）被灰水溶解吸收，既降低了灰水 pH 值，又减缓了灰水系统结垢速度。鼓入的烟气量与粉煤灰的化学组成、灰水比、冲灰原水的水质有关，烟气与灰水的体积比一般控制在 3：1～5：1。经炉烟处理后，灰水在处理池出口的 pH 值可降低至 6.6 左右。灰水在输往灰场过程中，随着灰中游离 CaO 进一步溶解，pH 值又会上升。该法适用于灰中游离 CaO 含量较低的水力输灰系统。炉烟中的二氧化碳中和灰水中的氢氧根（OH$^-$）碱度和碳酸根（CO$_3^{2-}$）碱度及灰中部分游离氧化钙（CaO）的化学反应式为

$$OH^- + CO_2 \rightleftharpoons HCO_3^-$$
$$CO_3^{2-} + CO_2 + H_2O \rightleftharpoons 2HCO_3^-$$
$$CaO + 2CO_2 + H_2O \rightleftharpoons Ca(HCO_3)_2$$

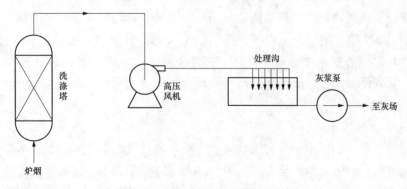

图 2-5　灰沟（池）布气法工艺流程

吸收塔法工艺流程如图 2-6 所示，冲灰水在吸收塔内吸收炉烟中的 CO$_2$，SO$_2$ 变成酸性水，然后在调节中和池内与灰水混合，中和灰水中碱度。降低了 pH 值的灰水经灰浆泵送到灰场。

吸收塔法工艺的核心装置是吸收塔。炉烟从吸收塔下部引入，冲灰原水自塔顶喷淋而下，吸收烟气中的 SO$_2$，获得 pH 值较低的酸性水再去冲灰，达到中和灰水的碱度、

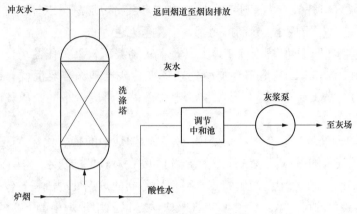

图 2-6 吸收塔法工艺流程

降低灰水 pH 值和防止结垢的目的。用炉烟中 SO_2 处理冲灰水，要求烟气中 SO_2 一般应大 $4000mg/m^3$（标准状态），此法适合于有一定含硫量的输灰系统，所发生的化学反应为

$$SO_2 + H_2O \rightleftharpoons H_2SO_3 \rightleftharpoons H^+ + HSO3^- \rightleftharpoons 2H^+ + SO_3^{2-}$$
$$H_2SO_3 + O_2 \rightleftharpoons 2H_2SO_4 \rightleftharpoons 4H^+ + 2SO_4^{2-}$$

此外，吸收塔气水比应该较大（几十到几百比一），即需要较多的烟气。

（3）纯 CO_2 法。纯 CO_2 法就是使用商品 CO_2（即纯净 CO_2）中和灰水，处理效果取决于 CO_2 与灰水接触时间、气水比、搅拌程度、水温和液面上 CO_2 平衡分压。美国、日本使用此法较多，如美国 La-hadie 电厂（2000MW），用泵将灰浆池的灰水输送到密苏里河，CO_2 在泵入口处加入，经泵搅拌，与灰水混合，再流经长度 0.8km 的灰水管继续混合、中和，灰水管出水 pH 值合格。

（4）利用灰场植物的自净调节法。灰场上种植植被，利用灰场植物的自净作用，能降低灰水中的 pH 值，增加灰水中不利于植物生长的养分含量，进而对灰水进行调质。在流动的排灰水或静灰水中放植水葫芦，能降低 pH 值。芦苇也是较好的灰水调质植物，灰水在灰场经芦苇根系吸收净化后再排放，加上大气中 O_2 的溶入作用，可使排水 pH 值达标。

3. 其他有害物质的治理

火力发电厂使用的煤中都含有害物质 F、As，以及其他重金属元素，其含量与煤的种类与产地有关。火力发电厂含 F、As 废水具有水量大、F 和 As 浓度低等特点。这使灰水除去 F、As 具有一定难度，为找到技术经济上可行的方法，多年来人们进行了大量的探索研究工作。

（1）氟超标治理。除氟的方法有沉淀法、吸附法、电解凝聚法、离子交换法、反渗透法和活性氧化铝法等，综合考虑设备投资和运行费用，目前最实用的是以沉淀法和吸附法为基础形成的一些处理方法。

1）混凝沉淀法。此法是先将氟转变成可沉淀的化合物，再加入混凝剂加速其沉淀。具体为向废水中投加石灰乳、氯化钙，中和废水酸度，提高废水 pH 值。石灰去除废水

中 F^- 反应为

$$CaO + H_2O \rightleftharpoons Ca(OH)_2$$
$$Ca(OH)_2 \rightleftharpoons Ca^{2+} + 2OH^-$$
$$Ca^{2+} + 2F^- \longrightarrow CaF_2 \downarrow$$

采用石灰沉淀法处理含氟废水，从理论上分析，在 pH 值为 11 时，F^- 的最高溶解度是 7.8mg/L，满足工业废水排放标准（$F^- < 10mg/L$）的要求，但实际上经石灰处理后水中残余 F^- 的浓度往往达到 20～30mg/L，这可能是由于在 CaO 颗粒表面上很快生成的 CaF_2 使 CaO 的利用率降低，而且刚生成的 CaF_2 为胶体状沉淀，很难靠自身沉降达到分离的目的。因此，对经石灰乳或可溶性钙盐沉淀处理后的澄清水需要进一步地进行混凝处理，为了在水中吸附 F^- 而在水中形成带正电的胶体粒子。由此胶体粒子相互融合，形成更大的凝聚沉淀物，通过以上化学沉淀、络合、吸附絮凝等过程可最终将水中的 F^- 含量降至 10mg/L 以下。

常用的混凝剂主要使用铁盐和铝盐，但铁盐混凝剂一般除氟效率低，只有 10%～30%。为了达到更高的氟化物去除率，必须将铁盐与 $Ca(OH)_2$ 组合使用。应在更高的 pH 值（pH 值 > 9）使用，为了满足排放标准，必须用排放中和水调整酸中和反应，过程更加复杂。铝盐混凝剂的氟化物去除效率达到 50%～80%，可在中性条件下（一般 pH 值为 6～8）使用。一般使用的铝盐凝集剂包括硫酸铝、聚合氯化铝、聚合硫酸铝，这些都能达到良好的除氟效果。研究表明，在灰水 F^- 为 10～30mg/L 时，硫酸铝投量为 200～400mg/L，最佳 pH 值范围为 6.5～7.5，除氟容量为 30～50mg/g。

2）吸附法。在吸附法中，使含氟废水通过吸附塔，并通过吸附剂和氟化物离子的化学反应除去氟化物离子。根据使用的原料不同，氟化物离子吸附剂可以分为含铝吸附剂、天然高分子吸附剂、稀土类吸附剂以及其他种类的吸附剂。近年来，用粉煤灰、斜发沸石等处理含氟废水的研究受到重视。

粉煤灰含有 SiO_2、Al_2O_3 等活性基团、多孔、比表面积大，有物理吸附、化学吸附和絮凝沉淀协同作用能力。粉煤灰去除水中的氟主要是通过吸附和沉淀作用，吸附包括物理吸附和化学吸附，其比表面积越大，表面能越大，则物理吸附效果越好。化学吸附主要是由于粉煤灰表面有大量的 Si、Al 等活性点，能与吸附质通过化学键发生结合，溶液中的氟与粉煤灰中带正电荷的硅酸铝、硅酸钙和硅酸铁形成离子交换或子对的吸附。粉煤灰处理含氟废水，工艺简单，处理效果好，具有"以废制废"的环境效益和处理成本较低的优点。

钙盐沉淀法主要用于处理高浓度含氟废水，吸附法主要用于处理低浓度含氟废水。

（2）砷超标治理。灰水除砷的方法有混凝沉淀法、吸附法、电凝聚法、浮选法、生物技术。

1）混凝沉淀法。采用以投加适量铁盐混凝剂和氧化剂为核心的处理工艺，由于亚砷酸盐的溶解度一般都比砷酸盐高，先投加氧化剂将可能存在的三价砷氧化成五价砷，再投加铁盐混凝剂，形成胶体/絮体 $Fe(OH)_3$，它在沉淀过程中吸附砷共沉，并借助形成的矾花絮体络合吸附五价砷。混凝除砷的 pH 值保持在 6.5～8，其除砷效率与氧化剂的浓度、铁盐剂量、pH值和流量等因素有关，特别对pH值较为敏感，需要调节酸度促进沉淀。

工业上也常用石灰作为钙沉淀剂。石灰沉淀法处理含砷废水生成的沉淀物中存在多种砷酸钙化合物，对含砷较高的废水处理效果好，但在含砷废水处理过程中沉淀析出的砷酸钙稳定性较差，与空气中的 CO_2 接触会分解成碳酸钙和砷酸，使砷重新进入溶液中，造成二次污染。

2）吸附法。吸附技术是利用污染物与吸附材料间有较强的亲和力而达到净化除污的目的，常用的吸附材料有沸石、活性炭、活性氧化铝、活性铁粉、赤铁矿、氧化锆等。用 0.5mol/L 的 $KAl(SO_4)_2$ 溶液，0.25mol/L 的 $Al_2(SO_4)_3$ 溶液、0.5mol/L 的 $CuCl_2$ 溶液和 0.5mol/L 的 $CuSO_4$ 溶液浸泡改斜发沸石后，对砷有很高的吸附率，用 Ag^+ 和 Cu^{2+} 预处理过的活性炭也可使 As（Ⅲ）的吸附量增加。

含砷吸附材料的处置、处理是研究的难点。如果吸附材料与砷亲和力过强，砷的脱附就很困难，这就对含砷吸附材料的堆存提出了比较苛刻的要求；如果亲和力过小，砷的去除效果差。吸附法适用于处理含砷浓度不高、处理量较大的废水。

3）电凝聚法。电凝聚法是用电化学方法在电凝聚装置内直接产生铁或铝的氢氧化物，通过其凝聚作用吸附去除水中的污染物砷。pH值对其去除效率有较大的影响。

4）浮选法。浮选法处理重金属废水是选矿技术在环保事业中较为重要的应用领域之一。采用铁或铝的氢氧化物作共沉剂，用十二烷基硫酸钠浮选脱除废水中的砷，用 Fe（Ⅲ）作共沉剂，浮选脱砷的最佳pH值为 4～5，Al（Ⅲ）作共沉剂的浮选最佳pH值为 7.5～8.5，可将水中的砷含量降至 0.1mg/L。

5）生物技术。砷对于绝大多数生物来说是一种毒物，但是也能被某些生物氧化、吸收和转化，微生物治理砷污染物的作用机理是利用菌种在培养基上培养，产生一种类似于活性污泥的絮凝结构的物质，与砷结合进行絮凝沉降，然后分离，达到除砷效果。生物吸收转化的过程也是砷解毒的过程，解毒过程的同时水体也得到了净化。但生物法菌种培养周期长，对环境要求苛刻，使其应用受到限制。

各种除砷方法和工艺的适用性都不同程度受水源水质条件、地域物产条件、经济发展水平的影响，离子交换技术处理多种污染离子共存的水体就显得不经济，运用膜分离技术大规模治理水体砷污染的时机还不成熟，寻求一种高效价廉的除砷材料将成为未来研究的主要方向。

（三）化学水处理系统废水

酸碱废水中和系统一般包括中和池、酸储槽、碱储槽、在线pH计、中和水泵和空气搅拌系统等组成。运行方式大多为批量中和，即当中和池中的废水达到一定容量后，再启动中和系统。

再生废水→压缩空气搅拌混匀→测定pH值。若pH值大于9：加酸；继续搅拌，直至合格后排放；若pH值小于6：加碱；继续搅拌，直至合格后排放；若pH值为6～9，直接排放。

化学水处理系统废水具有较强的腐蚀性，一般不与其他类别的废水混合处理。处理该类废水的目的是要求处理后的 pH 值为 6～9，并使杂质的含量减少，满足回用或排放标准。处理酸碱废水的主要方法是中和法，利用酸废液和碱废液相互中和，也有利用石灰石中和废酸的方法。

1. 酸碱废液中和处理

将酸碱废水直接排入中和池，中和池的容积应能容纳 1～2 次再生时所排出的废液量，用压缩空气或排水泵循环搅拌，以达到废酸、碱相互中和的目的（称作自中和）。如果自中和后 pH 值仍超过 6～9，则需要向中和池补加酸、碱；如果自中和后仍为酸性，则还可以排入冲灰系统，再次与碱性灰水自中和。

中和系统由中和池、搅拌装置、排水泵、加酸加碱装置、pH 计等组成。中和池也称作 pH 值调整池，大都是水泥构筑物，内衬防腐层；搅拌装置位于池内，一般为叶轮、多孔管；排水泵主要作用是排放中和后合格的废水，兼作循环搅拌；加碱加酸装置的作用是向中和池补加酸或碱，以弥补酸碱废水相互中和不足的酸、碱量。

2. 酸性、碱性废水的再利用

除盐设备再生时，通常是废酸液排放量大于废碱液排放量，经混合中和后，排水仍呈微酸性，而电厂灰水一般呈碱性，因此，将再生废液排至冲灰系统，可以中和灰水的部分碱度，减轻冲灰管道结垢。采用这种排放方式，必须根据排出液残存的酸量及冲灰水的水量、水质，计算出冲灰水酸性水的中和能力，以便调整 pH 值，使其达标排放。

此外，可利用废碱液洗涤烟气。

3. 利用石灰石中和废酸

利用石灰石中和废酸的方式较多，分别介绍如下：

（1）石灰石中和滤池。将直径为 0.5～3mm 的石灰石放在滤池中，欲处理的废水自下而上通过滤池，使石灰石在悬浮状态下与废液进行反应（膨胀率为 10％～15％）。因此，石灰石中和滤池又叫膨胀中和滤池。石灰石中和滤池在运行中产生一些不溶于水的杂质，浮游在滤料的表层，这些杂质可定期用压缩空气提升器抽去。

（2）石灰石中和滚筒。将石灰石粒装在滚筒内，废酸水经水箱流入卧式中和滚筒，使废酸水与石灰石中和，再从另一端流出。这种设备虽然具有处理效果好和成本低的优点，但设备复杂，运动中噪声大和设备磨损严重。

（3）利用电石渣中和废酸。因为电石渣的主要成分是 $Ca(OH)_2$，所以可用来中和废酸。中和废酸法具有处理效果好和成本低等特点，但使用电石渣时，需要配成电石渣浆投加，工作条件差，操作麻烦。

4. 利用弱酸离子交换树脂处理

利用弱酸离子交换树脂处理是将酸性废水和碱性废水交替通过弱酸离子交换树脂，当废酸液通过弱酸树脂时，它就转为 H 型，去除废液中的酸；当废碱液通过时，弱酸树脂将 H^+ 放出，中和废液中的碱性物质，树脂本身转变为盐型。通过反复交替处理，不需要还原再生，反应方程如下。

酸性废水通过树脂层为

$$H^+ + RCOOM \Longleftrightarrow RCOOH + M^+$$

式中　M^+——碱性废水中的阳离子。

碱性废水通过树脂层为

$$MOH + RCOOH \rightleftharpoons RCOOM + H_2O$$

弱酸树脂处理废水具有占地面积小、处理后水质好等优点，但因投资较大，故较少采用。

（四）含煤、含油废水

1. 含煤废水

含煤废水因水质特殊，一般情况下处理后循环使用。为了达到循环使用的目的，要除去废水中的悬浮物（主要是煤粉）和油。

含煤废水处理系统包括废水收集、废水输送、废水处理等系统。煤场的废水收集一般通过沟道汇集至煤场附近的沉煤池；输煤栈桥的废水一般根据地形设置数个废水收集井，由液下泵送至沉煤池或者含煤废水处理系统。

煤场沉煤池的作用主要是汇集废水和预沉淀，先将废水中携带的大尺寸的煤粒沉淀下来，然后再将其上清液送至煤泥废水池，经过混凝、澄清和过滤处理后回用。

其工艺流程：煤场沉煤池、输煤栈桥集水井→废水池→澄清器→其他集水井→过滤器→清水储水池→回用于煤系统。

含煤废水中悬浮固体、pH 值、重金属的含量都可能比标准含量高。火力发电厂输煤系统冲洗水有大量煤粉，比较污浊。国外某电厂处理煤场排水的工艺流程如图 2-7 所示。从煤场初期雨水、栈桥冲洗水进入煤水沉淀调节池，通过废水提升泵进入废水处理装置，同时加入高分子混凝剂进行混凝沉淀处理，澄清水排入受纳水体或再利用，沉淀后的煤泥用泵送回煤场。

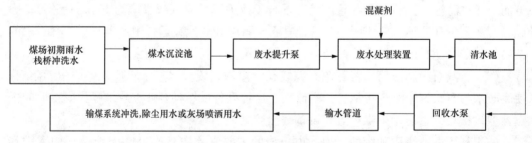

图 2-7　国外某电厂处理煤场排水的工艺流程

我国火力发电厂除采用图 2-7 的工艺流程外，还采用混凝、曝气、膜式过滤的工艺流程，如图 2-8 所示。

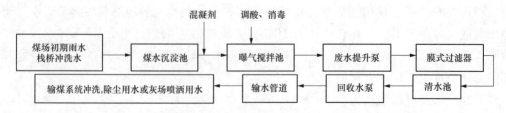

图 2-8　处理含煤废水的混凝、曝气、膜式过滤的工艺流程

膜式过滤系统的主要设备有膜式过滤器（包括滤元、滤袋）、控制装置等。对于含有重金属的煤场废水，还应同时添加石灰乳中和到 pH 值为 7.5～9.0，使排水中的重金属生成氢氧化物沉淀。

2. 含油废水

电厂含油废水主要以悬浮油、分散油、乳化油和溶解油 4 种形式存在，通常采用重力分离（隔油）、气浮、吸附、粗粒化等方法去除，简要介绍如下。

（1）重力分离法。重力分离法是通过水的密度差来实施分离，主要适用于高于 60μm 的固体颗粒与油粒。隔油池是最为常用的设施，通常应用于破乳以后的乳化油或浮油。

（2）气浮法。气浮法是通过大量微细气泡吸附在需要除去的油滴上面，利用气泡本身的浮力，使污染物能够浮出水面，为了凝聚和沉淀分散除油废水中的油和其他污染物，使其容易分离，一般在废水进入气浮罐之前添加絮凝剂。运行时需要根据进水水质的变化，调整溶气压力、混凝剂投加量、溶气量、气油比、气浮时间含油废水流量等运行参数。

（3）吸附法。吸附法是通过亲油性材料来吸附水中的溶解油，以此来进行分离，比表面积大的活性炭经常用作吸附剂，吸附法对含油废水的处理效果好，但价格昂贵，难以再生。

（4）粗粒化法。粗粒化法是以亲油、耐油、疏水物质为过滤材料，破乳后含油废水流动时，水中悬浮的小油滴相互黏附在表面，不断碰撞，凝结成大油珠颗粒。如果油膜形成，油膜浮力大于附着力，这些油膜将被分离去除。粗粒化除油装置可接受的介质温度最高达 85℃，抗冲击负荷能力强，占地面积小，适合处理电厂含油废水。国内部分电厂使用油水分离器净化含油废水。油水分离器中装填有亲油疏水的填料，当废水流过填料时，水中的微细油粒会在填料表面集结，逐渐长大并与水分离，这种方法称为粗粒化法（也叫凝结法）。粗粒化法的优点是设备体积小，效率高；缺点是填料容易堵塞，除油效率容易降低。

（五）锅炉化学清洗废水

锅炉化学清洗废水可在储存池中先初步处理，然后再批量处理。常用的处理方法有焚烧法/喷洒燃烧法、中和沉淀法、吸附法、氧化还原法。

锅炉启动前的化学清洗和定期清洗排放的废液属于不定期排放，特点是废液量大、有害物质浓度高、排放时间短。

锅炉化学清洗废水在废水集中处理站处理，主要的设施包括废水收集池，曝气风机和水泵，酸、碱储存罐，清水池，pH 值调整池，反应池，絮凝池，澄清池，加药系统等。

经常性排水的处理：废水储存池→pH 调整池→混合池→澄清池（器）→最终中和池→清水池→排放或回用。

非经常性排水的处理：非经常性排水包括化学清洗排水（包括锅炉、凝汽器和热力系统其他设备的清洗）、锅炉空气预热器冲洗排水、机组启动时的排水、锅炉烟气侧冲洗排水等。与经常性排水相比,非经常性排水的水质较差而且不稳定。通常悬浮物浓度、COD 值和铁含量等指标都很高。

(1) 锅炉停炉保护和采用化学清洗废水(有机清洗剂)的处理。在停炉保护废水中,联胺的含量较高;柠檬酸或 EDTA 化学清洗废液中,其残余清洗剂量很高。因此,与经常性废水相比,这类废水除了悬浮物含量高外,其 COD 值也很高。为了降低过高的 COD,在处理工艺中,在常规的 pH 值调整、混凝澄清处理工艺之前,还增加了氧化处理的环节。通过加入氧化剂(通常是次氯酸钠)氧化,分解废水中的有机物,降低其 COD 值。

其工艺流程为高 COD 废水→废水储存池(压缩空气搅拌)→氧化槽→反应槽→废水储存池→pH 值调整池→混合池→澄清池(器)→最终中和池→清水池→排放或回用。

(2) 空气预热器、省煤器和锅炉烟气侧等设备冲洗排水的处理。空气预热器、省煤器、锅炉炉管(烟气侧)、烟囱和送风机、引风机等设备的冲洗排水也是重要的非经常性排水,其水质特点是悬浮物和铁的含量很高,不能直接进入经常性排水处理系统。需要先进行石灰处理,在高 pH 值下沉淀出过量的铁离子并去除大部分悬浮物,然后再送入中和、混凝澄清等处理系统。

其工艺流程为高铁和高悬浮物废水→废水储存池(压缩空气搅拌)→加入石灰,将 pH 值提至 10 左右→沉淀分离→废水储存池→pH 值调整池→混合池→澄清池(器)→最终中和池→清水池→排放或回用。

火力发电常用的化学清洗介质有盐酸、氢氟酸、柠檬酸、乙二胺四乙酸(EDTA)等,不同的清洗介质产生的废液成分差异很大。但是,无论何种清洗介质,产生的废液都具有高悬浮固体、高 COD、高含铁量、高色度的共同特点。因此,一般需设置专门的储存池,针对不同的清洗废液,采用不同的处理方法。

1. 盐酸清洗废液的处理

经典的处理方法是中和法,反应式为

$$HCl + NaOH \longrightarrow NaCl + H_2O$$
$$FeCl_3 + 3NaOH \longrightarrow Fe(OH)_3 \downarrow + 3NaCl$$

另外,盐酸清洗废液还可采用化学氧化法处理,如图 2-9 所示。

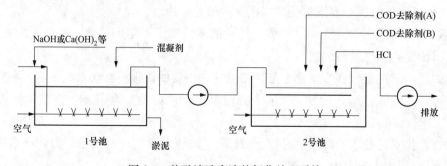

图 2-9 盐酸清洗废液的氧化处理系统

盐酸清洗废液中 COD 的主要成分是铜离子掩蔽剂[硫脲 $(NH_2)_2CS$ 等]和抑制剂

（主要成分为有机胺 R-NH$_2$ 等）。以硫脲中的 S^{2-} 为例，氧化反应为

$$2S^{2-} + 2H_2O_2 + 2NaOH \longrightarrow Na_2S_2O_3 + 3H_2O$$

$$Na_2S_2O_3 + 4H_2O_2 + 2NaOH \longrightarrow 2Na_2SO_4 + 5H_2O$$

最终产物为硫酸钠，步骤如下：

（1）向废水中添加 NaOH 或 Ca(OH)$_2$，调节 pH 值至 10～12。

（2）向 1 号池添加混凝剂，并加入空气进行搅拌，使 Fe^{2+} 氧化成为 Fe^{3+}，形成 Fe(OH)$_3$ 沉淀后随淤泥排出。

（3）将 1 号池的清液抽至 2 号池中，再向 2 号池中添加 COD 去除剂（A）（主要成分为 H$_2$O$_2$ 或 NaOCl 等），可将废液中的 COD 由 40 000mg/L 降低到 100mg/L。

（4）经 COD 去除剂（A）处理后的废水，再添加 COD 去除剂（B）[主要成分为过硫铵 (NH$_4$)$_2$S$_2$O$_3$ 等]，经搅拌处理后，COD 由 100mg/L 降到 10mg/L。

（5）添加 HCl，调整 pH 值至合格后排放。

2. 柠檬酸清洗废液的处理

柠檬酸清洗废液是典型的有机废水，COD 很高，对环境的污染性很强。针对此种废液，有如下处理方式：

（1）焚烧法。利用柠檬酸的可燃性，将废液与煤粉混合后送入炉膛中焚烧。有机物分解为 H$_2$O 和 CO$_2$。重金属离子变成金属氧化物，约 90% 沉积在灰渣中，约 10% 随烟气进入大气，一般能符合排放标准。

（2）化学氧化法，如空气氧化、臭氧氧化等。氧化处理时，一般需要将 pH 值调至 10.5～11.0 的范围，因为在 pH 值为 10 时，铁的柠檬酸配合物可以被破坏；pH 值大于 11 时，铜、锌的柠檬酸配合物会被破坏。在氧化处理后，由于悬浮固体浓度很高，需要送入混凝澄清处理系统进一步处理。

3. EDTA 清洗废液的处理

EDTA 清洗是配位反应，而配位反应是可逆的。EDTA 是一种比较昂贵的清洗剂，因此可以考虑从废液中回收。回收的方法有直接硫酸法回收、NaOH 碱法回收等。

4. 氢氟酸清洗废液的处理

氢氟酸清洗废液中所含的氟化物浓度很高，一般采用石灰沉淀法处理后排放。

此外，在锅炉清洗废液中还含有亚硝酸钠和联氨等成分，其中联氨的处理方法与停炉保护废水中联氨的处理相同，在此介绍亚硝酸钠废液的处理。

亚硝酸钠是锅炉清洗中使用的钝化剂，可采用还原分解法处理，使用的还原剂有氯化铵、尿素和复合铵盐等，但使用氯化铵会产生二氧化氮。在实际操作中有大量黄色气体冒出，会造成二次污染，且反应慢，处理时间长，亚硝酸钠残留量大，因此较少采用氯化铵。比较好的是采用复合铵盐，此法处理后的废液无色、无味，符合我国废水排放标准，且处理过程不会造成二次污染。反应式为

$$NaNO_2 + NH_4Cl \longrightarrow NaCl + N_2\uparrow + 2H_2O$$

$$NaNO_2 + CaCl(OCl) \longrightarrow NaNO_3 + CaCl_2$$

$$2NaNO_2 + CO(NH_2)_2 + 2HCl \longrightarrow 2N_2 + CO_2 + 2NaCl + 3H_2O$$

（六）火力发电厂生活污水处理

大部分火力发电厂的生活污水的处理工艺为污水→格栅→调节池→初沉池→接触氧化池→杀菌池→出水池→地埋式污水处理设备。

（1）格栅：拦截大尺寸的悬浮杂质，如树枝、漂浮物等，以防堵塞后级设备。

（2）调节池：收集沟道汇集的污水，因生活污水的水质和流量波动很大，因此，污水调节池的主要作用是缓冲污水流量的变化，均化污水水质，减小污水处理设备的进水水质和流量的变化幅度。

（3）初沉池：作用是将污水中大颗粒、易沉淀的悬浮物、砂粒等除去，以减轻后级设备的负担。

（4）接触氧化池：接触氧化池是污水处理的核心，通过连续曝气，细菌在填料表面生长成膜，分解水中的有机物。填料的性质很关键，对填料的要求是比表面积大、空隙率高、易于挂膜，而且要耐腐蚀、强度好。常用的填料有直板、直管、半软性、软性和复合填料等。

（5）杀菌池（接触池）：通过加入杀菌剂，如液氯、次氯酸钠、二氧化氯等，杀灭水中的细菌，以防有害细菌排放到其他水体。

（6）出水池：收集储存处理后的水，排放或者回用。

（7）地埋式污水处理设备：一种集成化的小型污水处理设备，将曝气池、沉淀池、罗茨风机室集中布置，采用碳钢或玻璃钢制造。优点是可以埋入地下，占地面积小，有利于污水处理站的环境美化。但是，根据很多电厂的反映，地埋式污水处理装置的问题较多，突出表现在出水水质较差，可靠性不好。尤其是风机，因安置在一个相对封闭的环境内，在夏季因环境温度过高，很容易出故障，维修也不方便。

火力发电厂生活污水的超标项目主要为大量的悬浮物、有机物、微生物等，其成分与城市污水类似，火力发电厂生活污水的处理设施要求占地小，处理过程不散发恶臭，同时具有强烈的冲击负荷阻力。由于生活污水中有机物含量高，采用基于生物处理的复合技术适合污水处理。根据反应过程中氧气是否参与，污水生物处理法可分为好氧生物处理和厌氧生物处理；根据微生物在废水中所处的状态或存在的形式，又可分为悬浮生长和固定生长两大类。

生活污水通过二级处理之后，其出水可作为冲灰水、杂用水等。生活污水的二级处理通常用生物处理法。目前，电厂的生活污水处理系统常采用技术较成熟的地埋组合式生活污水处理设备，将生活污水集中至污水处理站进行二级生物处理，经消毒后，合格排放。其工艺流程如图2-10所示。

生活污水首先流经格栅井，通过格栅井中格栅截留水中较大的悬浮杂质，以减轻后续构筑物的负荷；污水进入调节池，均和水质和水量后，经潜污泵送入组合式一体化埋地式生活污水处理设备（即A/O一体化处理设备）。该设备包括初沉区、厌氧区、好氧区、二沉区、消毒区、风机室6个部分。在初沉区，污水中部分悬浮颗粒沉淀；厌氧区中装有组合式生物填料，易生物挂膜，厌氧菌在膜上充分附着，将污水中大分子的蛋白质、脂肪等颗粒分解为小分子的可溶性有机物；好氧区装有新型多面空心球填料，并设

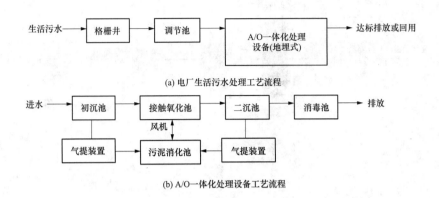

(a) 电厂生活污水处理工艺流程

(b) A/O 一体化处理设备工艺流程

图 2-10　电厂生活污水处理及 A/O 一体化处理设备工艺流程

风机鼓风曝气，使有机物在好氧菌的作用下彻底分解；二沉区的作用是沉淀生物反应段产生的悬浮固体；污水最终经消毒处理后自流至中水池。初沉区及二沉区的剩余污泥通过污泥泵排入污泥消化池，经过鼓风机充入空气消化后由污泥提升泵排至污泥脱水机脱水，上清液回流至调节池。

另外，生活污水也可送入化粪池处理后直接用于冲灰，利用粉煤灰的吸附作用降低 COD，经灰场稳定后再排放。灰场种植的芦苇等植物，由于根系的吸收作用，可有效地降低灰水（含生活污水）的 COD，使排水达到国家废水排放标准，这是较为经济的处理电厂生活污水的方法。

（七）脱硫废水的处理

脱硫废水含有的污染物种类多，是火力发电厂各种排水中处理项目最多的特殊排水，主要处理项目有 pH 值、悬浮物（SS）、氟化物、重金属、COD 等。对不同组分的去除原理分别是重金属离子-化学沉淀；悬浮物-混凝沉淀；还原性无机物-曝气氧化、絮凝体吸附和沉淀；氟化物-生成氟化钙沉淀。目前，脱硫废水的处理方法基本有两种，一种是直接将脱硫废水输送到发电厂的水力除灰装置进行灰浆处理，另一种是另外设置脱硫废水处理装置。

单独的脱硫废水处理系统通常选用化学沉淀法、流化床法和化学沉淀-微滤膜法工艺，也有用粉煤灰处理脱硫废水。

（1）化学沉淀法。化学沉淀法采用传统处理工艺（三联箱法），主要包括中和、沉降、絮凝、澄清、脱水等工序，化学沉淀法处理脱硫废水的流程如图 2-11 所示。

1）中和。在中和池加入 5% 左右的石灰乳，将废水的 pH 值提高至 8.5～9.0，大多数重金属离子将生成难溶的氢氧化物沉淀。

2）沉降。在重金属离子形成难溶氢氧化物的同时，石灰乳中的 Ca^{2+} 与废水中的部分 F^- 反应，生成难溶 CaF_2，从而达到除氟的目的。经中和处理后，在沉降池中加入硫化剂（Na_2S）、TMT-15 等，使其与残余的离子态 Ca^{2+}、Hg^{2+} 反应，生成难溶的硫化物而沉积下来。

3）絮凝。脱硫废水中的悬浮物主要成分为石膏颗粒、SiO_2、铁和铝的氢氧化物。

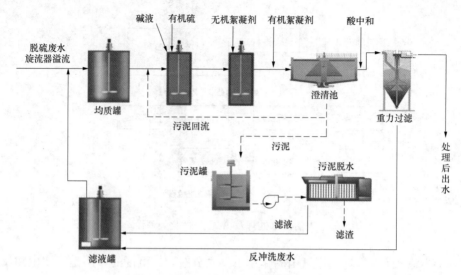

图 2-11 化学沉淀法处理脱硫废水的流程

在絮凝池中加入絮凝剂（如 $FeClSO_4$），使其中的小颗粒凝聚成大颗粒而沉积，并且在澄清池入口加入聚丙烯酰胺（PAM），强化凝聚过程。

4）澄清、脱水。絮凝后的出水进入澄清池中，絮凝物沉积在底部浓缩成污泥，上部则为系统出水。大部分污泥经泵输送进入脱水机；小部分污泥返回中和反应箱，提供絮凝体形成所需的晶核。

5）脱硫废水传统处理工艺存在的问题：加酸加碱，设备及管线腐蚀严重；流程长，设备一次性投资大，运营费用高，设备管理维护任务重，药剂种类多，储量大，有一定安全隐患。

（2）流化床法。流化床法工艺最早由丹麦的克鲁格（Kruger）提出，用于研究去除水溶液中溶解性重金属，如地下水和灰场渗滤液，该工艺目前已在丹麦爱屋德电厂投入实际运行。流化床处理脱硫工艺由缓冲池、流化床和循环池组成，流化床以石英砂为填料，其具体流程如图 2-12 所示。其原理为脱硫废水经过缓冲池，从底部进入流化床后，

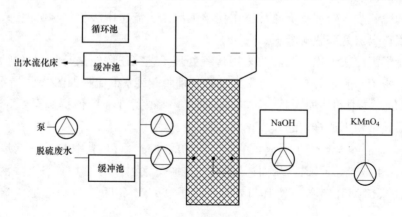

图 2-12 流化床处理脱硫废水工艺流程

向流化床加入二价锰、亚铁离子和氧化剂（如 $KMnO_4$、H_2O_2），二价锰和亚铁离子吸附在金属载体上，在氧化剂的作用下被氧化成二氧化锰和氢氧化铁，在金属表面形成一层覆盖层，二氧化锰和氢氧化铁对无机溶解性离子具有很强的吸附特性。通过连续增加这层覆盖层，被吸附的可溶性金属离子凝聚成颗粒物，沉降形成块状污泥。脱硫废水在缓冲池，利用泵从底部进入流化床，同时添加 $NaOH$、$KMnO_4$ 溶液和循环池回流液等废水在流化床中进行充分混合反应，上清液进入循环池后排出。

脱硫废水流速，pH 值会影响重金属的去除率，在最佳状态条件下，该工艺对 Ni、Cd、Zn 等重金属离子的去除率分别为 89%、82%、90%；由于脱硫废水中含有大量 Cl^-，其能与汞离子形成复杂的络合物，所以对汞去除率较低。

（3）化学沉淀-微滤膜法。化学沉淀-微滤膜法主要是通过微滤膜对化学沉淀后的脱硫废水进行深度处理，让化学沉淀后的上清液进入微滤池在微滤池中截留剩余的悬浮物和金属化合物，穿过微滤膜的清水进入清水池，没穿过微滤膜的浓水回流至澄清池。该法对脱硫废水中的悬浮物、重金属的去除有效，经过微滤处理后的脱硫废水，悬浮物含量低于 1mg/L，砷、镉、汞、镍浓度分别低于 4.0、0.5、1.0、3.0μg/L。

（4）粉煤灰处理脱硫废水。

1）利用电厂的粉煤灰处理脱硫废水。其是一种以废治废的治理途径，由粉煤灰制成的脱硫剂比纯的石灰脱硫剂脱硫效率高，这是因为粉煤灰制成的脱硫剂比表面积大、多孔，具有很好的吸附性和沉降作用，反应效率高，粉煤灰制成的脱硫剂脱硫率可高达 90%。

粉煤灰处理脱硫废水所形成的污泥量较多，处理后的沉淀粉煤灰应单独存放或处置。

2）利用水力冲灰系统处理脱硫废水。采用水力除灰系统处理脱硫废水可分为以下两种情况。

a. 完全闭路循环水力冲灰系统在严格环保及水平衡管理的条件下，可达到不排放冲灰水的效果，因此，将其作为脱硫废水的处理系统，可有效地处理限制排放的第一类污染物质。

b. 对于敞开式或半敞开式的水力冲灰系统，则不能作为处理脱硫废水来使用。因为系统虽有一定的处理能力，但稀释排放的因素无法消除，对于第一类污染物质是不允许的。

脱硫废水为弱酸性，引入灰水系统后能降低 pH 值，有利于活性氧化钙的溶出，增大了 $CaCO_3$、$CaSO_4$ 的溶解量，因此将脱硫废水引入冲灰系统后，可减轻原系统的水质和结垢倾向。同时脱硫废水中本身含有大量的 Ca^{2+} 和 SO_4^{2+}，引入冲灰系统，存在 $CaSO_4$ 结垢风险；为保证管道的正常运行，应考虑管道表面结垢问题。但脱硫废水量一般都比较小，而冲灰水则用量比较大，将脱硫废水引入冲灰系统后对管道的结垢影响不大。

第二节　废水零排放技术路线

随着国家《水污染防治计划》的发布，对火力发电厂的用水和排水均提出了更高的要求，火力发电厂废水零排放系统建设也逐渐成为火力发电厂废水治理的发展趋势。所谓严格意义的废水零排放，主要是采取措施不向外界排出对环境有任何不良影响的水，进入电厂的水最终以蒸汽的形式进入大气，或是以污泥等适当的形式封闭、填埋处置。

电厂废水零排放是一项系统工程，应在现有水处理系统稳定运行的情况下，通过开展水平衡试验，掌握电厂实际用水排水现状与设计工况的差异和各系统节水潜力。优化水处理系统，最大限度地降低用水量和减少排水量。依据水源水质、排水许可、固体废物处置要求等边界条件，遵循优质优用、分质用水的原则，确定各废水系统的出水水质及回用路径、污泥品质要求等。开展全厂废水零排放工作。

废水零排放是预处理（三联箱、电絮凝、软化处理、管式微滤）、减量处理［蒸发浓缩多效蒸发技术（MED）、机械蒸汽再压缩技术（MVR）、低温常压蒸发结晶（NED）等］、膜法浓缩［微滤（UF）、纳滤（NF）、反渗透（RO）、碟管式反渗透（DTRO）等］、固化处理（蒸发结晶、自然蒸发结晶、蒸发塘、机械喷雾蒸发、烟道喷雾蒸发、旁路烟气蒸发）、其他固化（如压滤、离心机、真空皮带机等）。

2017 年 6 月 1 日实施的 HJ 2301—2017《火电厂污染防治可行技术指南》中对废水零排放技术如下要求：①火力发电厂除脱硫废水外，各类废水经处理后基本能实现"一水多用，梯级利用"、废水不外排，因此，实现废水近零排放的关键是实现脱硫废水零排放；②脱硫废水经初步处理后，含盐量过高，目前脱硫废水零排放技术主要包括烟气余热喷雾蒸发干燥、高盐废水蒸发结晶等；③烟气余热喷雾蒸发干燥是通过雾化喷嘴将浓缩后的高盐废水喷入烟道或旁路烟道内，雾化后的高盐废水经过烟气加热迅速蒸发，溶解性盐结晶析出，随烟气的烟尘一起被除尘器捕集；④高盐废水蒸发结晶是利用烟气、蒸汽或热水等热源蒸发废水，蒸发产生的水汽可冷凝成水，用于冷却塔补水、锅炉补给水等，废水中溶解盐被蒸发结晶，干燥后装袋外运，进行综合利用或处置，避免产生二次污染；⑤蒸发干燥或蒸发结晶前，宜采用反渗透、电渗析等膜浓缩预处理工艺减少废水量。

废水零排放技术路线：①设置低含盐排水、中含盐排水和高含盐排水回收处理系统，分类收集、处理和回用；②采用石灰石湿法脱硫系统的电厂，脱硫工艺水优先补充中含盐排水，原则上不补充低含盐排水和原水；③无法回用的中含盐排水设置必要的浓缩回收处理系统，产水进入低含盐排水回用系统，浓水进入高含盐排水处理回用系统；④酸碱再生高盐废水可与脱硫废水合并作为末端高盐废水处理；⑤预处理系统的工艺选择须考虑剩余污泥的无害化，尽量避免产生的泥饼含有有毒有害成分而被定性为危险固体废物；⑥无法回用的高含盐废水采用浓缩结晶处理等工艺进行处理。

火力发电厂废水零排放工艺流程如图 2-13 所示。

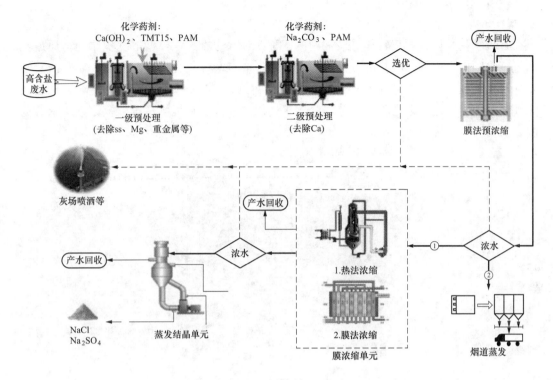

图 2-13 火力发电厂废水零排放工艺流程

一、预处理各种工艺

（一）三联箱

三联箱的工作原理：废水进入中和箱后，通过加入石灰乳调节 pH 值，使废水 pH 值为 9～10，此时大部分重金属离子形成氢氧化物沉淀。部分未沉淀重金属离子随废水进入反应箱，通过向反应箱中加入有机硫溶液，使该部分重金属离子形成微溶沉淀物。同时加入絮凝剂，使废水中悬浮物和各沉淀物形成较大颗粒的絮凝物。随后废水进入絮凝箱，通过加入助凝剂使上述形成的絮凝物加速沉降。经过三联箱处理后，废水进入澄清池，进行泥水分离。

目前广泛使用的三联箱为 3 个串联长方形箱体，占地面积大，施工工程量大；需配大型机械搅拌器，能耗较高。

（二）电絮凝

电絮凝的反应原理是以铝、铁等金属为阳极，在直流电的作用下，阳极被溶蚀，产生 Al、Fe 等离子，再经一系列水解、聚合及亚铁的氧化过程，发展成为各种羟基络合物、多核羟基络合物以至氢氧化物，使废水中的胶态杂质、悬浮杂质凝聚沉淀而分离。同时，带电的污染物颗粒在电场中涌动，其部分电荷被电极中和而促使其脱稳、聚沉。

对废水进行电解絮凝处理时，不仅对胶态杂质及悬浮杂质有凝聚沉淀作用，而且由于阳极的氧化作用和阴极的还原作用，能去除水中多种污染物。

（三）软化处理

1. 石灰软化原理

石灰软化原理：石灰软化是最常用的一种药剂软化方法，根据溶度积原理，通过投加氢氧化钙使水中的碳酸盐硬度（暂时硬度）形成难溶性化合物而被去除。非碳酸盐硬度（永久硬度）可以通过加入碳酸钠（纯碱）得到进一步的降低。石灰-纯碱软化法去除硬度的同时，也可以去除一部分钡、锶等金属离子以及有机物。石灰软化系统示意见图 2-14。

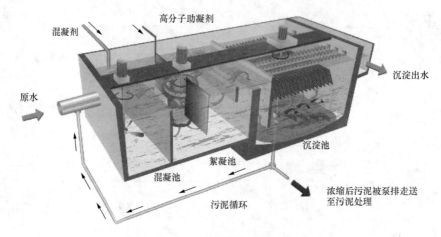

图 2-14 石灰软化系统示意

（1）石灰软化工艺为传统工艺，成熟可靠，已经积累了大量成功运行经验。

（2）进入反渗透系统前已经将大多数的硬度等易结垢离子去除，降低了反渗透膜表面结垢的风险，但反渗透系统的回收率仍然受到结垢限制，无法达到很高水平。

（3）投加石灰可以去除一部分 COD，碱性条件下对微生物起到一定的抑制作用，但反渗透系统运行仍然受到有机物污染的影响，压差会缓慢升高，需要维持较频繁的化学清洗频率，降低了膜使用寿命。

（4）石灰软化往往与混凝、沉淀或澄清等过程同时进行，需配套设置澄清池和过滤设备，效率低，占地面积大。

（5）石灰投加量大，石灰软化反应过程中产生大量无机泥渣，需配套设置规模较大的污泥处理设备。

2. 管式微滤

管式微滤膜工作原理：管式微滤膜的工作原理是错流过滤与固液分离。将废水中污染物絮凝转化成沉淀过滤去除，管式微滤膜技术具有自动化程度高，产水水质优异、稳定，占地面积小等独特优势，是众多工厂处理废水的最佳选择。

管状微滤工艺可以一次替代多种预处理和过滤设备，如沉淀池、砂滤、碳过滤和超滤，并可直接用作 RO 系统的预处理。管式微滤工艺可进行高效固液分离（只要将反渗透浓水中的结垢和污染物质变成固体沉淀，就可以由微滤膜彻底分离）；无需投加PAC、PAM，无需考虑矾花沉降效率；无需大流量水反冲洗，自用水率很低。膜的材质坚硬，耐高强度化学药剂清洗，使用寿命可达 5～8 年。

3. 纳滤

纳滤是分离精度介于反渗透和超滤之间的膜分离技术，纳滤膜性能主要体现在其对一、二价离子的选择分离性。对于 1nm 以上的分子，纳滤膜的截留率大于 90％。纳滤膜具有离子选择性，能有效截留一价及高价离子，透过部分一价无机离子。在相同渗透通量下，纳滤膜两侧的渗透压差远低于反渗透，故纳滤系统的运行压力比反渗透低得多。

即使在 0.1MPa 的超低压力下仍能运行，因此纳滤又被称作"低压反渗透"。此外，纳滤对疏水型胶体、油、蛋白质和其他有机物也有较强的抗污染性。利用纳滤膜对离子有选择分离的特点，可将其用于脱硫废水的软化预处理，对于要生产工业盐的场合需要进行分盐处理。在脱硫废水浓缩过程中，用纳滤进行一、二价离子分盐，后续配合蒸发结晶等工艺，再分离氯化钠和硫酸钠，使氯化钠单独形成结晶，获得纯净的 NaCl 结晶盐。需要注意的是，纳滤膜对一价离子也有较高的截留率，只是二价离子截留率要低得多。

4. 微滤

通过在混凝阶段投加液碱提高废水的 pH 值，使含盐废水中的难溶盐离子，如 Ca^{2+}、Mg^{2+}、Ba^{2+}、Sr^{2+}、HCO_3^-、CO_3^{2-}、SO_4^{2-}、F^- 等结晶并析出。

在二级混凝阶段加入镁剂，通过 Mg^{2+} 与 SiO_3^{2-} 形成的硅酸镁胶体，在絮凝剂和其他絮体吸附的共同作用下形成难容物。

经过混凝步骤并析出结晶的废水进入专用微滤系统后，全部结晶均被截留，并形成无机污泥通过排渣排出系统，干燥后可以填埋处理。通过专用微滤系统的废水已经不含有难溶盐离子，其组分主要由 Na^+、K^+、Cl^- 和 SO_4^{2-} 构成。

5. 硫酸钠软化工艺

使用相同的离子效应和低硫酸钙溶解度特性，将硫酸钠添加到脱硫废水中，会进一步增加水中硫酸钙的过饱和度，诱发硫酸钙过饱和溶液的自发结晶，能够一定程度降低 Ca^{2+} 含量，达到软化的目的。然而，由于硫酸钙为微溶盐，所以通过投加硫酸钠软化 Ca^{2+} 的效果有限并不能达到投加 Na_2CO_3 同等的软化效果，只能作为硫酸钙晶种法蒸发结晶工艺前预处理工艺使用。

硫酸钠软化工艺在脱硫废水零排放处理中有两种应用方式：第一种是石灰-Na_2SO_4 两级软化，另一种是 Na_2SO_4/NaCl 混合浓浆液循环。

（1）石灰-Na_2SO_4 两级软化工艺。该软化工艺主要分为两步：

第一步投加石灰，去除脱硫废水中镁离子；镁离子的去除对于后续的结晶过程十分重要。

第二步投加硫酸钠，诱导硫酸钙结晶，降低钙离子含量。石灰-Na_2SO_4 两级软化出水，进入晶种法蒸发器。在结晶浓缩过程中继续投加硫酸钠，诱导生成硫酸钙晶种悬浮于废水中，由于晶种的比表面积较大，很容易吸附废水中产生的钙、镁、硅等析出物，避免在换热管表面结垢。

（2）$Na_2SO_4/NaCl$ 混合浓浆液循环。当脱硫废水经过蒸发器浓缩后，产生富含 $Na_2SO_4/NaCl$ 的混合浓浆液，其中的硫酸钠可以作为软化药剂使用。将 $Na_2SO_4/NaCl$ 混合浓浆液回流至软化预处理工段，可以减少一部分预处理的药剂用量。

该软化工艺在国内尚无工程化应用，仅有少量中试案例，其工程应用效果和可靠性尚待观察。

6. 离子交换软化工艺

电厂水处理系统广泛应用离子交换软化除盐工艺。该工艺具有出水水质稳定、技术成熟等优点。在常规水处理中，若采用钠离子软化，可将出水硬度降至接近零。脱硫废水的硬度较高，因此，直接使用离子交换软化时，树脂会立即失效，需要频繁再生，再生废水量过大，不可能单独用于高盐废水的处理。离子交换软化只能与其他软化工艺结合使用，在化学药剂软化后作为系统软化保证设备运行，让软化工艺的水质保持稳定。离子交换再生废水应返回至前段化学软化系统中继续处理，以免产生外排废水。

二、减量处理

（一）蒸发浓缩

1. 机械蒸汽再压缩技术工艺

MVR 是机械蒸汽再压缩技术的简称。MVR 是重新利用它自身产生的二次蒸汽的能量，从而减少对外界能源的需求的一项节能技术。早在 20 世纪 60 年代，德国和法国已成功地将该技术用于化工、食品、造纸、医药、海水淡化及污水处理等领域。

MVR 蒸发器的工作过程是将低温位的蒸汽经压缩机压缩，温度、压力提高，热焓增加，然后进入换热器冷凝，以充分利用蒸汽的潜热。除开车启动外，整个蒸发过程中无需产生蒸汽，从蒸发器出来的二次蒸汽，经压缩机压缩，压力、温度升高，热焓增加，然后送到蒸发器的加热室当作加热蒸汽使用，使料液维持沸腾状态，而加热蒸汽本身则冷凝成水。这样，原来要废弃的蒸汽就得到了充分的利用，回收了潜热，又提高了热效率。机械蒸汽再压缩技术工艺示意见图 2-15。

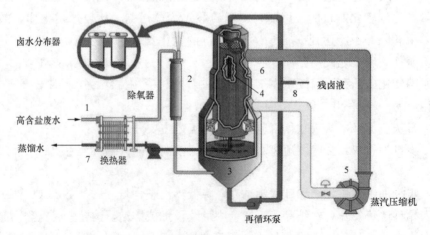

图 2-15　机械蒸汽再压缩技术工艺示意

1—高含盐废水；2—除氧器；3—浓缩液；4—二次蒸汽；5—蒸气压缩机；6—蒸发器；7—换热器；8—残卤液

2. 多效蒸发工艺

多效蒸发（MED）是将几个蒸发器串联运行的蒸发操作，使蒸汽热能得到多次利用，从而提高热能的利用率。以三效蒸发器操作为例，第一个蒸发器（称为第一效）以生蒸汽作为加热蒸汽，其余两个（称为第二效、第三效）均以其前一效的二次蒸汽作为加热蒸汽，从而可大幅度减少生蒸汽的用量。每一效的二次蒸汽温度总是低于其加热蒸汽，故多效蒸发时各效的操作压力及溶液特点如下：

（1）使用生蒸汽加热，需要蒸汽管网。

（2）前一效蒸发器内蒸发时所产生的二次蒸汽用作后一效蒸发器的加热蒸汽，节省蒸汽使用量。

（3）设备占地面积较 MVR 工艺大。

多效蒸发工艺设备示意见图 2-16。

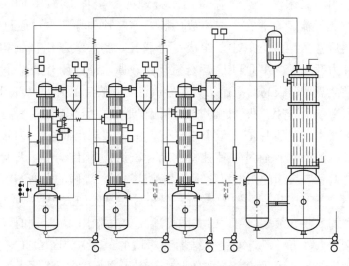

图 2-16 多效蒸发工艺设备示意

3. 低温常压蒸发结晶工艺

低温常压蒸发结晶工艺（NED）是废水首先通过热交换器加热到特定的温度（40～80℃），然后进入蒸发系统，蒸发形成水蒸气，在含饱和的循环空气的作用下移动到冷凝系统。水蒸气的热气在冷凝系统中遇到冷水（20～50℃），冷凝成水滴，排出系统外。蒸发后，废水的浓度持续上升，达到饱和溶解度的盐从溶液中沉淀形成固体粒子，最终从水中分离出来。低温常压蒸发工艺示意见图 2-17。

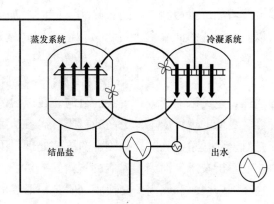

图 2-17 低温常压蒸发工艺示意

（二）膜法浓缩

1. 纳滤膜浓缩工艺

纳滤工艺适合浓缩和减少高盐浓度废水。2 价离子的纳米过滤膜的分离效率非常高，可适当分离氯化钠和硫酸钠的混合溶液。纳滤水的主要成分是氯化钠，输送到结晶化系统，生成精制的工业用盐。废水零排放系统的最终产物包括回收的淡水和结晶盐。结晶盐的品质、处置出路将对零排放系统的长期运行产生较大影响。纳滤膜对离子的分离效果与原水中各离子含量比例、回收率、运行压力等工艺参数相关。

2. 反渗透工艺

对于高盐废水的浓缩，目前应用的反渗透工艺主要有海水反渗透（SWRO）。

海水反渗透（SWRO）主要用于海水淡化、高盐废水浓缩等。

碟管式反渗透（Disc Tube Reverse Osmosis，DTRO）是针对高浓度料液的分离而专门开发的，适用于高浓度、高含盐量污水处理的膜组件。DTRO 的基本单元是由 DTRO 膜片和水力导流盘叠放在一起组成的膜柱。膜片和导流盘片通过中心拉杆和端板进行固定，然后置入耐压套管中，组成一个膜柱。与卷式膜组件结构不同，DTRO 膜柱的流道设计为开放式。在 DTRO 运行过程中，原水通过膜柱底部下法兰和套筒之间的通道进入导流盘，以很高的流速从夹在导流盘之间膜片的一侧流入到另一侧，然后顺着导流盘进入下一个膜片。从剖面看，水的流程形成一个双 S 形。膜柱末端最后的出水就是浓缩液。淡水透过膜片汇集于中心导管，由上端流出膜柱。DTRO 导流盘的顶部和底部有不规则的凸起。通过这种独特的结构，流入的水容易形成紊流，提高透过率，减少膜的堵塞和膜表面的浓度极化现象，延长污染、隔膜的寿命。

高效反渗透（High Efficiency Reverse Osmosis，HERO）是一项专利工艺技术，其特点是反渗透的回收率很高，可以最大限度地减少浓排水的量。同时，在彻底软化预处理和强碱性水质条件下，可以减轻膜结垢和污堵的风险。HERO 工艺的主要原理是利用软化设备（一般是采用弱酸离子交换器或钠离子交换器），将原水的硬度和碳酸盐碱度去除到非常低的水平，之后加碱将水的 pH 值提高到 10.5 或更高，使水中硅酸盐、大分子有机物等难于解离的成分离子化。经过上述处理后，在后面的反渗透处理中，可以显著增加反渗透膜对硅的去除率，同时增加浓水侧硅的溶解度。对于多数苦咸进水，可以使反渗透的回收率达到 90% 以上，同时显著减少化学清洗频率。

3. 电渗析工艺

电渗析（ED）是一种膜分离技术，在外加直流电场作用下利用离子交换膜的选择渗透性，达到浓缩和分离溶液的目的。在以后的技术发展中，反渗透脱盐以优良的脱盐性能、更低的运行成本、更高的可靠性，在大部分水处理领域完全代替了电渗析技术。但是对于含盐量极高的高盐废水的浓缩处理，因为过高的渗透压超出了反渗透的处理极限，电渗析技术又回到了人们的视野。电渗析（ED）的工作原理是在由成对的阳离子交换膜（阳膜）和阴离子交换膜（阴膜）形成的通道中施加直流电场，在电场作用下水中的离子发生迁移，阳膜只允许阳离子通过，阴膜只允许阴离子通过，利用离子交换膜的选择透过性从而实现对水的浓缩、淡化等目的。

4. 膜蒸馏工艺

膜蒸馏是膜分离与蒸馏相结合的分离工艺。分离膜的一侧与要处理的高温水溶液直接接触（称为高温侧），另一侧直接或间接与低温侧水溶液接触。高温侧溶液中的挥发性成分在膜表面气化渗透到膜中，进入低温侧后凝结成液相，非挥发性成分被高温侧的膜（疏水性）阻挡，分离或精制混合物。

5. 正渗透工艺

正渗透是一个利用溶液间的渗透压差为推动力、自发性渗透驱动的新型膜分离过程，正渗透是分离渗透压或化学势不同的 2 种溶液的高密度半透膜的使用，利用溶液间的渗透压差，使水从低渗透压侧渗透到高渗透压侧的膜分离工艺。正渗透系统是由两个流程构成的。一个是废水浓缩流程，废水通过预处理进入正渗透装置，一部分水分子在渗透压驱动下进入膜的另一侧，废水被浓缩并排除正渗透装置；另一个流程是汲取液流程，这个流程是由汲取液稀释（被渗透水稀释）、汲取质分离与再浓缩形成的循环流程。

三、固化处理

（一）烟气余热闪蒸工艺

脱硫废水闪蒸浓缩＋浓液干燥技术的工艺流程如图 2-18 所示。

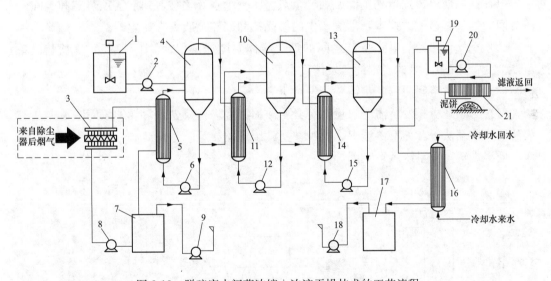

图 2-18 脱硫废水闪蒸浓缩＋浓液干燥技术的工艺流程

1—废水来料箱；2—废水来料泵；3—烟道换热器；4—Ⅰ效分离器；5—Ⅰ加热器；6—Ⅰ效强制循环泵；
7—Ⅰ效冷凝器；8—水泵；9—Ⅰ效真空泵；10—Ⅱ效分离器；11—Ⅱ加热器；12—Ⅱ效强制循环泵；
13—Ⅲ效分离器；14—Ⅲ加热器；15—Ⅲ效强制循环泵；16—尾气冷凝器；17—尾气冷凝罐；18—尾气真空泵；
19—浓浆缓冲罐；20—浓浆输送泵；21—压滤机

脱硫废水经废水收集水箱由进料泵送入加热器，将废水加热至 $80\sim85℃$ 后进入第一效分离器，经多次循环浓缩后，进行汽、液分离初步浓缩，完成第一效浓缩，浓缩的料液进入第二效分离器。

第二效分离器内的物料运用第一效分离器内相同的原理，进行再浓缩，完成第二效浓缩，浓缩的料液进入第三效分离器。

第三效分离器进一步浓缩，浓缩后的物料送入增稠器。

物料在增稠器内进一步冷却闪蒸浓缩，达到所需浓度的浓液（混合固体）从底部由出料泵抽出，送入下道工序。

各效蒸发分离系统蒸发出的水经过冷凝后，汇集到回用水水箱回用。

从增稠器底部抽出的浓液（混合固体）有两种处理方式，可根据用户需求进行选择：

（1）将浓液喷入干燥机，干燥后的粉末随同热烟气送入电除尘器前烟道，氯离子、重金属被电除尘器捕捉，水蒸气进入脱硫吸收塔。粉尘也可单独收集，按照固废进行处理。

（2）将浓液经过压滤机压滤成滤饼直接外运或直接排入真空皮带机。加料泵将浓液抽出送入喷嘴，经过雾化后喷入干燥器，在高温烟气的作用下，使其水分迅速蒸发、干燥，粉状产品随同热烟气一起送入电除尘器前烟道，废水中的污染物转化为固态颗粒物随同粉尘被电除尘器捕捉或收集处理，水蒸气进入脱硫塔被吸收，实现零排放。

（二）低温烟道蒸发

（1）低温烟道蒸发指利用低温烟气余热将脱硫废水雾化喷射到空气预热器和电除尘器之间的烟气管道上的技术，烟气产生的结晶盐和固体杂质进入除尘器。

（2）空气预热器与电除尘器之间的烟道气体温度通常仅为 $110\sim125℃$（某些设备可能会变得更高），因此废水的蒸发速度会变慢。

（3）受蒸发空间限制，水需要蒸发约 1.5s。

（4）为了减少相变所需的热量，有必要浓缩废水进行减少。常规的浓缩减量方法有膜法和热浓缩法等，如反渗透 RO 膜、常温常压蒸发器等。

低温烟道蒸发系统示意见图 2-19。

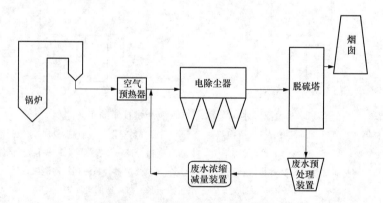

图 2-19　低温烟道蒸发系统示意

（三）高温烟道旁路蒸发

高温烟道旁路蒸发是指设置与空气预热器并联的烟气旁路，将空气预热器入口处的一部分高温烟气引入安装在旁路内的废水蒸发器，将脱硫废水雾化后喷入蒸发器，利用高温烟气余热蒸发水分，产生的结晶盐和固体杂质随旁路烟气返回空气预热器后的主烟道，最后进入电除尘器捕集。

高温烟道旁路蒸发系统示意见图 2-20。

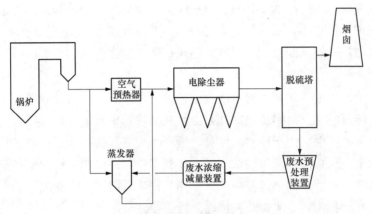

图 2-20 高温烟道旁路蒸发系统示意

（四）自然蒸发浓缩工艺

自然蒸发是指在自然环境条件下，利用环境温度、湿度、风速等自然条件，促使含盐废水蒸发的过程。工程实践中应用最多的自然蒸发是蒸发塘工艺。同时，为了强化自然蒸发过程，在蒸发塘基础上，又发展了辅助风加速蒸发、机械喷雾蒸发等技术，提高了自然蒸发效率。

1. 蒸发塘工艺

蒸发塘工艺是从制盐行业中的日晒盐田演变过来的。蒸发塘被引入废水，太阳能用于促进废液的蒸发，使蒸发塘中废水浓缩，最终得到盐渣。蒸发塘工艺具有能耗低、操作简单、使用寿命长等优点，在干旱地区有所应用。

蒸发塘设计时，首先要考虑当地自然环境条件，由于自然蒸发受温度、湿度、风速等气象因素影响严重，因此蒸发塘工艺只适用于年降雨量少、年蒸发量大的地区，且风速越大越有利于自然蒸发。此外，由于自然蒸发速率较低，蒸发塘占地面积普遍较大，因而该工艺一般适用于土地价格低的半干旱或干旱地区使用。

蒸发塘的选址也需慎重，远离城市工业和农业发展规划区、农业保护区、自然保护区、旅游景点、文化遗迹（考古）保护区、饮用水源保护区、供水远景规划区、矿产储量区和其他需要特殊保护的地区，与飞机场和军事基地的距离超过 3000m。该场址周边800m 范围内无居民，且处于主导风向的下风向，对附近居民大气环境不产生影响。此外，蒸发塘必须做严格的防渗处理，杜绝渗漏现象。蒸发塘工程建设前，应取得环境影响评价专题报告，并获得环保监管部门的批文认可。

蒸发塘日常运行时，需对地下水进行安全监测，对大气进行安全监测，在蒸发塘周围设置水质、粉尘及大气监测点、对坝体，排洪设施、道路等建（构）筑物进行安全监测。对于这些监测的数据结果应定期传达给本地的环境保护部门，本地的环境保护部门对其进行监督检查。

2. 机械雾化蒸发工艺

为了提高自然蒸发的效率，提出了机械雾化蒸发工艺，采用机械雾化装置将蒸发塘中的废水雾化成微米级的小液滴，再由风机向空中喷射，加快液滴的蒸发速度。该方法设备简单，维护工作量小，提高了蒸发塘处理效率。但是机械喷雾也增加了运行电耗，喷雾设备存在结垢、腐蚀问题，喷雾液滴随风扩散，存在二次污染等问题。

（五）增湿去湿浓缩工艺

增湿去湿废水浓缩工艺是由海水淡化工艺发展而来的，整个处理系统主要包括加热器、蒸发室、冷凝室。其基本工艺原理是原水在加热器中被加热后，喷入蒸发室中与载气（一般为空气）接触。由于原水温度高，液滴与载气直接接触后传热、传质，液滴蒸汽使载气的湿度增加；湿热潮湿的载气进入冷凝室中与冷原水进行间壁换热，湿载气中的水分发生凝结，释放出的热量将冷原水预热。预热后的原水送至加热器，凝结水收集回用。在此循环过程中，原水被蒸发浓缩且回收得到蒸馏水。

第三章

固体废物环保技术路线

第一节 概 述

一、固体废物污染现状

在社会主义现代化建设过程中，电力行业特别是燃煤电厂是支撑国家能源供给的重要命脉，关系着社会发展、民生保障、国家安全。电力行业伴随着我国高速经济发展快速增长，特别是燃煤电厂经过了快速的发行。煤电行业的发展致使其成为我国主要工业污染源，其中燃煤电厂运行产生的大量固体废物的处理与处置，一直是环境治理关注的重点。

2018 年，一般工业固体废物产生量达 15.5 亿 t，综合利用量为 8.6 亿 t，处置量为 3.9 亿 t，储存量为 8.1 亿 t，倾倒丢弃量为 4.6 万 t。一般工业固体废物综合利用量占利用处置总量的 41.7%，处置和储存分别占比 18.9% 和 39.3%。其中，除去排名第一的工业企业尾矿产生量为 8.8 亿 t，工业企业的粉煤灰产生量为 5.3 亿 t，占比 16.6%，综合利用量为 4.0 亿 t，综合利用率为 74.9%。粉煤灰产生量最大的行业是电力、热力生产和供应业，其产生量为 4.5 亿 t，综合利用率为 75.7%。可见，燃煤电厂在生产过程中产生的废弃物是目前我国工业固体废物产生的重要来源。其中，燃煤电厂在固体废物的处理上地区差别大，东部地区对固体废物的综合利用率明显大于西部地区，个别地区利用率近 100%。但从现阶段情况来看，我国燃煤固体废物仍然巨大，综合利用水平总体仍处于较低水平，大量固体废物仍以进入灰渣场储存为主要的手段。

燃煤电厂的固体废物主要包括粉煤灰、脱硫石膏、失效脱硝催化剂、污泥、废气滤袋等。随着发电燃煤量的不断增大，粉煤灰的总排放量正以前所未有的速度不断增加，提高其利用率是当前迫在眉睫的问题。此外，对燃煤电厂产生的其他固体废物，如脱硫副产物、失效脱硝催化剂、污水处理污泥，必须合理处置，同时加大利用，避免造成二次污染。

我国燃煤电厂固体废物现阶段有以下特点：

1. 地理分布不均衡及地域差异

国内燃煤电厂分布不均匀，同时在不同的地区，固体废物的综合利用率也不同。对于北京、上海、浙江等地区，固废利用实施较早，对固体废物的利用率较高。而其他地区，尤其是中西部地区，固废利用率较低，在偏远地区甚至存在固体废物无处储存的情况。

2. 总体利用率仍然很低

固体废物从总量来讲，仍以储存为主要处理方式。同时，固体废物的综合利用方式比较单一，如脱硫石膏具有较多种功能应用，但目前仍以用于加工建筑原材料为主要运用方式，但对其本身价值没有进行充分发掘。

3. 处理方向不灵活，系统性差

燃煤电厂固体废物综合利用过程中，从输出到产品及原材料应用上，都是单向且一步到底的，并没有形成产业链或固定渠道规模化经营。

4. 技术开发仍待开展，研发力量薄弱

目前，各固体废物的后续应用开发企业均规模较小，以最基础方式进行综合利用，研发水平有限，技术开发工作少有从事。应用上的技术更新与应用市场开发阻力很大，进展缓慢。

二、燃煤电厂固体废物管理

我国在新中国成立前已有燃煤电厂固体废物的利用先例，当时仍以粉煤灰利用为主，而后在 20 世纪 50 年代，燃煤电厂粉煤灰利用称为国家重视的工作。进入 20 世纪 80 年代，1987 年召开的第二次全国资源综合利用会议上，将粉煤灰定为全国资源综合利用的重点工作方向。

我国对固体废物的管理在 20 世纪 90 年代开始兴起。1991 年，国家出台《中国粉煤灰综合利用技术政策及其实施要点》，其中提出了中国粉煤灰综合利用的原则：认真贯彻"突出重点、因地制宜"和"巩固、完善"方针，把大批量用灰技术作为重点，把提高粉煤灰综合利用经济效益、社会效益有机结合作为主攻方向；巩固已有的技术成果，逐步完善比较成熟的利用技术，大力推广成熟的粉煤灰综合利用技术，积极采用国际先进技术和装备，不断提高我国的粉煤灰利用技术水平，赶上和超过国际先进水平。

1995 年 1 月施行的 GB/T 15321—1994《电厂粉煤灰渣排放与综合利用技术通则》中首次规定了燃煤电厂粉煤灰及渣的综合利用的评价指标，粉煤灰渣的分类、排出与储存技术分类，以及成熟利用技术的门类、相应的灰质条件及管理要求。在标准中明确要求新建、扩建、改建电厂将粉煤灰渣综合利用内容纳入其项目的意见书和设计任务书中；对于已运行电厂要求进行粉煤灰渣的排放、储存、运输三个环节的治理改造。自此，电力行业固体废物有了标准的约束。

同年 10 月，第八届全国人大常委会第 16 次会议通过了《中华人民共和国固体废物污染环境防治法》，国家首次以法律的形式明确了固体废物污染的防治，该法自 1996 年 4 月 1 日起施行，燃煤电厂固体废物的问题从此列入依法管理的范畴。

而后，原国家环境保护局于 1998 年发布 HJ/T 20—1998《工业固体废物采样制样技术规范》，规范了工业固体废物采样制样方案设计、采样技术、制样技术样品保存和质量监控。该标准为固体废物的检测与监测提供了方法，为下一步的固体废物污染治理奠定了基础。

我国在 2002 年实施的 GB 18599—2001《一般工业固体废弃物贮存、处置场污染控制标准》，规定了固体废物储存，处置场的选址、设计、运行管理、关闭及封场；同时，也对污染控制与监测也做了规定。一般工业固体废物储存、处置场污染物监测项目及监测方法见表 3-1。

表 3-1　　　　　　一般工业固体废物储存、处置场污染物监测项目及监测方法

项目	定义	采样点	采样频率	测定方法
渗滤液及其处理后的排放水	选择一般工业固体废物特征组分作为控制项目	排放口	每月 1 次	按 GB 8978《污水综合排放标准》选择方法
地下水	投用前以 GB/T 14848《地下水质量标准》规定项目为控制项目；使用或关闭后封场的控制项目可选择所储存、处置的固体废物特征组分	地下水质监控井	投入使用前，至少监测一次本地水平；投运和封场后，每年按枯、平、丰水期各进行 1 次	按 GB 5750《生活饮用水标准检验方法》执行
大气	储存、处置场控制项目为颗粒物；属于自燃性煤矸石的储存处置场以颗粒物和二氧化硫为控制项目	按 GB 16297—1996《大气污染物综合排放标准》中附录 C 执行	每月 1 次	颗粒物按 GB/T 15432《环境空气 总悬浮颗粒物的测定 重量法》执行，二氧化硫按 HJ 482《环境空气 二氧化硫的测定 甲醛吸收-副玫瑰苯胺分光光度法》执行

随着燃煤电厂的逐步发展与改进，燃煤电厂产生的固体废物的质量和性质已经有所不同，并且固体废物的种类和处置方式已然有所变更，燃煤电厂的固体废物储存和处置设施的设计和建造都有所进步，GB 18599—2001《一般工业固体废弃物贮存、处置场污染控制标准》对于现实情况已无法满足。针对这一情况，国家能源局于 2014 年 4 月起实施了 DL/T 1281—2013《燃煤电厂固体废物贮存处置场污染控制技术规范》，这是电力行业针对燃煤电厂固体废物方面内容的首个标准。DL/T 1281—2013 针对燃煤电厂实际情况，规定了燃煤电厂的储存，处置场的选址、设计、运行以及监测的基本要求。该标准在 GB 18599—2001《一般工业固体废弃物贮存、处置场污染控制标准》的基础之上，对条款和科目针对燃煤电厂进行规定，去除了与燃煤电厂无关的部分，储存、处置场的要求针对燃煤电厂的固体废物储存、处置场。标准中特别提出脱硫灰渣与石膏属于燃煤电厂常见的固体废物。

DL/T 1281—2013 中给定了燃煤电厂各项固体废物储存、处置场污染物控制限值，见表 3-2。

表 3-2　　　　　　　　燃煤电厂固体废物储存、处置场污染物控制限值

类别	项目	单位	标准值
外排水及地下水指标	pH 值		6.0～9.0
	5 日生化需氧量（BOD$_5$）	mg/L	≤300
	悬浮物 SS	mg/L	≤500
	硫酸盐	mg/L	≤350
	氯化物	mg/L	≤350
	硝酸盐（以 N 计）	mg/L	≤30
	氨氮（NH$_4$）	mg/L	≤0.5
	氟化物	mg/L	≤2.0
	总汞（Hg）	mg/L	≤0.001
	总砷（As）	mg/L	≤0.05
	总镉（Cd）	mg/L	≤0.1
	铬（Cr^{6-}）	mg/L	≤0.1
	铅（Pb）	mg/L	≤0.1
大气指标	总悬浮颗粒物（TSP）	mg/m^3	24h 平均＜0.5

DL/T 1281—2013 中对燃煤电厂固体废物储存、处置场污染物监测项目及监测方法，见表 3-3。

表 3-3　　　　　　燃煤电厂固体废物储存、处置场污染物监测项目及监测方法

项目	定义	采样点	采样频率	测定方法
外排水	选择粉煤灰、炉渣、脱硫灰渣及脱硫石膏特征组分作为控制项目，如有必要可根据 GB 8978《污水综合排放标准》的规定如有必要不限于标准中要求项目	排放口	每月 1 次，需要时应增加采样频率	按 GB 8978《污水综合排放标准》或 DL 938《火电厂排水水质分析方法》选择方法
地下水	投用前以 GB/T 14848《地下水质量标准》规定项目为控制项目；使用或关闭后封场的控制项目可选择所储存、处置的固体废物特征组分，如有必要不限于标准中要求项目	地下水质监控井	投入使用前，至少监测一次本地水平；投运和封场后，每年进行一次	按 GB 5750《生活饮用水标准检验方法》执行
大气	以总悬浮颗粒物为控制项目	设在储存、处置场外围下风向侧 500m 范围内	投入使用前，至少监测一次本地水平；投运和封场后，每年进行一次	颗粒物按 GB/T 15432《环境空气总悬浮颗粒物的测定 重量法》执行

2017 年，国家又出台了 GB 34330—2017《固体废物鉴别标准　通则》，规定了依据生产来源鉴别固体废物的准则与利用和处置过程中鉴别固体废物的准则，同时规定了不作为固体废物管理的物质和不作为液态废物管理的物质。此标准更细化了固体废物的管理，明确了固体废物的范围。

第二节　固体废物储存处置

现今，燃煤电厂灰渣储存方式分为湿法储存和干法储存两种，实际应用中以干法为主。湿法储存的方式已逐渐被干法储存所取代。

湿法储存是将燃煤电厂灰渣用水稀释为灰浆，后用管路泵机输送至灰储灰场，灰场储存灰浆需要建造挡灰坝。该方法输送简单，运行过程成本低，但储灰场渗漏、溃坝问题严重，还存在水质污染的问题。目前，燃煤电厂湿法储存已逐步被淘汰，新建电厂已不采用该方式。

干法储灰主要依靠堆灰储存。一般干灰场采用区域划分分别使用的方式，一个区域使用结束后直接覆盖，一次形成永久覆盖面，减小飞灰影响。依据风向安排区域使用，由上风向向下风向推进。同时在堆灰区域底部铺设炉渣，以在碾压灰体底部形成水平渗水层。进入储灰场的灰渣应事先将含水量调整至 $10\%\sim25\%$，以便于碾压处理；灰渣先运送至指定区域卸车成堆，用推土机进行平摊，并由压路机压实。压实采用振碾和静碾相结合的进退错距法进行，对于特殊无法碾压的位置，采用斜坡式振动碾压压实，后用厚度不小于 $200\sim300mm$ 的黏土碾压密实，而后在上面恢复植被。压实后的灰面要保持湿润，进行定期喷水，防止飞灰污染。

储灰场应选在经环保行政主管部门批准的且地质条件满足地基承载力要求及防渗性能好的地带，应避开工业区和居民区的上风向地带、洪泛区或保护区域，同时避开地下水主要补给区及饮用水源含水层。储灰场要设计由导流渠、竖井组成的排洪系统，防止雨水流入和渗滤液量增加。储存场的天然基础层的渗透系数大于 $1.0\times10^{-7}cm/s$ 时，要采用厚度相当于渗透系数 $1.0\times10^{-7}cm/s$ 和厚度不小于 $1.5m$ 的黏土层防渗性能的天然或人工材料构筑防渗层。缺水地区，地下水埋深大于 $150m$ 时，可采取简单的工程措施进行防渗。储存场需在沿地下水流向上游、下游及可能出现扩散影响的周边地区设置至少 3 口地下水质监测井。

第三节　粉煤灰综合利用处理

粉煤灰是燃煤电厂燃料在燃烧后产生的矿物残渣，通常由硅、铝、钙、镁等氧化物组成。本质上，燃料燃烧后烟气中带出粉状残留物即灰或者飞灰和炉底排出的炉底渣都包含在灰渣中。其形成大体可以分为 3 个阶段：首先，煤粉燃烧过程中挥发分首先在低温时从矿物与固定碳之间的缝隙中逸散，煤粉结构变为多孔状，形成多孔碳粒，此时形成的多孔碳粒基本维持煤粉原有状态，具有多孔性和比表面积大的特点；而后，随着温度的升高，多孔性结构中的有机质完全燃烧，剩余的矿物质经过脱水、氧化分解为无机的氧化物，形成多孔玻璃体，形态仍维持之前状态变化不大，但比表面积较之前多孔碳粒已变小；最后，随着温度的升高，多孔玻璃体熔融后收缩为颗粒，孔隙不断减少，粒

图 3-1 粉煤灰在电镜下的状态

径不断减小，在表面张力作用下形成球体，这类球体密度较高、粒径小、比表面积下降到最低。不同的粒径和密度会造成粉煤灰的理化性质上的差别，小的颗粒比大颗粒在活性上会更强，物理性质上更偏向于玻璃。经过燃烧后形成的粉煤灰为组分类似且颗粒度不均匀的多相物质。粉煤灰在电镜下的状态见图 3-1。

粉煤灰综合利用是指采用成熟工艺技术对粉煤灰进行加工，将其用于生产建材、回填、建筑工程、提取有益元素制取化工产品及其他用途。

一、粉煤灰分类

粉煤灰分类方式多样，一般有以下几类区分方式：

（1）按照加工状态区分：分为原状灰和加工灰。原状灰包括湿灰、干灰、炉底渣和液态渣。加工灰包括磨细灰、分选灰、调湿灰和漂珠。

（2）按照性质区分：分为硅铝灰和钙硫灰。硅铝灰为燃烧黑煤或气煤时产生的粉煤灰，钙硫灰为燃烧褐煤产生的粉煤灰。

（3）按照标准分类：依据 GB/T 1596—2017《用于水泥和混凝土的粉煤灰》中按照煤种将粉煤灰分为 F 类粉煤灰与 C 类粉煤灰。F 类粉煤灰为无烟煤和烟煤煅烧得到的，是大多数电厂产生的种类，特点是硅铝含量高，外观为灰黑色或浅灰色。C 类粉煤灰为褐煤或次烟煤煅烧得到的，含 CaO 高、SiO_2 较低，外观呈淡黄色或浅灰色。同时，该标准中将粉煤灰依据细度和烧失量进行了分级，共分为 3 个等级，见表 3-4。

表 3-4　　　　　　　　　　　　粉煤灰分级标准

项目	单位	粉煤灰类别	性能要求		
			I 级	II 级	III 级
细度（45μm 方孔筛筛余）	%	F 类	≤12.0	≤30.0	≤45.0
		C 类			
需水量比	%	F 类	≤95	≤105	≤115
		C 类			
烧失量（Loss）	%	F 类	≤5.0	≤8.0	≤10.0
		C 类			
含水量	%	F 类	≤1.0		
		C 类			

续表

项目	单位	粉煤灰类别	性能要求		
			Ⅰ级	Ⅱ级	Ⅲ级
三氧化硫质量分数	%	F类	≤3.0		
		C类			
游离氧化钙质量分数	%	F类	≤1.0		
		C类	≤4.0		
二氧化硅、三氧化二铝和三氧化二铁总质量分数	%	F类	≥70.0		
		C类	≥50.0		
密度	g/cm³	F类	≤2.5		
		C类			
安定性（雷氏法）	mm	C类	≤5.0		
强度活性指数	%	F类	≥70.0		
		C类			

粉煤灰分级一般采用干法多级离心分离器，分离出符合商品要求的产品，便于综合利用。

二、粉煤灰磨细加工

粉煤灰磨细加工是指改进粉煤灰的细度和均匀性。磨细后细度增大，烧失量变化不大，密度增大，需水量比减小，抗压强度比提高。

出炉的粉煤灰是一种混合体，它是一种含有结晶体、玻璃和未燃尽的碳构成的复合结构，粒度较粗的通常是多孔的玻璃体和未燃尽多孔碳粒和矿物结晶，这类结构细度大，在利用于建筑材料和加工时需水量大。通过磨细加工可以提高粉煤灰活性，改变其颗粒结构形状，提高粉煤灰掺合料的颗粒级配，优化粉煤灰细度及均匀性，改善粗粉煤灰品位。经过磨细加工后粉煤灰仍为原来的密实性玻璃微珠结构，但通过磨细改善了其性能、降低了质量变异性，确保了粉煤灰的均匀性。

目前，较为成熟的粉煤灰磨细工艺采用球磨机（也称管磨机）进行，其工艺有别于水泥生料和熟料的磨细加工工艺。磨细工艺系统具体如下：

（1）投料：可直接从电厂灰库通过气力输灰系统进行取灰或采取运输后手动加料方式。

（2）研磨：粉煤灰研磨采用专用超细磨机，系统开路，具备可调节出磨细度能力，使粗灰经过研磨后排出，无需进行筛分或分选，可直接达到等级细度要求。

（3）尾气排放：磨机一般放置在厂房中，厂方设计排尘离心风机和袋式除尘器，利用两者协同工作将磨机内的湿热气体及时排出，使磨机冷却通风，吸出的尾气通过袋式除尘器去除粉尘后将达标尾气排入大气。

（4）出磨与储存：成品细灰落入磨机缓冲仓，通过气力输灰输送至成品细灰库，细灰库底部装有卸料机，通过卸料机将成品灰灌入散装车。

三、综合利用

粉煤灰综合利用的途径很多，利用价值很大，主要可用于生产建材、工程填筑、农业、废水治理等。

粉煤灰属于硅酸盐材料，在与碱性物质反应后，有可在空气中硬化，遇水后进一步硬化的特性，广泛应用于生产灰砖、水泥、砌块和混凝土等建筑材料。

粉煤灰和黏土、页岩、煤矸石等可分别制成不同类型的烧结砖，如蒸养粉煤灰砖、泡沫砖、轻质黏土砖、承重型多孔砖、非承重型空心砖，以及碳化粉煤灰砖、彩色步道板、地板砖等新型墙体材料。大部分粉煤灰砖都具有轻质保温、隔热隔声、绿色环保等性能。

由硅酸盐水泥熟料和粉煤灰、适量石膏磨细制成的水硬性胶凝材料称为粉煤灰硅酸盐水泥（称粉煤灰水泥），粉煤灰掺量（质量）为 20%～40%。其对硫酸盐侵蚀和水侵蚀具有抵抗能力，对碱-集料反应能起一定抑制作用；水化热低；干缩性好；早期强度不高，后期强度不断增加；适用一般民用和工业建筑工程、大体积水工混凝土工程、地下和地下混凝土构筑等方面。

大掺量粉煤灰水泥是在碱性激发作用下激发粉煤灰、矿渣活性而得，其粉煤灰掺量为 60%～70%，矿渣掺量为 20%～30%，熟料掺量为 10%。大掺量粉煤灰水泥可大量利用粉煤灰、降低成本、节约能源、减轻生产水泥熟料对环境的破坏作用。大掺量粉煤灰水泥对大体积混凝土工程特别有利，可有效地避免混凝土因内外温差应力而开裂。大掺量粉煤灰水泥的水化产物中 $Ca(OH)_2$ 含量较低，使其耐软水、耐酸、耐硫酸盐能力较强。

以粉煤灰生产的轻集料作为骨料，水泥为胶结材料，加入少量外加剂，加水搅拌并经成型、自然养护而成的粉煤灰轻集料混凝土轻型空心砌块性能稳定，可取代全部砂石和部分水泥，具有工艺简单、成本低和利废率高、使用效果好等优点。与普通砖相比具有轻质、高强、节约能源和减少开支等经济技术优势，同时还具有隔声、隔热等效果。

掺用大量粉煤灰可制备经济的高性能混凝土，可通过粉煤灰粉料中其颗粒的外观形貌、内部结构、表面性质、颗粒级配等物理性状所产生形态效应以及粉煤灰中活性成分所产生的化学效应和粉煤灰中的微细颗粒均匀分布在水泥浆内，填充孔隙和毛细孔，改善混凝土孔结构和增大密实度的微集体效应来提升混凝土性能。常被用于泵送混凝土、大体积混凝土、抗渗混凝土、抗腐蚀混凝土等。

将粉煤灰、石灰和碎石按一定比例混合搅拌，即可制作路基材料。粉煤灰的掺加量最高可达 70%。路面隔热性能好，防水性和板体性好，利于处理软弱地基。技术成熟、施工简单、维护容易，节约维护费用 30%～80%。煤矿区因采煤后易塌陷，形成洼地，利用粉煤灰对矿区的煤坑、洼地等进行回填，既降低了塌陷程度，还能复垦造田，减少农户搬迁，改善矿区生态。黏土砖瓦厂取土后的坑洼地、山谷等也可用粉煤灰来填充造田。

在农业中，粉煤灰可直接施用于农田，提供营养元素、增加土壤空隙度、改善土壤团粒结构、提高保水性能和增加农作物产量等。同时，粉煤灰也可生产化肥，可用于生产硅钙肥、钙镁磷肥、复混肥料、磁化肥和堆肥。

粉煤灰粒细质轻、疏松多孔、表面能高，具有一定的活性基团和较强的吸附能力，可用于废水治理，通过吸附、中和、絮凝、过滤等协同作用去除废水中有害物质。利用粉煤灰处理废水通常先对其进行改性处理，提高其吸附性能，粉煤灰的改性主要有酸改性及碱改性两种方法。粉煤灰粒径越细、比表面积越大，处理效果越好，粉煤灰中SiO_2及Al_2O_3等活性物质含量高，有利于化学吸附。粉煤灰中CaO含量较低时，可以投加石灰对粉煤灰进行改性。高温脱出粉煤灰中的结合水，能使粉煤灰活化，提高处理效果。粉煤灰处理废水的3种方式是直接投入法、滤柱法、废水引入灰场法。粉煤灰的废水处理工程工艺简单、基建投资省、运行费用低。

四、利用粉煤灰提炼

粉煤灰是煤燃烧的产物，煤中含有大量含铝硅酸盐矿物，经过煅烧，这类矿物得到了富集，生成大量氧化铝。氧化铝的含量完全达到工业提取的要求，利用电厂生产的高铝粉煤灰作为原料，通过电热法冶炼硅铝系列合金及从高铝粉煤灰中提取氧化铝并可联产白炭黑等硅产品，可以起到变废为宝的作用。

粉煤灰是煤炭经过燃烧后的产物，煤炭中的Ti、Mg、Ba、Sr、V、Cr、Ni、Mn、Ge、Ga、Mo等金属元素经过燃烧后得到富集，可以达到工业提取水平。因此，从粉煤灰中提取稀有金属资源具有良好的经济效益。目前，从粉煤灰中提取金属元素主要的方法有沉淀法、还原法和萃取法。

第四节 脱硫渣和污泥综合利用及处置

燃煤电厂为应对国家对SO_2等大气污染物排放的要求，开始进行脱硫系统的投运。脱硫系统的原理是依靠吸收剂与烟气中的SO_2进行反应生成副产物的过程来实现SO_2的吸收，因此，脱硫的副产物自然成为燃煤电厂固体废物中的一部分。

一、脱硫石膏的应用

脱硫石膏是湿法脱硫工艺形成的副产物，由于脱硫过程为湿法，所以脱硫石膏也为湿态。脱硫石膏的纯度取决于脱硫装置的Ca/S比、石灰石纯度和除尘器的除尘效率。在参数合理配比运行的情况下，脱硫石膏的纯度能够达到90%。脱硫石膏主要用于水泥缓凝剂或制作石膏板，还可用于生产石膏粉刷材料、石膏砌块、矿井回填材料及改良土壤。

脱硫石膏主要成分为二水硫酸钙晶体，与天然石膏相同，其品位优于大部分天然石膏，主成分含量在90%～95%之间，其主要杂质为碳酸钙。在电镜扫描下脱硫石膏晶体呈柱状，颗粒一般在200目以下，粒径分布小，为30～60μm。

脱硫石膏因品位高、纯度好，经过清洗、均化后去除杂质，可制备β-半水石膏和α-半水石膏。制备的石膏可以替代天然石膏生产建筑石膏、高强石膏、粉刷石膏、板和砌块等石膏制品。脱硫石膏中的K、Na、Mg、Fe等无机盐和有机物不利于脱硫石膏的建材生产。建材用石膏质量指标要求见表3-5。

表 3-5　　　　　　　　　建材用石膏质量指标要求

项　目	单　位	指　标
$CaSO_4 \cdot 2H_2O$	%	≥95
SO_3（干基）	%	≥44
灰分	%	≤0.8
MgO	$\times 10^{-6}$	≤800
Na_2O	$\times 10^{-6}$	≤400
Cl	$\times 10^{-6}$	≤300
pH 值		5.5～7.5
平均粒径	μm	50
含水率	%	≤12
液态拉伸强度	MPa	≥0.8

脱硫石膏可作为缓冲剂掺入水泥生产中，调节控制水泥的凝结，促进水泥中的 $2CaO \cdot SiO_2$ 和 $3CaO \cdot SO_3$ 的水化，由此可以提升水泥的强度性能。水泥生产中，脱硫石膏中的碳粒和亚硫酸钙会降低石膏在水泥生产中的作用。水泥用石膏质量指标要求见表3-6。

表 3-6　　　　　　　　　水泥用石膏质量指标要求

项　目	单　位	指　标
$CaSO_4 \cdot 2H_2O$	%	≥90
$CaSO_3$	%	≥2
灰分	%	≤2
平均粒径	μm	≥50
含水率	%	≤12

脱硫石膏也广泛运用于路基回填，可用作高速公路路基，强度高，方便操作，且性质稳定，不会对周围环境造成影响。

脱硫石膏可以与碳酸铵作用，生成硫铵肥料，经济价值高、营养成分多。脱硫石膏中富含的钙元素也是植物所需的重要营养元素，钙离子可与土壤中钠离子进行互换，增强土壤抗碱能力，可以改造苏打盐碱地。

脱硫石膏也可用于采矿过程中充填尾砂的胶结剂的生产，可降低采矿成本。

二、半干法脱硫灰渣的应用

半干法脱硫的钙基吸收剂为 CaO 或 $Ca(OH)_2$，反应后生成的灰渣的主要成分是 $CaSO_4$、$CaSO_3$ 等，具有较高的 pH 值、较低的渗透率、较多的钙基化合物、较低的粒径和自硬性，主要用于建材、筑路、农业和气体分离等方面。

脱硫灰渣掺加在水泥中，降低了成本，同时掺加的脱硫灰渣不会改变水泥的凝固和其他应用特性造成影响。脱硫灰按比例与氧化铝粉、石灰石和砂砾掺拌后与碎混合，经过 $35\sim38℃$ 的蒸养可制蒸养砖。同时，将脱硫灰渣中的氯化物和石灰去除后可制作无水石膏。脱硫灰渣也可用于生产水泥黏合剂、石灰砂石等。

脱硫灰渣可以代替粉煤灰，制作路基材料，但因灰渣中含 SO_3 较高，在使用中应考虑 SO_3 在自然条件下溢出造成的污染问题。脱硫灰渣因其强度和黏合特性可作为承重的灌注泥浆用于地面基础及地下设施建设。同时，脱硫灰渣因其结构紧密、透气性小，也可作为覆盖层或密封层材料用于覆盖作业，可有效防止被覆盖物中的气体外溢。

脱硫灰渣中含有大量石灰，可用于塑性黏土的稳定，但同样也要考虑 SO_3 的污染问题。

脱硫灰渣中的氧化钙与氢氧化钙含量可占到总量的 $1/3$，这类灰渣与水混合后，具有较强的 CO_2 吸附能力，在常温的情况下，控制反应条件，反应速率快，且稳定安全，可作为天然气中 CO_2 的脱除剂。

三、循环流化床脱硫灰渣的应用

循环流化床锅炉的排放渣既包含脱硫灰渣又包含煤粉炉煤灰。与普通脱硫灰渣相比，循环流化床脱硫灰渣具有烧失量较高、CaO 含量高、SO_3 总质量浓度高、玻璃体较少、具有一定的自硬性等特点，可综合利用于废弃矿井加固、采空区回填和土壤改良等方面。

循环流化床脱硫灰渣经过研磨，可提高表面活性，处理后可作为水泥替代物进行混凝土生产；经过化学处理可改变灰的水化学反应，改进体积安定性和结构强度，可用于建筑领域；与水和化学试剂进行成型与自然养护，干燥可制成坚硬骨料，用于混凝土生产和铺路等领域。

循环流化床脱硫灰渣具有自硬性，可满足废弃矿井与回填区的回填料的强度要求，是性能优异、价格低廉的首选回填料。

循环流化床脱硫灰渣可与脱水后的生活垃圾掺拌，经过堆积作用，可制成土壤改良剂，富含土壤所需的微量元素，再经过改良可制成沙漠改良剂。

四、污泥处置

电厂废水处理产生的污泥主要来源于原水预处理、疏干水、工业废水、脱硫废水、生活废水、含煤废水等处理过程产生的污泥，如污泥的重金属含量符合国家相关标准要求，可储存在灰场内。

燃煤电厂产生的污泥中含水率很高，体积大，对污泥的处理和运输造成很大阻碍，因此，污泥处置前需要先除去大部分水分。通常，污泥中含水率降至 20% 后，体积会降至原来的 6.25%，为更快速进行污泥浓缩，通常会掺加絮凝剂。污泥在浓缩后借助重力、离心力、压力等外力将污泥中的水强行分离。通常，污泥脱水会使用带式脱水机、箱式脱水机、离心机或螺旋压榨机。

第五节　脱硝失效催化剂处理

2015 年，全国燃煤电厂基本完成脱硝改造，时至今日，第一批安装的脱硝催化剂大多已经达到使用寿命，活性降低无法达到设计性能指标，影响运行参数，面临被替换的命运。废弃催化剂成为燃煤电厂面临的新型固体废物，仅 2019 年燃煤电厂产生的废弃催化剂的量可达 5000 万 m^3。通常，脱硝催化剂主要组成成分为 TiO_2、V_2O_5、WO_3 等物质，少量含有 SiO_2、CaO、Al_2O_3、B_2O_3 等，这些物质本身对环境会造成污染。同时，脱硝运行过程中，锅炉燃烧产生的重金属元素会随烟气进入催化剂，在催化剂微孔结构中富集，导致催化剂堵塞。研究表明，使用后的废弃催化剂的浸出液中铍、铜、砷、铬等元素的浓度远高于新催化剂。为此，环境保护部在 2014 年正式发布《关于加强废烟气脱硝催化剂监管工作的通知》（环办函〔2014〕990 号），将废烟气脱硝催化剂（钒钛系）纳入危险废物进行管理，并将其归类为《国家危险废物名录》中"hw49 其他废物"。废弃脱硝催化剂正式成为危险废物。

失效催化剂应再生或回收处理。处理首选催化剂再生，处理方法为水洗再生、热再生和还原再生。其中主要是水洗再生，即把失去活性的催化剂通过浸泡洗涤、添加活性组分以及烘干的程序使催化剂恢复大部分活性。再生过程会产生少量含有重金属的废水，因属危险废物，应集中处理。

失效催化剂应作为危险固体废物来处理。对于蜂窝式催化剂，目前的处理方法是压碎后进行填埋，填埋过程中应严格遵照危险固体废物的填埋要求。对于板式催化剂，由于其中含有不锈钢基材，故除填埋外可送至金属冶炼厂进行回用。

1. 回收金属

脱硝催化剂中含有多种有价金属，回收催化剂中的有价金属资源，进行循环使用，可以良好地解决废弃催化剂处理问题。通常，脱硝催化剂中有价金属回收的方法分为干法、湿法和干湿结合法。干法是通过焙烧熔融方式处理催化剂，通过加入还原剂，将金属元素还原为单质回收；湿法为使用酸碱溶剂将催化剂消解，然后过滤除杂纯化后可得到金属元素。干湿结合法是指将干法与湿法结合用来提取不同金属。目前，废弃脱硝催化剂通常进行钛、钨、钒的回收。

通常，钛、钨、钒的提取采用碱熔盐技术，可将废弃催化剂与氢氧化钠固体在高温下进行熔盐反应，将生成物投入水中。熔盐中的钨酸铵同钒酸铵会溶于水中，钛酸钠则遇水反应生成不溶的偏钛酸晶体，将钛分离出。而后，使溶液煮沸生成难溶于水的偏钛酸钠，使钨和钒分离。

湿法可用氢氧化钠溶液消解催化剂主要结构，用高压水清除废弃催化剂表面灰尘与其他杂质，然后采用酸浸方式将催化剂中的 V^{5+} 还原为可溶的 V^{4+}，将钒分离，而后在常温下利用氢氧化钠溶液溶解 WO_3，使钨与钛分离。

2. 无害化处理后填埋处理

通常，对于不能够进行再生的废弃催化剂，可将其无害化处理后再进行填埋。填埋是废弃催化剂最简单的处置方法。但脱硝废弃催化剂因含有钒、钨等重金属及运行中富集在孔隙中的重金属，属于危险固体废物，依据《固体废物污染环境防治法》中对"危险废物污染环境防治的特别规定"进行申报处置，不得随意填埋。因此，对催化剂进行无害化处理是一种可行途径。目前，对催化剂无害化处理技术已经可以从催化剂中去除砷、铅、汞等物质，其他重金属的去除因为催化剂内部组成复杂，实际操作工艺存在复杂性实际应用性差，还需进行继续研究，最终将废弃催化剂中的多数重金属集中去除。

3. 催化剂再生

对于废弃脱硝催化剂的再生，目前已经比较成熟。国家能源局于 2018 年发布 DL/T 1828—2018《火电厂烟气脱硝再生催化剂》就规定了脱硝失效催化剂的再生判断，再生催化剂的性能、试验方法、检验规则等内容。

催化剂失活的原因多种多样，所以催化剂再生有多种手法，目前，针对不同情况所采取的催化剂再生方式见表 3-7。

表 3-7   针对不同情况所采取的催化剂再生方式

失 活 原 因	再 生 方 式
积碳、积灰	炭烧、压缩空气喷吹
机械粉尘、杂质	压缩空气喷吹、负压抽吸
表面被金属及盐覆盖	酸碱冲洗、萃取、络合冲洗
有效成分降低	活性成分浸渍、沉淀附着
机械强度不足	重新成型
表面结构不足	酸碱处理、氯化更新

现阶段，催化剂再生工艺的主要流程为清理灰尘杂质、冲洗、化学清洗、活性液浸渍等主要步骤。

废气脱硝催化剂通常在使用过后，其表面疏松多孔结构中通常附着着大量烟尘、重金属等烟气中携带的杂质，单纯用吹扫的方式无法清理孔隙内的杂质，还会将杂质吹入孔隙造成催化剂堵塞，比表面积下降。这种情况下，应使用负压抽吸这些灰尘与杂质，通过负压抽吸将催化剂孔隙结构中的杂物清除干净。

催化剂在初步清理后，使用去离子水对催化剂进行冲洗，冲去其表面剩余的沉积物，根据沉积物的性质，也可选择酸洗、碱洗及有机溶剂的萃取洗涤，洗涤后对催化剂进行干燥。

冲洗过程通常为化学清洗做好准备，化学清洗是催化剂再生的重要步骤，用于将使催化剂中毒的碱金属去除干净，化学清洗可将失活的催化剂活性从再生前的 40％提高至之后的 95％。化学清洗可用氯化铵溶液、硫酸铵溶液、强酸或表面活性剂复合性抗氧化酸液等进行，均有不错的效果，可使失活催化剂得到再生。

最后，将失活的催化剂浸没在活性溶液中，对流失的活性成分进行补充，重新建立催化剂的微孔结构。活性溶液分很多种，如偏钒酸铵溶液与偏钨酸铵溶液的混合液就可以作为浸渍失活催化剂的活性溶液。

失活脱硝催化剂是否可以再生可通过其外观与理化性能判断，判断方式见表 3-8。

表 3-8　　　　　　　　　　失活催化剂外观与理化性能判断

催化剂类型	项目		指标
蜂窝式	单元外观		迎风端最大磨损深度不大于 30mm，且贯穿磨损孔数不大于 5 个
	抗压强度（MPa）	径向抗压强度	≥0.2
		轴向抗压强度	≥1.0
	磨损率（%/kg）	非迎风端磨损率	≤0.30
	比表面积（BET，m²/g）		≥30.0
平板式	单元外观		迎风端膏料最大磨损深度不大于 50mm 或单板磨损面积不大于整个单板面积的 10%
	耐磨强度（mg/r）		≤2
	比表面积（BET，m²/g）		≥40

经过再生后的催化剂外观与理化性能判断见表 3-9。

表 3-9　　　　　　　　　经过再生后的催化剂外观与理化性能判断

催化剂类型	项目		指标
蜂窝式	单元外观通孔率（%）		不小于 95
	模块外观	通孔率（以模块计，%）	≥98
		几何尺寸不超过原设计尺寸（mm）	±10
		裸露面板	面板"凹陷"深度不超过 12mm，数量不超过 2 处；面板不得出现贯穿性锈（腐）蚀孔
		各部件连接质量	模块框不存在焊缝脱焊、焊缝裂开、连接螺栓松动等现象
		单元垫片溢出宽度（mm）	不应大于 15
	抗压强度（MPa）	径向抗压强度	≥0.2
		轴向抗压强度	≥0.1
	磨损率（%/kg）	非迎风端磨损率	≤0.30
		迎风磨损率	≤0.15
	比表面积（BET，m²/g）		≥40.0
	Na_2O 的质量分数（%）		≤0.10
	K_2O 的质量分数（%）		≤0.10
	As 的质量分数（%）		≤0.10

续表

催化剂类型	项目	指 标
平板式	单元外观	迎风端膏料最大磨损深度不大于 50mm 或单板磨损面积不大于整个单板面积的 10%
	格栅及焊接	模块顶部应设有防止大颗粒物与催化剂直接接触的防尘格栅；模块焊接处应无气孔、弧坑、漏焊、虚焊和夹渣等缺陷
	耐磨强度（mg/r）	$\leqslant 2$
	比表面积（BET，m^2/g）	$\geqslant 55$
	Na_2O 的质量分数（%）	$\leqslant 0.10$
	K_2O 的质量分数（%）	$\leqslant 0.10$
	As 的质量分数（%）	$\leqslant 0.10$

第四章

电磁与噪声环保技术路线

第一节 电磁环保技术路线

在奥斯特发现电流磁效应、阿拉果发现电磁阻尼和电磁驱动之后，1831 年法拉第发表了电磁感应定律，变化的电场将产生变化的磁场，在变化的磁场附近又会产生变化的电场，形成电磁波的过程称为电磁辐射。电磁感应定律揭示了电与磁彼此之间的关系，使人类社会进入了电气化时代。人们在运用电磁辐射给生活带来便利的同时，也关注了它对人体健康和环境的危害。因此，电磁辐射污染在国内外的研究中就显得非常有意义。

一、电磁辐射的影响

电磁辐射按波长分为电离辐射和非电离辐射。波长小于 100nm 的电磁辐射为电离辐射，大于 100nm 为非电离辐射。非电离辐射频段可分为工频（50～60Hz）、射频（3kHz～300MHz）以及微波（300MHz～300GHz），其中对生活影响最大的是非电离辐射。电磁辐射对植被、电器设备以及人居环境等都有影响。

（一）热效应

热效应是指电磁能在人体内转化为人体内部的热能。将人体看作电磁场中的导电媒质，人体内部分子在外场作用下不停发生极化和磁化现象，相互摩擦和碰撞，使机体内部温度增加，当热量达到一定值时，会杀死生物细胞，导致机体受损的现象，这是电磁辐射热效应。对通信微波对作业人员健康影响进行了调查，调查结果显示，在微波通信的工作环境中，相关部门的人员有神经衰弱、脱发，偶尔会发生性功能衰退的现象。通过研究高强度电磁辐射对长期暴露在其中的人群的血液成分的损伤效应，发现免疫球蛋白蛋白含量明显下降，并且每一项指标计数均与累积的电磁辐射程度呈现负相关。同时，据研究表明热效应会对人体的神经系统、内分泌系统、免疫系统和生殖系统等产生伤害。

（二）非热效应

非热效应是外部电磁辐射对人体内部的低电磁干扰造成的，对人体有损害。吸收的电磁能并没有引起体内温度明显的升高，反而对人体固有电磁场造成干扰，引发血液、淋巴以及细胞发生变化。利用微波作用于电解质水溶液，发现溶液的反射系数受微波功率大小的影响，并且影响的程度与电解质溶液电导率大小有关，并通过温度测量及多物理场计算，排除了热效应的影响，认为微波作用于电解质溶液的确存在非热效应。但是，目前学术界对在反应过程中微波的非热效应一直存在争议。

（三）累积效应

电磁辐射对人体的累积效应主要是指当人体遭到电磁辐射的热效应和非热效应后，在身体完成修复之前，如果再次受到电磁辐射，辐射效应就会累积。通过对军事雷达现场官兵、手机基站作业人员进行研究发现，抑郁检出率、紧张焦虑、困惑迷茫、愤怒、视觉疲劳感明显，神经衰弱发生率高。对高压变电站对周边居民生活环境的影响的研究结果显示：如果人体长期处在一个人为产生的强磁场中，会影响神经系统正常功能，甚至神经紊乱。同时，工频电磁场可能对小学生心血管系统有一定的负面作用。

此外，电磁辐射对环境也有很大的影响，因此采取恰当合理的措施进行电磁辐射的防治是非常有必要的。

二、电磁辐射的测试方法

下面主要介绍高压输电线路以及变电站的电磁辐射测试方法。

根据 HJ 681—2013《交流输变电工程电磁环境监测方法（试行）》中 4.3～4.5 的要求进行测试。

（一）环境条件

环境条件应符合仪器的使用要求。监测工作应在无雨、无雾、无雪的天气下进行。监测时环境湿度应在 80% 以下，避免监测仪器支架泄漏电流等影响。

（二）监测方法

监测点应选择在地势平坦、远离树木且没有其他电力线路、通信线路及广播线路的空地上。

监测仪器的探头应架设在地面（或立足平面）上方 1.5m 高度处；也可根据需要在其他高度监测，并在监测报告中注明。

监测工频电场时，监测人员与监测仪器探头的距离应不小于 2.5m。监测仪器探头与固定物体的距离应不小于 1m。

监测工频磁场时，监测探头可以用一个小的电介质手柄支撑，并可由监测人员手持。采用一维探头监测工频磁场时，应调整探头，使其位置在监测最大值的方向。

（三）监测布点

1. 架空输电线路

断面监测路径应选择在导线档距中央弧垂最低位置的横截面方向上。单回输电线路应以弧垂最低位置处中相导线对地投影点为起点，同塔多回输电线路应以弧垂最低位置处档距对应两杆塔中央连线对地投影为起点，监测点应均匀分布在边相导线两侧的横断面方向上。对于挂线方式以杆塔对称排列的输电线路，只需在杆塔一侧的横断面方向上布置监测点。监测点间距一般为 5m，顺序测至距离边导线对地投影外 50m 处为止。在测量最大值时，两相邻监测点的距离应不大于 1m。

除在线路横断面监测外，也可在线路其他位置监测，应记录监测点与线路的相对位置关系以及周围的环境情况。架空线路下方工频电场和工频磁场监测布点如图 4-1 所示。

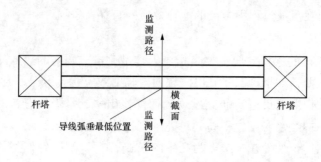

图 4-1　架空线路下方工频电场和工频磁场监测布点

2．地下输电电缆

断面监测路径是以地下输电电缆线路中心正上方的地面为起点，沿垂直于线路方向进行，监测点间距为 1m，顺序测至电缆管廊两侧边缘各外延 5m 处为止。对于以电缆管廊中心对称排列的地下输电电缆，只需在管廊一侧的横断面方向上布置监测点。

除在电缆横断面监测外，也可在线路其他位置监测，应记录监测点与电缆管廊的相对位置关系以及周围的环境情况。

3．变电站（开关站、串补站）

监测点应选择在无进出线或远离进出线（距离边导线地面投影不少于 20m）的围墙外且距离围墙 5m 处布置。如在其他位置监测，应记录监测点与围墙的相对位置关系以及周围的环境情况。

断面监测路径应以变电站围墙周围的工频电场和工频磁场监测最大值处为起点，在垂直于围墙的方向上布置，监测点间距为 5m，顺序测至距离围墙 50m 处为止。

4．建（构）筑物

在建（构）筑物外监测，应选择在建筑物靠近输变电工程的一侧，且距离建筑物不小于 1m 处布点在建（构）筑物内监测，应在距离墙壁或其他固定物体 1.5m 外的区域处布点。如不能满足上述距离要求，则取房屋立足平面中心位置作为监测点，但监测点与周围固定物体（如墙壁）间的距离不小于在建（构）筑物的阳台或平台监测，应在距离墙壁或其他固定物体（如护栏）1.5m 外的区域布点。如不能满足上述距离要求，则取阳台或平台立足平面中心位置作为监测点。

三、电磁辐射防治措施

（一）电磁屏蔽技术

使用某种能抑制电磁辐射扩散的材料，将电磁场源与其环境隔离开来，使辐射能被限制在某一范围内，就达到了防治电磁辐射污染的目的。电磁屏蔽技术应用之一就是对高频电磁场的屏蔽，而且在辐射抗干扰方面，屏蔽是最好的措施；在工频电磁屏蔽方面，工频强电场一般可用金属或屏蔽布，工频磁场防护很难，必要时可用高导磁率金属来防护，而且要构成一个低阻的回路。

（二）高频接地

高频接地的作用是将屏蔽体（或屏蔽部件）内由于感应生成的射频电流迅速导入大

地，使屏蔽体（或屏蔽部件）本身不致再成为射频的二次辐射源，从而保证屏蔽作用的高效率。地面下的管道（如水管）是可以充分利用的自然接地体，这种方法简单、节省费用，但是接地电阻较大，只适用于要求不高的场合。

（三）滤波技术

滤波技术是抑制电磁干扰最有效的手段之一。线路滤波的作用就是在确保有信号通过的同时阻截无用信号的通过。

（四）植物绿化

一些树木对电磁能量有吸收作用，在电磁场区，大面积种植树木，增加电波在媒介中的传播衰减，从而防止人体受电磁辐射的影响。

（五）使用电磁辐射防护材料

在建筑、交通、包装、衣着等很多方面，避免使用增强电磁辐射的材料如金属材料，它会增强电磁辐射作用。因此，要合理使用电磁辐射防护材料，利用其对电磁辐射的吸收或反射特性，可极大地降低电磁场强度。

（六）设置一定的安全距离

因此电磁场的辐射强度和辐射源与被照体间的距离成反比，距离越远辐射强度越弱，所以在变电站周围设置一定的安全距离，是减少电磁辐射危害的重要手段。因此，变电站在选址和设计路线的时候，尽量避免居民生活区，如果必须穿过城郊或者人口密集的地区，必须采取相应的措施。比如将变电站的户外方式改成室内方式，并将变电站的进线和出线电缆埋藏在地下，减少工频电磁场的影响。

（七）屏蔽体屏蔽电磁辐射

用屏蔽体屏蔽导线、电缆、电子元件等电气设备的电磁波，减少电磁场对电气设备的干扰。一般变电站的工况频率为 50Hz，如果使用高导磁率的材料，将电磁线限制在屏蔽体内，防止向外扩散，就能有效地阻止电磁波的辐射。其次，变电站的工作人员或者经常在强电磁场工作人员，要及时穿戴防辐射服装，减少辐射对人体的影响。

（八）食用抗辐射的食物

如果长期生活在强电磁场的附近，人体内可能遭到过量电磁辐射。因此，在日常生活中要多吃维生素 B、番茄红素、蛋白质以及水溶性膳食纤维的食物改善人体电磁磁场，让人体电磁场保持在微弱状态，增加人体对电磁辐射的抵抗能力，溶解人体血液细胞中的毒素，从而将有毒物质排出体外。

（九）加强城市电磁辐射源监管

要有效控制城市电磁辐射污染问题，必然要加强相关监管工作。

（1）要加强电磁辐射相关法规、标准建设。在城市电磁设备数量及规模不断扩大的情况下，现行的《电磁辐射环境保护管理办法》表现出了一定滞后性，已经无法满足当前电磁辐射管理要求。因此，需要对相关法律法规及管理制度进一步完善。以事先控制为原则，从公众健康、城市环境保护出发，构建出完整的城市电磁辐射环境容量控制制度、电磁辐射风险预防制度、辐射环境监管控制制度等。为了保证监管工作顺利实施，还需要构建出统一的电磁辐射防护标准及电磁辐射安全管理导则，促使电磁设备规范化使用，以此来控制城市电磁辐射污染。

（2）要强制性实施电磁环境污染源申报制度，并要求相关部门切实做好电磁辐射监测工作，不断对电磁辐射污染数据库进行完善。这样就能够充分把握城市电磁辐射动态水平，一旦出现污染问题，通过数据分析可进行快速处理，避免电磁污染范围扩大。

（十）加大电磁辐射知识宣传

电磁辐射由于其潜在性特征，会被社会公众所忽略。同时，很多城市居民对电磁辐射知识并不了解，一旦出现电磁辐射污染，可能会造成不必要的恐慌，进而造成电磁辐射纠纷事件。因此，相关部门应该与新闻媒体及网络媒体共同合作，加强电磁辐射宣传教育工作，让公众能够正确地认识电磁辐射，并树立电磁辐射防护意识，掌握一些基础的电磁辐射防护方法，对自身进行有效的保护。另外，在城市电磁辐射污染监管工作当中，要充分贯彻公众参与制度，借助社会力量进行监督，共同创建良好的城市电磁辐射环境。

（十一）扩大电磁辐射控制技术应用范围

首先，在电力工程项目建设过程中，要完善规划设计工作，通过地下埋线、高低压导线分层架设、双回路导线逆相布置等方式降低高压线路及设备对地面辐射的强度。其次，对于一些电磁辐射强度较大的辐射源，可采取主动屏蔽或被动屏蔽的方式，对辐射源进行控制，避免其造成电磁辐射污染。另外，在住宅房屋建设过程中，可利用防电磁波玻璃、电磁波吸收涂料等来阻碍室外电磁波进入室内，保证居住环境的适宜性。

第二节　噪声环保技术路线

一、噪声的概念和分类

1. 噪声的概念

（1）声音的概念。声音的频率是指单位时间内质点振动的次数，用 f 表示，单位是 Hz。质点振动每往复一次所用的时间称为周期，用 T 表示，单位是 s，且 $T=1/f$。人耳可以听到的声音频率范围为 20～20 000Hz，称为可听声。

声波在一个周期内传播的距离称为波长，用 λ 表示，单位是 m。声音在介质中传播的速度称为声速，用 c 表示，单位是 m/s。声速、频率和波长的关系为

$$c=\lambda f \tag{4-1}$$

（2）分贝和级。声学中将正比于声功率的两个同类声学量（如两个声压平方）之比，取以 10 为底的对数，再乘以 10，该参数的单位称为分贝，记为 dB。

人的听觉灵敏度与声波刺激量之间并非线性关系，而是接近对数的关系。因此，用分贝作为单位进行度量，既可以对范围很大的声音强度进行对数压缩，也符合人耳对声音响应的灵敏程度。声学量与同类基准（参考）量之比再取对数就是级，因此分贝也是级的单位。

（3）声压和声压级。当空气未受到扰动时，空气质点处于无规则的运动状态，各处质点的压强可认为是恒定的，即等于大气压。当空气受到扰动时，空气压强就在大气压

附近做迅速起伏变化的波动,将声扰动产生的压强变化量称为声压。

声压级等于声压的平方与基准声压平方的比值,取以 10 为底的对数后再乘以 10,即

$$L_p = 10 \lg \frac{p^2}{p_0^2} \tag{4-2}$$

式中　L_p——声压级,dB;

　　p_0——基准声压,$p_0 = 2 \times 10^{-5}$ Pa;

　　p——声压,Pa。

(4)声强和声强级。单位之间内通过垂直于声波传播方向的单位面积上的声能称为声强,记为 I,单位为 W/m²。声强值越强,声音越强。声音的声强级等于声音的声强与基准声强的比值,取以 10 为底的对数后再乘以 10,即

$$L_I = 10 \lg \frac{I}{I_0} \tag{4-3}$$

式中　L_I——声强级,dB;

　　I_0——基准声强,$I_0 = 1 \times 10^{-12}$ W/m²;

　　I——声强,W/m²。

(5)声功率和声功率级。声功率是指单位时间内声源辐射出来的总声能量,记为 W,单位为 W。声音的声功率级等于声音的声功率与基准声功率的比值,取以 10 为底的对数后再乘以 10,即

$$L_W = 10 \lg \frac{W}{W_0} \tag{4-4}$$

式中　L_W——声功率级,dB;

　　W_0——基准声功率,$W_0 = 1 \times 10^{-12}$ W;

　　W——声功率,W。

(6)频率计权。为了使声音的客观物理量和人耳听觉的主观感受近似一致,对不同频率的客观声压级人为地给予适当的增减,这种修正方法称为频率计权,实现这种频率计权的网格称为计权网格,有 A、B、C、D 4 种计权网格,经计权网格测得的声级称为计权声级。

A 声级测得的结果与人耳对声音的响度感觉相似,是目前评价噪声的主要指标。通常用于评价宽频带稳态噪声。因为 A 声级不能全面反映噪声源的频谱特性,相同的 A 声级,其频谱特性可能差异很大。

(7)等效连续 A 声级。等效连续 A 声级是指将某段时间内的不稳态噪声的 A 声级,用能量平均的方法,以一个连续不变的 A 声级来表示该时段内噪声的声级,用 L_{eq} 表示,单位记为 dB(A)。等效连续 A 声级反映了噪声起伏变化时,实际接受的噪声能量大小,其通过下式计算,即

$$L_{eq} = 10 \lg \frac{1}{T} \int_0^T 10^{\frac{L_{pA}}{10}} \, dt \tag{4-5}$$

式中 L_{eq} ——等效连续 A 声级，dB(A)；

       T ——测定的总时间，s；

       L_{pA} ——某一时刻 A 声级的瞬时值，dB(A)。

2. 噪声的分类

根据噪声源的时间特性，可分为稳态噪声和非稳态噪声。在观察时间内，采用声级计"慢挡"动态特性测量时，声级波动大于或等于 3dB(A) 的噪声称为非稳态噪声；反之，称为稳态噪声。

根据噪声源的辐射特性和传播距离，可分为点源、线源、面源和体源。

根据噪声源的发声机理，可分为流体动力噪声、机械噪声和电磁噪声。流体动力噪声是指由于流体运动所产生的噪声，如风机、空气压缩机、火力发电厂高压蒸汽排放等产生的噪声；机械噪声是指由于物体碰撞或摩擦所产生的噪声，如火力发电厂球磨机、输煤皮带等产生的噪声；电磁噪声是指电磁场交替变化而引起某些机械部件或空间容积振动而产生的噪声，如变压器、发电机等产生的噪声。

二、噪声控制技术

(一) 噪声控制的原则

噪声是声源向空中以波的形式辐射出去的一种压力脉动，只有当声源、声源传播途径和接受者三者同时存在，才能对接受者造成影响和危害。因此，为了控制噪声，需从这三方面考虑：降低声源的噪声强度、在噪声的传播途径上控制噪声、接收者进行噪声的个人防护。

从声源处控制是最有效的噪声控制方法。可通过改进设备材质和结构降低噪声，以及提高机械加工精度和装配质量。

如从声源处无法将噪声降低到无害化的目标时，可在噪声的传播途径上控制噪声。将噪声源远离安静区，或者将高噪声设备集中在一起，采取声学控制技术，如吸声、隔声、消声、隔振、阻尼等。也可以利用自然地形或建筑物将声源与人经常活动的区域隔开。还可利用声源的指向性特点控制，如将锅炉的高压蒸汽排口朝向旷野或天空等。

在声源及传播途径均无法将噪声降到合理水平时，在噪声环境需要佩戴耳塞、耳罩、头盔等防噪用品，也可轮换作业，缩短工人在高噪声环境中的工作时间。

(二) 吸声技术

1. 吸声原理

当声波入射到物体表面时，有部分入射能被物体吸收转化为其他形式的能量，这种现象称为吸声。任何材料或结构均有一定的吸声能力，通常平均吸声系数超过 0.2 的材料或结构称为吸声材料或吸声结构。吸声材料和吸声结构吸收声能的过程，是使声波机械能减少的过程。吸声机制有内摩擦作用和热传导效应两种。

(1) 内摩擦作用。声波在媒介中传播时，质点的振动速度各不相同，即在声场中存在速度梯度，会在相邻质点间产生内摩擦力，该力为耗散力，其总是对运动起阻碍作用，使声能不断转化为热能，内摩擦力在均匀介质中存在，但在两种介质相互接触的界面附近更显著。内摩擦作用是多孔吸声材料的主导机制。

（2）热传导效应。声波在介质中传播时，由于介质中各处温度不均匀，声场中存在温度梯度，在相邻质点间会有能量传递，通过热传导作用将热能散失掉。

2. 吸声材料

常用的吸声材料通常为多孔材料，如玻璃棉、矿棉、泡沫塑料等。这些材料内部具有大量孔隙，孔与孔之间及外界互相连通。只有材料的孔隙对表面开口、孔孔相连且孔隙深入材料内部时才能有效吸收声能。多孔吸声材料一般对中高频声波有良好的吸声效果。影响多孔吸声材料吸声性能的因素如下：

（1）材料厚度。吸声材料的低频吸声性能通常较差，增加吸声材料的厚度可以提高低频吸声效果，这是因为随着厚度的增加，吸声频率特性向低频方向移动。但厚度对高频声波的吸收效果影响很小，原因是高频声波在吸声材料表面即可被吸收。

（2）材料密度。吸声体中材料填充的密度间接地控制着材料内部的微孔尺寸，密度越大，孔隙率越小。填充容重太小，经过运输或振动，会导致疏密不均，效果变差；填充容重太大，材料内部孔隙减少，低频吸收效果提升，但会降低高频吸声性能。在一定的使用条件下，吸声材料有最佳的填充密度，过大或过小，都会使吸声系数降低，尤其是填充时不可过于密实，否则，不仅浪费材料，还会使吸声效果变差。

（3）材料层背后空腔厚度。在多孔吸声材料与壁面间留有一定距离，即具有一定深度的空腔或空气层，其作用相当于加大了材料的有效厚度，可以改变多孔吸声材料层的声阻抗，从而改善其低频吸声性能。一般空腔越厚，有效吸声频率越趋向于向低频方向扩展，但增加到一定厚度后，效果不再明显。空腔厚度取 1/4 波长的奇数倍时效果最佳。通常在墙面上的吸声材料空腔厚度取 5～10cm，对于悬吊式吸声平顶，吸声层后的空腔可适当增大，有的可达 0.5m 以上。

（4）护面层。大多吸声材料表面疏松，整体强度较差，为了提高吸声材料的使用寿命，在实际应用中通常在材料表面覆盖一层护面材料。但护面结构影响吸声材料性能的发挥，为尽可能保持吸声材料原有的吸声特性，护面层需要具有良好的透气性。要求护面层的穿孔率大于 20%，穿孔率越大，护面层对吸声材料的影响越小。工程上常用的护面层有金属网、塑料窗纱、玻璃布、麻布、纱布及金属穿孔板等。

（5）温度和湿度。孔隙内含水量增大时，孔隙被堵塞，降低了高频吸声系数；随着含水量的增加，受影响的频率范围进一步扩大，吸声频率特性也将改变。因此，在湿度较大的区域，应选择具有防潮作用的超细玻璃棉毡等。此外，温度对吸声材料也有一定影响，温度下降时，低频吸声性能增加；反之，亦然。

3. 吸声结构

多孔吸声材料的低频吸声性能较差，如加厚材料或增加空气层，既不经济又占用空间。可利用共振吸声原理设计成薄板共振吸声结构、穿孔板共振吸声结构等共振吸声构造，以改善低频吸声性能。

（1）薄板共振吸声结构。在薄板和墙壁之间通过龙骨和垫衬预留一定的空间，形成共振声学空腔，在空腔内填充纤维状多孔吸声材料，还可改进系统的吸声性能，此类结构称为薄板共振吸声结构，如图 4-2 所示。

如同质量块和弹簧一样，薄膜和其后的空气层组成一个单自由度振动系统，该系统具有固有频率 f_0，由于薄板的劲度较小，因此，f_0 处在低中频范围内；当入射声波频率 f 等于系统固有频率 f_0 时，系统产生共振，导致薄膜产生最大弯曲变形，由于薄板的阻尼和板与固定点间的摩擦将振动能转化为热能耗散掉，起到吸收声波能量的目的。

（2）单腔共振吸声结构。单腔共振吸声结构是由一个刚性空腔和一个连通外界的颈口组成。当孔颈的深度 t 和孔径 d 比声波波长小得多时，它可看作一个弹簧振子系统，称为亥姆霍兹共振器，如图4-3所示。腔体内空气作用等效于弹簧，孔颈内的小空气柱等效于质量块，在声波作用下，弹簧阵子振动，空气柱与孔颈壁摩擦，使一部分声能转换为热能。当声波频率与单腔吸声体固有频率一致时，吸声体发生共振，空气柱振动速度达到最大，阻尼也达到最大，因此转化为热能的声能最多，也就是吸声系数达到最大。

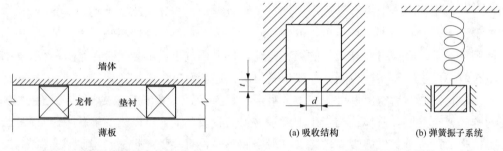

图 4-2　薄板共振吸声结构	图 4-3　单腔共振吸声结构

单腔共振吸声结构吸声频带较窄，适用于低频噪声较突出的场合。为增大共振吸声频带和阻尼，可在颈口处蒙一层薄织物或在孔颈内填充多孔吸声材料。

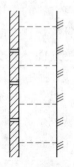

（3）穿孔板共振吸声结构。穿孔板共振吸声结构是在薄板上按一定的孔径和穿孔率打孔，背后留有一定厚度的空腔形成的结构，如图4-4所示。该结构实际上是由多个单腔共振吸声结构并联而成，而腔内无需进行分隔，效果相同，因此更具实用性。

（4）空间吸声体。空间吸声体由框架、吸声材料和护面层组成。由于其可以悬吊在声场的空间，故称为空间吸声体。吸声体的形状可设置为多种样式，通常有平板形、圆柱形、球形、圆锥形等，其中以平板矩形最为常用。

图 4-4　穿孔板
共振吸声结构

吸声体最突出的特点是具有较高的吸声效率。一般吸声饰面只有一个面与声波接触，而悬挂在厂房空间的吸声体，声波与它的两个或两个以上的面接触，根据声波反射和衍射原理，在投影面积相同的情况下，吸声体相应增加了吸声面积和边缘效应，因此，大大提高了吸声效果。吸声体的吸声系数相当于甚至高于整个顶部均衬贴吸声材料时的减噪效果，造价大大降低。此外，该类空间吸声体还可以预制，现场安装方便，采用适合的形状和色彩还可以起到装饰作用。

4. 隔声技术

隔声技术是利用隔声构件将噪声源和接受者隔开，阻挡声音的传播，使透过的声能大大减小，从而在隔声构件后面形成一个相对安静的声环境的技术措施。常用的隔声构件有隔声屏、隔声罩和隔声间等。

（1）隔声构件的评价指标。

1）隔声构件的隔声量。描述隔声构件的评价量主要有声强透射系数、透声量和传声损失（也叫构件隔声量）。

声波入射到隔声构件时，声能的一部分被反射，一部分被吸收，还有一部分透过构件。声强透射系数 τ 是指透射声能与入射声能之比，即

$$\tau = \frac{I_t}{I_i} \tag{4-6}$$

式中　I_t——透射声能，W；

I_i——入射声能，W。

透射系数反映了构件的隔声能力，其值小于 1，通常在 $1 \times 10^{-5} \sim 1 \times 10^{-1}$ 之间，其值越小，隔声能力越好。透射系数与透声面积的乘积称为构件的透声量。

隔声构件一面的入射声功率级与另一面的透射声功率级之差称为隔声量，即

$$TL = 10\lg \frac{I_i}{I_t} = 10\lg \frac{1}{\tau} \tag{4-7}$$

隔声量表述隔声构件本身的隔声性能，与现场环境无关，并不表示实际的隔声效果。隔声材料的结构尺寸越大，隔声性能越好。隔声量与频率密切相关，通常将 $125 \sim 4000\,\text{Hz}$ 的 6 个倍频程或 $100 \sim 3150\,\text{Hz}$ 的 16 个 1/3 倍频程的隔声量的算术平均值表示平均隔声量。这是一个单值评价量，可以用于评价隔声构件的性能，并未考虑人耳听觉和隔声构件的频率特性，因此不能作为实际隔声效果的评价指标。

2）插入损失。插入损失是指未设置隔声结构时噪声源向周围辐射噪声的声功率级与设置隔声结构后噪声源透过隔声结构向周围辐射噪声的声功率级之差。如果设置隔声结构前后，声源的方向性和室内声场的分布情况大致不变，插入损失就是设置隔声结构前后在离声源一定距离外某点处测得的声压级之差。插入损失常用于现场评价隔声结构的隔声效果。现场测量的插入损失，除现场条件的影响外，还受到设置隔声结构前后声场变化带来的影响。如设置隔声罩后，通过隔声罩向外辐射的噪声大体上是均匀的，而在加隔声罩前，声源可能有明显的方向性。

（2）隔声构件的隔声性能。

1）单层均质隔声构件。隔声构件都均有弹性，声波入射这些构件表面会激发振动，明显降低构件的隔声量。入射频率不同，隔声构件和声波的相互作用也不同，对隔声性能的影响就不同，隔声构件的隔声频率特性曲线如图 4-5 所示，按频率可分为 3 个区，即劲度控制和阻尼控制区、质量控制区、吻合效应区。

在频率较小时，隔声构件的劲度起主要作用，隔声量和劲度成正比，该区为劲度控制区。质量效应随频率的增大而增加，在某些频率处劲度和质量效应可能相互抵消，即产生结构共振现象，f_0 代表共振基频。此时构件的振幅主要取决于构件的阻尼，阻尼越大，共振的起伏越小，隔声量的降低也越少，该区域为阻尼控制区。频率继续提高，共

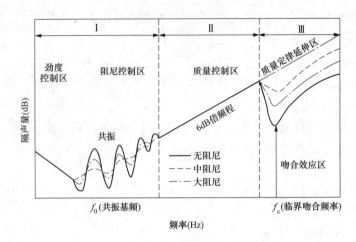

图 4-5　隔声构件的隔声频率特性曲线

振影响逐渐消失，此时构件的质量起主要作用，该区域为质量控制区。频率和构件质量越大，隔声量也越大，隔声量随频率呈线性增加，斜率为 6dB 倍频程。继续增大频率，在某个频率上隔声构件和声波产生吻合效应，并在最低的吻合效应频率处隔声量大幅下降，该低谷值称为吻合谷。吻合谷的深浅与构件的阻尼有关，阻尼越大，吻合谷越浅。之后隔声量随频率以 10dB 倍频程的斜率上升，经过一段上升后斜率又恢复到 6dB 倍频程，因此这一段又称为质量控制延伸区。

2）双层隔声构件。对于隔声量要求很高的构件，采用单层均质隔声构件会很厚重，而且不经济，如把单层隔声结构设计为双层或多层，在各层之间留有空气层或填充吸声材料，可以较好地提高隔声量。一个留有空气层的双层结构的隔声量比等质量的单层结构大 5～10dB；在隔声量相同的情况下，双层结构的质量仅为单层结构的 2/3～3/4。

3）多层复合隔声构件。一般轻质结构按质量定律计算，其隔声量有限，而且具有较高的固有频率，很难满足隔声要求。若采用多层复合结构，通过不同材质的分层交错排列，可以获得比相同质量的单层均质结构高得多的隔声量。多层复合结构提高隔声效果是利用了声波在不同介质界面上产生反射的原理。如各层材料的结构采用软硬相隔，不仅可以减弱隔声构件的共振，还可以减少吻合效应区的声能透射。

（3）隔声屏。隔声屏是指用来阻挡噪声源与受声点之间直达声的障板或帘幕，在屏障后形成低声级的声影区，使噪声明显减小。声音频率越高，波长越短，越容易被屏障阻挡，声影区范围越大，对 250Hz 以下的声音隔声效果较差。

通常，在人员多、强噪声源比较分散的大车间，由于操作、维护、散热或厂房内有起吊作业等原因，不宜采用全封闭性的隔声措施；对隔声要求不高的场所，可根据需要设置隔声屏。此外，道路交通通常设置 5～6m 高的隔声屏，以减少车辆的噪声干扰，可以有 10～20dB 的减噪效果。隔声屏简单、经济、便于拆装移动，而且不妨碍机械散热和人工检修，在噪声控制工程中广泛应用。隔声屏的隔声效果用插入损失表示。

（4）隔声罩。隔声罩是一种罩形壳体结构，通过将噪声源封闭隔离，以减小向周围环境的声辐射，同时不影响声源设备的正常工作。常用的隔声罩有固定密封型、活动密封型、局部开敞型等结构，根据噪声源设备的不同要求，可采用适当的隔声罩形式。

隔声罩常用于车间内如风机、空气压缩机、柴油机、鼓风机、球磨机等强噪声机械设备的降噪。其降噪量一般在10～40dB之间。各种形式隔声罩A级降噪量：固定密封型为30～40dB，活动密封型为15～30dB，局部开敞型为10～20dB，带有通风散热消声器的隔声罩为15～25dB。

（5）隔声间。由各种隔声构件组成的具有良好隔声性能的房间统称为隔声间。隔声间也是一种壳体隔声结构，其隔声性能与墙板等平面体不同。

工厂中有些强大的噪声源，其体积庞大，很难从声源上降噪，也难以采用隔声罩，通常用隔声车间将噪声源与外界隔开，防止噪声污染周围环境。在高噪声车间中，如果允许操作人员可以不经常停留在发声设备附近，可在现场设置一个或几个隔声间或隔声小室，以保护操作人员的身体健康。隔声间一般要求有20～50dB的降噪量。该方法在噪声控制中应用广泛。

隔声间不仅要求有理想的隔声墙，设有门窗的组合墙也要有好的隔声效果，墙上的孔洞、缝隙等均要做必要的吸声处理，通常需要为隔声间通风，在进排气口处需装设必要的消声装置，对于噪声和振动强烈的机械和动力设备，需在其下方安装隔振和减震装置。

（三）消声技术

消声器是应用于管道中，保证气流顺利通过的同时，可以阻碍或减弱声音向外传播的噪声控制设备。根据消声原理和结构的不同，消声器可分为阻性消声器、抗性消声器、阻抗复合消声器和喷注耗散消声器4类。常见消声器的分类和性能见表4-1。

表4-1　　　　　　　　　　　常见消声器的分类和性能

原理	形式	消声性能	主要用途
阻性消声器（吸声）	片式、管式、蜂窝式、列管式、折板式、声流式、弯头式、百叶式、迷宫式、盘式、圆环式、室式、弯头式	中高频	通风空调系统管道、机房进排风口、空气动力设备进排风口
抗性消声器	扩张式	低中频	空气压缩机、柴油机、汽车发动机等以低中频噪声为主的设备排气噪声
	无源干涉式	低中频	
	有源干涉式	低中频	
	共振腔式	低频	
	微穿孔板式	宽频带	
阻抗复合消声器	阻抗复合式、阻性及共振复合式、阻性及扩张复合式、抗性及微穿孔板复合式	宽频带	各类宽频带噪声源
喷注耗散消声器（减压扩散）	小孔喷注式、多孔扩散式、节流减压式	宽频带	各类排气放空噪声

　　由于消声器安装在管道上，在消声的同时，还要保证气流畅通，因此对消声器有如下性能要求。

　　1. 消声性能

　　正常工况下（一定的流速、温度、压力、湿度等），在所要求的频率范围内，需要有足够的消声量。消声量分为静态频谱消声量（无气流通过时）和动态频谱消声量（有气流通过时）。

　　2. 空气动力性能

　　消声器要求具有良好的动力性能和低阻力，即安装消声器后增加的阻力或功率损耗要控制在实际允许范围内。在气流通过消声器时所产生的气流再生噪声要低，而且不影响空气动力设备的正常运行。消声器的动力性能通常用压力损失和阻力系数评价。

　　气流通过消声器前后所产生的压降称为压力损失，即全压之差。如消声器前后管道内流速和动压相等，压力损失即为消声器前后管道内平均静压之差。

　　阻力系数为通过消声器前后的压力损失和气流动压之比，其能较全面地反映消声器的空气动力特性，根据阻力系数就可以方便地求得不同流速条件下的压力损失。

　　3. 结构强度性能

　　消声器材料和结构应坚固耐用，耐高温、耐腐蚀、耐潮湿、耐粉尘；对于耐高压的消声器（如高压排气消声器），应由取得压力容器生产许可证的单位生产制作。消声器要体积小，质量轻，结构简单，便于加工、安装和维修，使用寿命长等。

三、电力噪声污染的防治

（一）电力生产噪声的来源

　　1. 火力发电厂噪声来源

　　火力发电厂有许多大功率旋转设备，这些均会产生较大的噪声，而且各种流体在管道中流动也会产生巨大的噪声，如汽轮机主汽门、送风机进风口、各类蒸汽的排放等。火力发电厂噪声主要有以下几类：

　　（1）机械噪声和电磁噪声。火力发电厂机械噪声以中低频为主，主要是由发电机、汽轮机、引风机、磨煤机等机械设备的运转、振动、摩擦和碰撞所引起。虽然其对环境的影响较小，但属于连续性噪声，对员工的身心健康影响较大。电磁噪声也以中低频为主，主要是由电动机、励磁机、变压器和其他电气设备在电磁场交变过程中所产生。

　　（2）气体动力噪声。火力发电厂气体动力噪声具有高、中、低各类频谱，主要是由各种风机、风管、汽轮机汽管中的高压流动、扩容、节流、排气、漏气等产生。

　　（3）排气噪声。火力发电厂排气噪声主要是锅炉运行中排气和新建电厂吹管时产生的噪声。排气噪声为非连续性噪声，但声压级最高可达160dB（A）以上。目前，大多数电厂锅炉均安装了消声器，排气噪声大大降低。

　　2. 电网噪声来源

　　（1）变电设施的噪声。变压器在运行过程中会产生电磁噪声和机械噪声两类噪声。电磁噪声是由硅钢片磁性伸缩形变振动和变压器内电磁场中的绕组在电磁力的作用下振动产生，属于低频噪声。机械噪声通常为设备的运转振动和附属冷却设备引起，属于高频噪声。

铁芯电抗器在大容量超高压输电工程中有广泛的应用，在部分铁芯电抗器中，铁芯柱分段设计。在运行过程中，铁芯柱之间在电流的作用下会产生相互吸引的磁力，这些磁力的吸引引起振动，产生噪声，这类噪声强于变压器磁性伸缩形变振动产生的噪声。

（2）输电线路的噪声。输电线路的噪声主要是由线路表面的电晕放电导致的振动所产生，通常只有超高压输电设施才会产生人所能察觉到的噪声。输电线路的噪声来源有两部分：一是运行过程中发出"嗡嗡"声的频率为 100Hz 或其整数倍的纯音；二是在特殊天气，如刮风、下雨等情况，输电线路会产生类似破裂声的宽带噪声。

（3）配电系统的噪声。配电系统主要由配电设备和配电线路组成，配电线路电压低、电流小，基本不存在噪声。配电系统的噪声主要由配电设备产生。配电变压器会产生由磁性伸缩形变振动和绕组在电磁力的作用下振动引起的噪声。此外，空调、排风系统、变压器冷却器和其他转动部件的动作也会产生噪声。

（二）电力生产噪声的防治

1. 火力发电厂噪声的防治

（1）电厂设计阶段考虑噪声控制。厂址的选择要充分考虑噪声对环境的影响。选址后，要合理布置各类建筑。依据噪声级水平，将电厂内建筑物分为噪声源建筑物和防噪声建筑物两类。在满足工艺要求的前提下，将带强噪声源建筑布置于对安静区域影响较小的位置；对于防噪声要求严格的建筑，应该布置于安静区域内的适当位置。

（2）对关键设备和位置的噪声采取多种控制措施。控制设备噪声的方法有多种，如在声源上加装隔声罩，声源基础做减震处理，合理选择建筑物窗、洞的大小和位置，以及降低高位声源的标高等。遮挡物距声源或受声点越近，对噪声控制效果越好。必要时可加大主厂房面向安静区域的挡板面积，防止噪声直接影响安静区域及严格防噪声的建筑物。声源确定后，通过改变建筑物门、窗、洞口等方位的朝向，设置隔声外廊等，都可以有效降低噪声。

（3）在排气口加装消声设备。蒸汽排放是火力发电厂最强的噪声源之一，在设计流量下，选择适当的消声器直径和长度，可以有效地降低排气噪声。运行中应该严格控制流量，流速过高时会在消声器内部和出口处产生再生噪声，从而减弱消声器的消声作用，还会侵蚀吸声材料，严重时还会使消声器受到机械性损坏。

（4）利用吸声和隔声技术降低噪声。可以选用多孔性吸声材料、共振吸声结构和隔声间等多种方式降低噪声。此外，树木和草地也有一定的吸声作用，大量集中的树木也可降低环境噪声。

2. 电网噪声的防治

（1）变电站噪声的控制。对变电站的降噪措施主要是变压器噪声治理、吸声、隔声、设备隔振、声调控和有源消声等。

变压器噪声治理包含本体和冷却系统噪声治理。本体噪声治理的方法主要有选用高导磁硅钢片；降低铁芯的磁致伸缩；在铁芯表面涂环氧漆等。冷却系统的降噪方法是尽量选择自冷式散热变压器、选用无噪声风扇或加装消声弯头等。

吸声技术主要用于变电站建筑物内噪声的治理，在建筑物内表面加装吸声材料，达到降低室内噪声的目的。隔声技术主要用于室外噪声的治理，通过设置隔声屏或将变压器本体封闭在隔声间达到降噪的目的。隔振降噪技术是通过在变压器和底座之间加装隔振装置，减少变压器振动产生的噪声。声调控法是通过叠加一系列其他不同频率和响度的噪声来改变原有噪声的频谱结构。有源消声法是通过在变压器周围设置多个声发生器，其发出的声音与变压器产生的噪声频率相同、相位相反、传播方向相反，在传播过程中相互抵消，达到降噪的目的。

（2）输电线路噪声的控制。对于对称分布子导线的输电线路，可采用适当增加分裂数、增大导线截面、控制分裂导线间距等方式来减小导线表面的电场强度，从而降低线路噪声。也可采用增设 1 根子导线的方法，减少各导线表面的电荷分布，从而减小表面磁场强度，降低线路噪声。

对于非对称分布的输电线路，尽量使电荷均匀分布于每相子导线，减小导线表面产生的电场，从而降低噪声。

可以使用表面结构特殊的导线，如外层采用梯形或 Z 形结构的导线，使导线表面光滑，降低电晕的发生，从而降低噪声。使用导热性好、抗老化性能强的亲水材料，可以降低输电线路在恶劣天气中电晕放电的发生。

第二篇
电力环保工程

第五章

烟气环保工程

第一节　烟气环保设施生产状况

一、概述

燃煤电厂的超低排放政策已开始实施多年，现取我国西北某省多个电厂实际实施情况，对烟气环保生产状况进行说明。

共统计该省热电机组 310 台，总装机容量为 69 955MW。统计热电机组共分布在该省 12 个地级市，其分布情况见图 5-1。

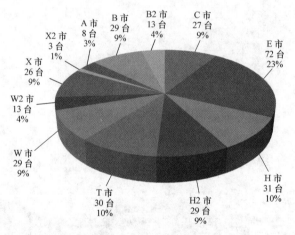

图 5-1　某省各地级市热电机组分布情况

该省各装机容量热电机组数目见表 5-1。

表 5-1　　　　　　　　　　某省各装机容量热电机组数目

装机容量（MW）	数目（台）	装机容量（MW）	数目（台）
6	8	33	2
12	25	50	15
15	21	60	6
18	4	100	7
24	2	125	4
25	14	130	1
30	9	135	16

第五章　烟气环保工程

续表

装机容量（MW）	数目（台）	装机容量（MW）	数目（台）
137	1	330	34
139	1	340	2
150	10	350	17
165	1	600	26
200	30	620	5
300	34	660	13
320	2		

该省热电机组锅炉类型分布情况见图 5-2。

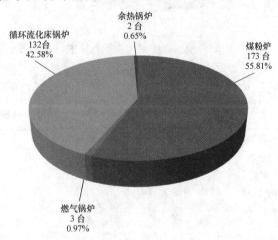

图 5-2　某省热电机组锅炉类型分布情况

该省热电机组燃料类型分布情况见图 5-3。

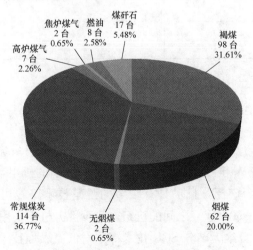

图 5-3　某省热电机组燃煤类型分布情况

注：常规煤炭是指煤种随燃料采购而变化。

115

二、脱硝技术路线情况

该省 310 台热电机组中脱硝系统各技术路线使用分布情况见图 5-4。

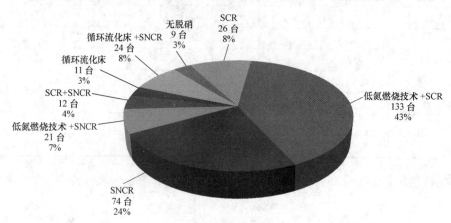

图 5-4 某省 310 台热电机组中脱硝系统各技术路线使用分布情况

该省 310 台热电机组不同装机容量机组选用脱硝技术路线情况见表 5-2。

表 5-2 　　　　某省 310 台热电机组不同装机容量机组选用脱硝技术路线情况

装机容量 N（MW）	使用 SCR（台）	使用低氮燃烧技术+SCR（台）	使用 SNCR（台）	使用低氮燃烧技术+SNCR（台）	使用 SCR+SNCR（台）	使用循环流化床（台）	使用循环流化床+SNCR（台）	无脱硝（台）
$N \leqslant 100$	7	6	49	12	12	4	14	9
$100 < N \leqslant 200$	3	22	19	9	0	7	4	0
$200 < N \leqslant 350$	9	68	6	6	0	0	0	0
$350 < N \leqslant 660$	7	37	0	0	0	0	0	0

将表 5-2 中数值格绘制成条形图，见图 5-5。

由图 5-5 可见不同装机容量机组在脱硝技术路线选择上的分布。装机容量在 100MW（含 100MW）以下的机组中，SNCR 技术较为适合，各类技术路线均有应用，且未使用脱硝的机组均为 6～20MW 的机组，由此可见，脱硝系统在热电厂的普及程度极高；装机容量在 100MW 至 200MW（含 200MW）之间的机组，SCR、SNCR 及低氮燃烧配合等技术运用较为广泛，且仍具有较多的脱硝技术路线可供选择；装机容量在 200MW 至 350MW（含 350MW）之间的机组，除少部分机组采用 SNCR 技术，绝大部分机组采用 SCR 技术，且绝大部分 SCR 技术都是与低氮燃烧技术配合使用；装机容量在 350MW 至 660MW（含 660MW）之间的机组，在该省均使用 SCR 技术，同 300MW 左右机组类似，绝大部分与低氮燃烧技术配合使用。由此可见，各类脱硝技术路线在实

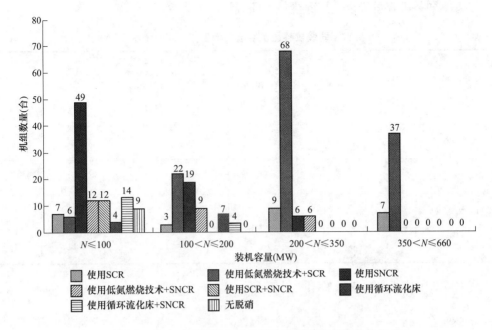

图 5-5　某省不同装机容量机组选用脱硝技术路线分布

际生产中有以下特点：

（1）对于装机容量小的机组而言，目前各类技术均可使机组达到超低排放要求。

（2）SCR 技术配合低氮燃烧技术共同达到超低排放适合所有装机容量机组使用，且从实际情况看运用状况良好。

（3）装机容量在 300MW 以上电厂，更适合使用低氮燃烧技术配合 SCR 技术或 SNCR 技术达到超低排放要求。

三、除尘技术路线情况

该省 310 台热电机组除尘系统各技术路线使用分布情况见图 5-6。

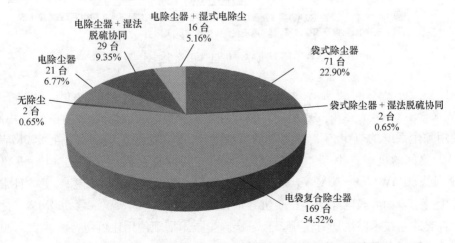

图 5-6　某省 310 台热电机组除尘系统各技术路线使用分布情况

该省不同装机容量机组选用除尘技术路线情况见表 5-3。

表 5-3　　　　　　　　　某省不同装机容量机组选用除尘技术路线情况

装机容量 N（MW）	电除尘器 （台）	电除尘器＋ 湿法脱硫 协同（台）	电除尘器＋ 湿式电除尘 （台）	袋式 除尘器（台）	袋式除尘 器＋湿法脱硫 协同（台）	电袋复合 除尘器 （台）	无除尘 （台）
N≤100	5	6	0	33	0	67	2
100＜N≤200	2	0	0	15	0	47	0
200＜N≤350	4	11	14	19	0	41	0
350＜N≤660	10	12	2	4	2	14	0

将表 5-3 中数值绘制成条形图，见图 5-7。

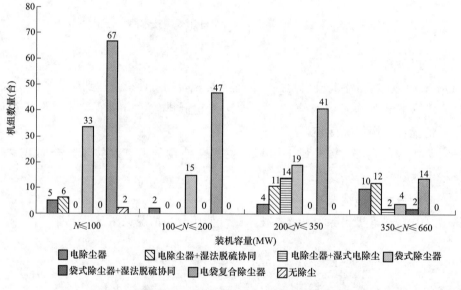

图 5-7　某省不同装机容量机组选用除尘技术路线分布

由图 5-7 可见不同装机容量机组在除尘技术路线选择上的分布。装机容量在 100MW（含 100MW）以下的机组中，袋式除尘器及电袋复合除尘器为主要选用路线，且未使用除尘系统的机组为 2 台 12MW 的机组；装机容量在 100MW 至 200MW（含 200MW）之间的机组，也基本以袋式除尘器与电袋复合除尘器为主；装机容量在 200MW 至 350MW（含 350MW）之间的机组，以电袋复合除尘器技术为主，且常配备二次除尘措施，如湿式电除尘等；装机容量在 350MW 至 660MW（含 660MW）之间的机组，各类除尘技术路线均有使用，且二次除尘技术搭配使用比例更高。由此可见，各类除尘技术路线在实际生产中有以下特点：

（1）袋式除尘器在装机容量较小的机组上常见。

（2）目前实际生产中电袋复合除尘器使用比例很大，效果良好。

（3）装机容量在 300MW 以上电厂，更适合使用一次除尘技术加二次除尘技术搭配，可更好地达到超低排放要求。

四、脱硫技术路线情况

该省 310 台热电机组脱硫系统各技术路线使用分布情况见图 5-8。

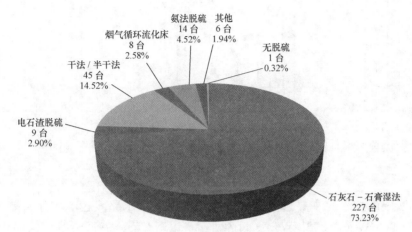

图 5-8　某省 310 台热电机组脱硫系统各技术路线使用分布情况

该省不同装机容量机组选用脱硫技术路线情况见表 5-4。

表 5-4　　　　　　　　　某省不同装机容量机组选用脱硫技术路线情况

装机容量 N（MW）	石灰石-石膏湿法（台）	电石渣脱硫（台）	干法/半干法（台）	烟气循环流化床（台）	氨法脱硫（台）	其他（台）	无脱硫（台）
N≤100	60	9	22	2	13	6	1
100＜N≤200	38	0	19	6	1	0	0
200＜N≤350	85	0	4	0	0	0	0
350＜N≤660	44	0	0	0	0	0	0

将表 5-4 中数值格绘制成条形图，见图 5-9。

由图 5-9 可见不同装机容量机组在脱硫技术路线选择上的分布。装机容量在 100MW（含 100MW）以下的机组中，石灰石-石膏湿法脱硫技术为主要选用路线，各类路线都有机组使用，只有装机容量在 100MW 以下机组使用了其他脱硫技术路线，其中包括 2 台使用活性焦吸附技术的 60MW 机组、2 台使用次氧化锌湿法脱硫的 50MW 机组和 2 台使用离子液循环脱硫的 18MW 机组，且未使用脱硫系统的机组为 1 台 18MW 的机组；装机容量在 100MW 至 200MW（含 200MW）之间的机组，也以石灰

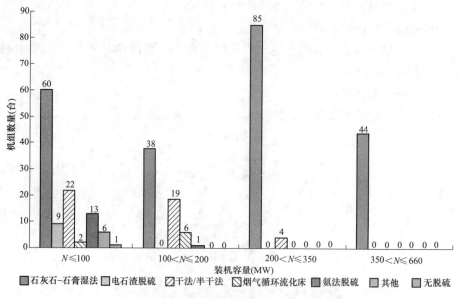

图 5-9 某省不同装机容量机组选用脱硫技术路线分布

石-石膏湿法脱硫技术为主要选用路线，除此以外的技术路线也有使用；装机容量在 200MW 至 350MW（含 350MW）之间的机组，以石灰石-石膏湿法脱硫技术为主，仅极少部分使用干法/半干法脱硫技术；装机容量在 350MW 至 660MW（含 660MW）之间的机组，仅使用石灰石-石膏湿法脱硫技术。由此可见，各类脱硫技术路线在实际生产中有以下特点：

（1）石灰石-石膏湿法脱硫技术是脱硫达到超低排放应用最广泛的技术，成熟度极高。

（2）其他少见的脱硫技术，如活性焦吸附技术、次氧化锌湿法脱硫和离子液循环脱硫等仅在装机容量小的机组上采用。

（3）装机容量在 600MW 以上电厂，基本上以运用石灰石-石膏湿法脱硫技术为主。

第二节 烟气污染物排放状况

一、脱硝排放状况

（一）某 2×630MW 燃煤电厂 NO_x 排放状况

表 5-5 所示为 2017 年 1—6 月期间某 2×630MW 燃煤电厂 1 号机组 SCR 反应器出口 NO_x 浓度，可以看到，A、B 侧 SCR 反应器出口 NO_x 平均浓度分别为 22.75mg/m³ 和 22.35mg/m³，NO_x 小时浓度小于或等于 50mg/m³ 的概率大于 99%，其中负荷率大于或等于 50% 时段 NO_x 小时浓度为 100%，满足超低排放政策。烟囱出口 NO_x 浓度见表 5-6。

表 5-5　　　　　　　　　　　　　　　SCR 反应器出口 NO_x 浓度

项目		A 侧	B 侧
平均浓度（mg/m³）		22.75	22.35
最小浓度（mg/m³）		13.54	9.36
最大浓度（mg/m³）		613.01	602.99
全运行时段	≤50mg/m³ 概率（％）	99.91	99.93
	50～100mg/m³ 概率（％）	0.00	0.00
	>100mg/m³ 概率（％）	0.09	0.07
负荷率≥50％时段	≤50mg/m³ 概率（％）	100	100
	50～100mg/m³ 概率（％）	0	0
	>100mg/m³ 概率（％）	0	0

表 5-6　　　　　　　　　　　　　　　　　烟囱出口 NO_x 浓度

项目		1 号机组
≤50mg/m³ 概率（％）	全运行时段	99.93
	负荷率≥50％时段	100
50～100mg/m³ 概率（％）		0
>100mg/m³ 概率（％）		0.07
无效数据（关闭或错误,％）		0.00

由表 5-6 可见，1 号机组烟囱出口 NO_x 排放浓度达到超低排放水平的概率为 99.93％，其中负荷率大于或等于 50％时段超低排放水平的概率为 100％，烟囱出口 NO_x 排放浓度满足超低排放政策，1 号机组平均浓度低于超低排放水平 50％以上。

（二）某 $2\times600MW$ 燃煤电厂 NO_x 排放状况

表 5-7 所示为 2019 年 1—8 月期间某 $2\times600MW$ 燃煤电厂 2 号机组 SCR 反应器出口 NO_x 浓度，可以看到，A、B 侧 SCR 反应器出口 NO_x 平均浓度分别为 24.93mg/m³ 和 21.17mg/m³，NO_x 小时浓度小于或等于 50mg/m³ 的概率分别为 99.43％和 99.97％，其中负荷率大于或等于 50％时段 NO_x 小时浓度小于或等于 50mg/m³ 的概率分别为 99.45％和 99.97％。烟囱出口 NO_x 浓度见表 5-8。

表 5-7　　　　　　　　　　　　　　　SCR 反应器出口 NO_x 浓度

项目		A 侧	B 侧
平均浓度（mg/m³）		24.93	21.17
最小浓度（mg/m³）		0.05	0.11
最大浓度（mg/m³）		74.14	50.29
全运行时段	≤50mg/m³ 概率（％）	99.43	99.97
	50～100mg/m³ 概率（％）	0.57	0.03
	>100mg/m³ 概率（％）	0	0

续表

项　　目		A 侧	B 侧
负荷率≥50%时段	≤50mg/m³概率（%）	99.45	99.97
	50～100mg/m³概率（%）	0.55	0.03
	>100mg/m³概率（%）	0	0

表 5-8　　　　　　　　　　　烟囱出口 NO$_x$ 浓度

项　　目		2 号机组
平均浓度（mg/m³）		40.35
≤50mg/m³概率（%）	全运行时段	99.93
	负荷率≥50%时段	100
50～100mg/m³概率（%）		0
>100mg/m³概率（%）		0.07
无效数据（关闭或错误,%）		0.00

由表 5-8 可见，2 号机组烟囱出口 NO$_x$ 排放浓度达到超低排放水平的概率为 100%，平均排放浓度为 40.35mg/m³，满足超低排放政策。

二、除尘排放状况

1. 电除尘器排放状况

某电厂二期机组容量为 2×330MW，每台机组配备 2 台 2 通道 4 电场静电除尘器。根据电除尘器技术协议要求，电除尘器除尘效率大于或等于 99.6%，电除尘器出口烟尘浓度小于 43mg/m³（标准状态）。

试验在机组负荷为 320MW 的运行工况下对 1 号机组电除尘器进行测试，包括对该除尘器的烟尘排放浓度、烟气量、除尘效率、氧量、烟气温度等参数进行测试与计算，进行除尘器运行效果的检验。

试验使用仪器设备见表 5-9。

表 5-9　　　　　　　　　　　试验使用仪器设备

仪器名称及型号	数量	状态
3012H 自动烟尘/气测试仪及加热采样枪	2 套	正常
崂应移动电源	2 台	正常

1 号机组电除尘器测试数据及结果见表 5-10。

表 5-10　　　　　　　　　1 号机组电除尘器测试数据及结果

项目	单位	A1 通道	A2 通道	B1 通道	B2 通道
机组负荷	MW		320		
除尘器入口烟气温度	℃	140	137	138	144
除尘器出口烟气温度	℃	137	134	136	141

续表

项目	单位	A1 通道	A2 通道	B1 通道	B2 通道
除尘器入口含氧量	%	4.9	5.2	5.0	5.4
除尘器出口含氧量	%	5.2	5.4	5.1	5.6
除尘器入口标干烟气流量（标准状态、干基）	m^3/h	325 287	283 179	309 549	325 287
除尘器入口工况烟气流量	m^3/h	621 265	537 039	587 187	626 194
除尘器出口标干烟气流量（标准状态、干基）	m^3/h	330 412	286 935	314 493	333 001
除尘器出口工况烟气流量	m^3/h	620 146	536 080	589 640	632 190
除尘器入口烟尘浓度（标准状态）	mg/m^3	36 609.61	41 222.22	39 291.55	39 281.91
除尘器入口烟尘折算浓度（$6\%O_2$，标准状态）	mg/m^3	34 108.33	39 135.02	36 835.82	37 771.07
除尘器入口烟尘小时排放量	kg/h	11 908.63	11 673.27	12 162.66	12 777.90
除尘器出口烟尘浓度（标准状态）	mg/m^3	43.57	38.04	42.28	42.53
除尘器出口烟尘折算浓度（$6\%O_2$，标准状态）	mg/m^3	41.37	36.58	39.88	41.43
除尘器出口烟尘小时排放量	kg/h	14.40	10.91	13.30	14.16
除尘效率	%	99.89			

1 号机组试验期间入炉煤煤质分析见表 5-11。

表 5-11　　　　　　　　　1 号机组试验期间入炉煤煤质分析

项　　目		单位	测试值
空气干燥基水分	M_{ad}	%	1.44
空气干燥基灰分	A_{ad}	%	36.82
空气干燥基挥发分	V_{ad}	%	24.96
低位发热量	$Q_{net,ar}$	MJ/kg	15.48
空气干燥基全硫	$S_{t,ad}$	%	0.32

2. 袋式除尘器排放状况

某矸石发电公司 4 号机组除尘器采用袋式除尘，除尘器型号为 XLDM36450。根据除尘器设计要求，除尘器保证效率值大于 99.95%，除尘器正常入口烟尘浓度（标准状态）为 49g/m³，除尘器出口烟尘浓度（标准状态）小于或等于 24.5mg/m³。

对 4 号机组负荷在 330MW 下进行除尘器测试，包括对该除尘器的烟尘排放浓度、烟气量、除尘效率、氧量、烟气温度等参数进行测试与计算，进行除尘器运行效果的检验。

试验使用仪器设备见表 5-12。

表 5-12   试验使用仪器设备

仪器名称及型号	数量	状态
3012H 自动烟尘/气测试仪及加热采样枪	2 套	正常
崂应移动电源	2 台	正常

4 号机组袋式除尘器测试数据及结果见表 5-13。

表 5-13   4 号机组袋式除尘器测试数据及结果

项目	单位	A 通道	B 通道
机组负荷	MW	330	
除尘器入口烟气温度	℃	158	162
除尘器出口烟气温度	℃	159	
除尘器入口含氧量	%	3.7	4.2
除尘器出口含氧量	%	3.7	
除尘器入口标干烟气流量（标准状态、干基）	m^3/h	405 751	357 470
除尘器入口工况烟气流量	m^3/h	818 185	723 811
除尘器出口标干烟气流量（标准状态、干基）	m^3/h	777 102	
除尘器出口工况烟气流量	m^3/h	1 569 185	
除尘器入口烟尘浓度	mg/m^3	15 330.83	21 298.99
除尘器入口烟尘折算浓度（$6\%O_2$）	mg/m^3	13 292.62	19 016.96
除尘器入口烟尘小时排放量	kg/h	6220.50	7613.75
除尘器出口烟尘浓度	mg/m^3	4.42	
除尘器出口烟尘折算浓度（$6\%O_2$）	mg/m^3	3.84	
除尘器出口烟尘小时排放量	kg/h	3.44	
除尘效率	%	99.98	

袋式除尘器测试期间入炉煤煤质分析见表 5-14。

表 5-14   袋式除尘器测试期间入炉煤煤质分析

项　目		单位	测试值
空气干燥基水分	M_{ad}	%	3.07
空气干燥基灰分	A_{ad}	%	24.66
空气干燥基挥发分	V_{ad}	%	26.95
低位发热量	$Q_{net,ar}$	kJ/kg	18 960.770
空气干燥基全硫	$S_{t,ad}$	%	0.40

3. 电袋复合除尘器排放状况

某电厂 2×350MW 冷热电联供机组工程 2 号炉电袋复合除尘器型号为 2LH153，其主要参数见表 5-15。

表 5-15 电袋复合除尘器的主要参数

项目	单位	参数
出口含尘浓度（标准状态）	mg/m³	<30
静电预除尘器电场数	个	2
静电预除尘器效率	%	≥90
比集尘面积	m²/(m³/s)	33.59
本体阻力	Pa	≤1200
本体漏风率	%	≤2.5
除尘器入口断面烟气分布均匀性		≤0.2
每台除尘器进口数（平进式）	个	2
保证效率	%	≥99.95
每台除尘器出口数（平进式）	个	2
每台锅炉的除尘器灰斗数量	个	16
灰斗出灰口法兰标高	m	4
过滤风速	m/min	≤1.1
滤袋寿命	h	≥30 000
耗气量（正常运行，标准状态）	m³/min	13

2 号炉负荷为 350MW 时，对除尘器进行测试，包括对该除尘器的烟尘排放浓度、压力降、烟气量、排烟温度、流速、烟尘排放量、漏风率以及氧量和过量空气系数等参数进行测试与计算，进行除尘器运行效果的检验。

试验使用仪器设备见表 5-16。

表 5-16 试验使用仪器设备

仪器名称及型号	数量	状态
3012H 自动烟尘/气测试仪及加热采样枪	2 套	正常
崂应移动电源	2 台	正常

2 号炉电袋复合除尘器测试数据及结果见表 5-17。

表 5-17 2 号炉电袋复合除尘器测试数据及结果

项目	单位	A1 通道	A2 通道	B1 通道	B2 通道
机组负荷	MW	350	350	350	350
除尘器入口烟气温度	℃	117	128	127	119
除尘器出口烟气温度	℃	114	124	121	115
除尘器入口含氧量	%	4.7	4.7	4.5	5

续表

项目	单位	A1 通道	A2 通道	B1 通道	B2 通道
除尘器出口含氧量	%	4.8	4.9	4.7	5.5
漏风率	%	0.62	1.24	1.23	1.78
除尘器入口标干烟气流量（标准状态、干基）	m^3/h	193 233	270 138	247 921	223 535
除尘器入口工况烟气流量	m^3/h	343 732	503 340	460 949	402 865
除尘器出口标干烟气流量（标准状态、干基）	mg/m^3	315 598	283 839	278 646	230 183
除尘器出口工况烟气流量	m^3/h	612 436	519 004	507 656	419 346
除尘器入口全压	kPa	−1.830	−2.350	−2.385	−2.380
除尘器出口全压	kPa	−2.470	−3.020	−3.080	−3.010
本体阻力	Pa	640	670	695	630
除尘器入口过量空气系数		1.29	1.29	1.27	1.31
除尘器出口过量空气系数		1.30	1.30	1.29	1.35
除尘器入口烟尘浓度	mg/m^3	28 636.31	50 550.02	37 297.18	28 804.13
除尘器入口烟尘折算浓度（6%O_2）	mg/m^3	26 352.43	46 518.43	33 906.52	27 003.87
除尘器入口烟尘小时排放量	kg/h	5531.35	13 609.94	9256.24	6446.57
除尘器出口烟尘浓度	mg/m^3	8.37	11.28	10.83	9.21
除尘器出口烟尘折算浓度（6%O_2）	mg/m^3	7.78	10.50	9.97	8.92
除尘器出口烟尘小时排放量	kg/h	2.68	3.20	3.02	2.12
除尘效率	%	99.95	99.98	99.97	99.97
总除尘效率	%	99.97		99.97	
		99.97			

电袋复合除尘器测试期间入炉煤煤质分析见表5-18。

表5-18 　　　　　　　　　电袋复合除尘器测试期间入炉煤煤质分析

项目		单位	测试值
空气干燥基水分	M_{ad}	%	4.93
空气干燥基灰分	A_{ad}	%	23.93
空气干燥基挥发分	V_{ad}	%	27.77
高位发热量	$Q_{gr,ad}$	MJ/kg	23.085
低位发热量	$Q_{net,ar}$	MJ/kg	18.189

4. 低低温电除尘器排放状况

某电厂四期机组容量为2×600MW，为达到超低排放要求，将其原有电除尘器改造为低低温电除尘器，改造内容为对原电除尘器机务、电气系统进行局部改造，将灰斗下部1/3及人孔门等更换为不锈钢材质，更换灰斗改造部位保温及外护板。通过低低温省煤器将电除尘器入口烟气温度控制在91℃左右，降低工况烟气量和电场风速，降低烟气中粉尘比电阻，改善粉尘的荷电特性，电除尘器比集尘面积达到$80m^2/(m^3/s)$以上，提高电除尘器除尘效率，控制除尘器出口烟尘排放浓度小于或等于$70mg/m^3$。

8号机组改造后在机组负荷为450MW下进行测试，包括对该除尘器的烟尘排放浓度、烟气量、除尘效率、氧量、烟气温度等参数进行测试与计算，进行除尘器运行效果的检验。

试验使用仪器设备见表5-19。

表5-19 　　　　　　　　　　　试验使用仪器设备

仪器名称及型号	数量	状态
3012H-D自动烟尘/气测试仪及加热采样枪	2套	正常
崂应移动电源	2台	正常

8号机组除尘器测试数据及结果见表5-20。

表5-20 　　　　　　　　　　8号机组除尘器测试数据及结果

项目	单位	1左通道	1右通道	2左通道	2右通道
机组负荷	MW		450		
除尘器入口烟气温度	℃	104	93	92	100
除尘器出口烟气温度	℃	102	91	90	99
除尘器入口含氧量	%	4.7	5.5	4.6	5.4
除尘器出口含氧量	%	5.2	5.9	5.9	6.0
除尘器入口标干烟气流量（标准状态、干基）	m^3/h	595 597	599 849	610 110	498 085
除尘器入口工况烟气流量	m^3/h	1 109 567	1 082 795	1 103 123	921 348

续表

项目	单位	1左通道	1右通道	2左通道	2右通道
除尘器出口标干烟气流量（标准状态、干基）	m³/h	651 330	617 366	618 868	501 772
除尘器出口工况烟气流量	m³/h	1 133 354	3 420 380	1 120 188	929 400
除尘器入口烟尘浓度	mg/m³	24 518.43	21 066.52	25 104.03	21 512.50
除尘器入口烟尘折算浓度（6%O_2）	mg/m³	22 562.98	20 386.95	22 961.00	20 685.10
除尘器入口烟尘小时排放量	kg/h	14 603.11	12 636.73	15 316.22	10 715.05
除尘器出口烟尘浓度	mg/m³	20.16	21.13	27.03	23.44
除尘器出口烟尘折算浓度（6%O_2）	mg/m³	19.14	20.99	26.85	23.44
除尘器出口烟尘小时排放量	kg/h	13.13	13.05	16.73	11.76
除尘效率	%	99.90			

8号机组电除尘器改造前测试数据及结果见表5-21。

表5-21　　　　8号机组电除尘器改造前测试数据及结果

项目	单位	1左通道	1右通道	2左通道	2右通道
机组发电负荷	MW	601			
入口烟气温度	℃	151	136	150	164
出口烟气温度	℃	146	136	149	161
入口烟气静压	Pa	−2266	−2233	−2240	−2333
出口烟气静压	Pa	−2537	−2445	−2493	−2615
电除尘器本体阻力	Pa	267.4	218.7	249.0	277.9
电场平均风速	m/s	1.22	1.02	1.08	1.23
进口含尘浓度	g/m³	31.72	30.60	29.75	30.54
出口含尘浓度（标准状态、干基、6%O_2）	mg/m³	95.68	91.00	92.25	111.21
平均烟尘排放浓度（标准状态、干基、6%O_2）	mg/m³	97.54			
除尘效率	%	99.68			

三、脱硫排放状况

针对目前掌握的几种技术，包括湿法脱硫中的单塔双循环、双塔双循环、氨法脱硫以及炉内喷钙-尾部增湿活化脱硫技术，进行 SO_2 排放数据的统计，某石灰石-石膏湿法脱硫数据（单塔双循环）见表5-22，某石灰石-石膏湿法脱硫数据（双塔双循环）见表5-23，某石灰石-石膏湿法脱硫数据（旋汇耦合）见表5-24，某电厂氨法脱硫试验数据见表5-25，某电厂炉内喷钙脱硫技术试验数据见表5-26，某电厂炉内喷钙-尾部增湿活化脱硫技术试验数据见表5-27。

表 5-22   某石灰石-石膏湿法脱硫数据（单塔双循环）

项目	单位	测试值
负荷	MW	300
原烟气温度	℃	141
净烟气温度	℃	52
原烟气二氧化硫浓度	mg/m³	3169.1
原烟气氧量	%	5.04
原烟气二氧化硫浓度（6%O₂）	mg/m³	2978.48
净烟气二氧化硫浓度	mg/m³	28.94
净烟气氧量	%	5.65
净烟气二氧化硫浓度（6%O₂）	mg/m³	28.28
脱硫效率	%	99.05

表 5-23   某石灰石-石膏湿法脱硫数据（双塔双循环）

项目	单位	炉内喷钙后测试结果
负荷	MW	315
入口烟气温度	℃	125
出口烟气温度	℃	53
入口烟气氧量	%	5.8
入口烟气二氧化硫浓度（6%O₂）	mg/m³	5160
出口烟气氧量	%	6.1
出口烟气二氧化硫浓度（6%O₂）	mg/m³	13.2

表 5-24   某石灰石-石膏湿法脱硫数据（旋汇耦合）

项目	单位	炉内喷钙后测试结果
负荷	MW	230
入口烟气温度	℃	110
出口烟气温度	℃	49
入口烟气氧量	%	6.2
入口烟气二氧化硫浓度（6%O₂）	mg/m³	3087.1
出口烟气氧量	%	6.4
出口烟气二氧化硫浓度（6%O₂）	mg/m³	20.2

表 5-25   某电厂氨法脱硫试验数据

项目	单位	测试值
负荷	t/h	400
原烟气温度	℃	125.7
净烟气温度	℃	47.5

续表

项目	单位	测试值
原烟气二氧化硫浓度	mg/m³	2360.8
原烟气氧量	%	7.3
原烟气二氧化硫浓度（6%O₂）	mg/m³	2582.9
净烟气二氧化硫浓度	mg/m³	29.5
净烟气氧量	%	7.7
净烟气二氧化硫浓度（6%O₂）	mg/m³	33.2

表 5-26　　　　　某电厂炉内喷钙脱硫技术试验数据

项目	单位	脱硫系统未投运时	脱硫系统投运时
机组负荷	MW	110	110
除尘器出口烟气温度	℃	111	111
除尘器出口含氧量	%	6.5	6.56
除尘器出口二氧化硫浓度（标准状态）	mg/m³	1075	152.7

表 5-27　　　　某电厂炉内喷钙-尾部增湿活化脱硫技术试验数据

项目	单位	炉内喷钙后测试结果	增湿活化后测试结果
负荷	MW	350	
烟气温度	℃	73	
烟气二氧化硫浓度	mg/m³	376.1	4.4
烟气氧量	%	5.7	7.7
烟气二氧化硫浓度（6%O₂）	mg/m³	368.6	5.0

第三节　脱　硝　工　程

一、SCR 脱硝工程

根据中国电力企业联合会 2017 年统计数据，SCR 技术在脱硝工程中的占比达 95.81%。本节以内蒙古西部某火力发电厂的 330MW 机组 SCR 脱硝系统为例进行介绍。

（一）工程概况

内蒙古西部某电厂二期工程建设规模为 2×330MW 燃煤机组，为矿区坑口型电厂。该地区地处亚洲大陆腹地，属温带半干旱大陆性季风气候，主要气候特征是四季分明，温差大，干旱少雨，蒸发量大，日照充足。冬季漫长而寒冷，夏季高温炎热、降雨集中，春季干旱、风大沙多，秋季清爽而湿润。由于深居内陆，流域降水受东南沿海季风影响较弱，故降水量稀少，而且常以暴雨型集中于 7 月至 9 月。

煤质分析资料和脱硝系统入口烟气参数见表 5-28～表 5-31。

表 5-28 煤质分析资料

名称	符号	单位	设计煤种	校核煤种	试验煤种
接收基全水分	M_t	%	8.46	10	11.1
空气干燥基水分	M_{ad}	%	2.37	2.72	1.88
接收基灰分	A_{ar}	%	28.98	36.1	31.57
干燥无灰基挥发分	V_{daf}	%	39.19	42.95	
接收基低位发热量	$Q_{net,ar}$	kJ/g	17 463	14 676	18 167

表 5-29 锅炉 BMCR 工况烟气成分（过量空气系数为 1.17，湿基） %

项目	数据（BMCR）
二氧化碳	14.90
氧气	2.82
氮气	73.22
二氧化硫	0.05
水	9.01

注 表中的%表示体积分数。

表 5-30 锅炉不同负荷时的省煤器出口烟气量和温度

项目	单位	BMCR	THA	75%THA	50%THA
省煤器出口烟气量（设计煤种）	m³/h	1 017 860	93 424	76 782	586 114
省煤器出口烟气温度（设计煤种）	℃	387	377	359	345
省煤器出口烟气量（校核煤种）	m³/h	1 040 275	954 672	784 283	598 403
省煤器出口烟气温度（校核煤种）	℃	389	378	359	344
省煤器出口压力	Pa	−480	−450	−400	−380
氮氧化物	mg/m³	300			

表 5-31 锅炉 BMCR 工况脱硝系统入口烟气中污染物成分（标准状态、干基、6%O₂）

项目	单位	数据（BMCR）
烟尘浓度	g/m³	57.6
氮氧化物	mg/m³	300
二氧化硫	mg/m³	1435
三氧化硫	mg/m³	14.4

（二）脱硝工艺概述

1. 脱硝系统

该工程脱硝装置采用 SCR 工艺，SCR 反应器布置在省煤器与空气预热器之间的高含尘区域，脱硝系统不设置烟气旁路和省煤器高温旁路系统。每台锅炉设置两台 SCR 反应器，反应器内壁尺寸为 9.026m×10.205m（长×宽），催化剂模块按 5×9 布置。反应器按 3 层（2+1）催化剂设计，初装 2 层，超低排放改造后增加 1 层。脱硝催化剂采用板式催化剂，还原剂使用尿素，采用热解制氨技术制得氨气送入反应器。

第一层催化剂入口烟气分布条件：温度最大绝对偏差为±10℃，速度相对标准偏差 $c_V \leq 15\%$，氨氮摩尔比的相对标准偏差 $c_V \leq 5\%$，烟气入射催化剂角度（与垂直方向的夹角）小于或等于 10°。

脱硝设备年利用小时按 6000h 考虑，年投运时间按 8000h 考虑。脱硝装置可用率不小于 99%，脱硝装置服务寿命为 30 年。

2. 脱硝系统性能保证

脱硝系统装置性能保证值如下：

（1）NO_x 脱除率、氨逃逸、SO_2/SO_3 转化率。脱硝系统入口 NO_x 浓度为 300mg/m³（标准状态、干基、6%O_2），入口烟气含尘量不大于 57.6g/m³（标准状态、干基、6%O_2）的情况下，脱硝系统催化剂在初期性能考核试验时（投运 6 个月之内）的氮氧化物脱除率不小于 87%，氨逃逸不大于 2.28mg/m³，SO_2/SO_3 转化率小于或等于 1.5%。脱硝系统催化剂在运行 24 000h 性能考核试验时的氮氧化物脱除率不小于 85%，氨逃逸不大于 2.28mg/m³，SO_2/SO_3 转化率小于或等于 1.5%。氨氮摩尔比不超过保证值 0.871。

（2）压力损失。吹灰器正常工作的情况下，2 层催化剂阻力不大于 280Pa（设计煤种/校核煤种，100%BMCR 工况，不考虑附加催化剂层投运后增加的阻力）；吹灰器正常工作的情况下，催化剂压力损失不大于 420Pa（设计煤种/校核煤种，100%BMCR 工况，并考虑下次加装同等层高催化剂投运后增加的阻力）；化学寿命期内，对于 SCR 反应器内的每一层催化剂，压力损失保证增幅不超过 20%。

（3）液氨耗量。在 BMCR 至 50%BMCR 负荷时，且省煤器出口烟气中氮氧化物含量为 300mg/m³ 时，应保证系统氨耗量为 113.5kg/h。

（4）连续运行温度。在满足氮氧化物脱除率、氨逃逸及 SO_2/SO_3 转化率的性能保证条件下，SCR 系统具有正常运行能力。最低喷氨连续运行烟气温度为 298℃，最高喷氨连续运行烟气温度为 420℃。

（三）脱硝设施性能情况

表 5-32 为 SCR 脱硝装置 100%负荷性能考核试验结果。可以看到，A、B 侧脱硝效率分别为 87.0%和 86.5%，均满足设计要求；A、B 侧氨逃逸分别为 1.09mg/m³ 和 1.19mg/m³，满足设计要求；A、B 侧 SO_2/SO_3 转化率分别为 0.99 和 1.07，满足设计要求；A、B 侧氨氮摩尔比分别为 0.88 和 0.876，略大于设计值，同时喷氨量也大于设计值。在保证 NO_x 浓度达标的情况下，应适当控制脱硝效率，以减少喷氨量。此外，

应定期进行喷氨优化试验，以获得更优的喷氨效果。

表 5-32　　　　　　　　　SCR 脱硝装置 100％负荷性能考核试验结果

项目	单位	性能保证值	测试结果		结论
			A 侧	B 侧	
脱硝效率	％	≥85	86.6	86.1	合格
			87.4	86.9	
			87.0（平均值）	86.5（平均值）	
系统阻力	Pa	≤420	420	410	合格
氨逃逸	mg/m³	≤2.28	1.10	1.22	合格
			1.08	1.16	
			1.09（平均值）	1.19（平均值）	
SO_2/SO_3转化率	％	≤1.5	1.06	1.19	合格
			0.92	0.94	
			0.99（平均值）	1.07（平均值）	
氨耗量	kg/h	＜113.5	122.2		不合格
氨氮摩尔比		＜0.871	0.876	0.872	不合格
			0.883	0.879	
			0.880（平均值）	0.876（平均值）	

二、SNCR 脱硝工程

本节以内蒙古西部某火力发电厂 350MW 机组 SNCR 脱硝系统为例进行介绍。

（一）工程概况

内蒙古西部某火力发电厂一期工程为 2×350MW 超临界循环流化床间接空冷机组。锅炉和汽轮发电机均为东方电气集团提供，锅炉为超临界参数变压运行直流炉、循环流化床燃烧方式，一次中间再热、紧身封闭、平衡通风、固态排渣，全钢架悬吊结构，炉顶设轻型金属屋盖。锅炉出口蒸汽参数为 25.4MPa（绝对压力）/571℃/569℃，锅炉最大连续蒸发量为 1241t/h。锅炉燃烧及辅助系统范围包括一次风系统（含密封风）、二次风系统、烟气系统、流化风系统、给煤系统、启动床料系统、点火油系统等。汽轮机为超临界、一次再热间接空冷凝汽式汽轮机，发电机为水氢氢冷、静态励磁汽轮发电机。

（二）脱硝工艺概述

1. SNCR 工艺主要设计参数

脱硝工艺采用 SNCR 法，脱硝还原剂为尿素。每台机组设 1 套 SNCR 脱硝装置，SNCR 尿素喷枪布置在旋风分离器入口烟道。在燃用设计煤种及校核煤种、锅炉最大连续出力工况（BMCR）、SNCR 入口湿烟气量（标准状态）为 1 122 110m^3/h、SNCR 入口 NO_x 浓度为 150mg/m^3 的条件下，保证锅炉出口烟气中 NO_x 排放浓度不大于 35mg/m^3（干基、6％ O_2、标准状态），SNCR 脱硝效率不低于 77％，脱硝出口氨逃逸小于 3.79mg/m^3。不同负荷下 NO_x 排放浓度及对应的 SNCR 脱硝效率（根据锅炉实际排放）见表 5-33。

表 5-33　　　　　　　　不同负荷下 NO_x 排放浓度及对应的 SNCR 脱硝效率

负荷	单位	BMCR	90％BMCR	70％BMCR	50％BMCR	30％BMCR
锅炉出口 NO_x 浓度	mg/m^3	100	90	75	65	80
脱硝效率	％	75	72	53	38	37
脱硝出口 NO_x 浓度	mg/m^3	25	25	35	40	50

2. SNCR 工艺系统

2 台锅炉的脱硝系统共用 1 个还原剂储存与供应系统。SNCR 脱硝系统由尿素溶解罐、尿素溶液循环泵、尿素溶液给料泵、尿素溶液储罐、稀释水泵、废水泵、计量和分配装置及控制装置等组成。用抓斗将尿素颗粒输送到溶解罐里，用除盐水将其溶解为 50％质量浓度的尿素溶液，由尿素溶液给料泵输送到尿素溶液储罐。尿素溶液由除盐水在线稀释为浓度约为 20％尿素溶液，经由供液泵、计量与分配装置、雾化喷嘴等进入锅炉反应区。

尿素溶液浓度的精准配制是通过装在循环回路上的尿素溶液密度计信号控制溶解罐进水自动完成的。当尿素溶液温度过低时，启动蒸汽加热系统，将溶液温度加热到高于结晶温度 10℃以上（确保不结晶）。溶解罐除设有水流量和温度控制系统外，还采用尿素溶液循环泵将尿素溶液从储罐底部向侧部进行循环，使尿素溶液更好地混合。

每台炉设置 1 套计量分配装置和尿素溶液喷射系统。将 SNCR 喷射分为 4 个喷射区域，每个区域设 3 根喷枪，喷枪通过执行机构调节插入深度，调节范围为 0～0.2m，通过 SNCR 过程模拟指导喷枪布置，达到脱硝效率的最大化。还原剂喷射系统可以适应锅炉在最低稳燃负荷工况和 BMCR 之间的任何负荷下的安全连续运行，也可以满足机组负荷变化和机组启停次数的要求。在喷入锅炉前，尿素溶液与稀释水混合稀释，稀释后的尿素质量浓度不得大于 20％。稀释混合器采用静态混合器，稀释用水的来源为除盐水。2 台锅炉设计两台稀释水泵，1 台运行，1 台备用。

尿素溶液制备区公用系统的控制纳入全厂辅助控制系统；机组侧烟气脱硝装置设备纳入单元机组 DCS 系统控制。锅炉烟气系统安装实时监测装置，具有就地和远方监测显示功能，监测的项目包括氮氧化物、氧量、氨逃逸等。尿素溶液制备区带电的所有设备均防爆防腐蚀，以提高控制系统的可靠性。

（三）脱硝设施性能情况

168h 试运期间 SNCR 脱硝系统运行参数见表 5-34。可以看到，SNCR 脱硝系统出口 NO_x 浓度为 27.1mg/m^3，满足设计要求，达到超低排放标准，氨逃逸为 1.82mg/m^3，小于 3.79mg/m^3 的设计值。其他参数也均满足设计要求。

表 5-34　　　　　168h 试运期间 SNCR 脱硝系统运行参数

项　目	单位	保证值	实际值
机组负荷	MW	350	
密封风母管压力	kPa	＞2	2.70
雾化风母管压力	MPa	≥0.5	0.75
尿素溶液耗量	kg/h		279.7
稀释水耗量	t/h	≥1.2	2.61
出口 NO_x 浓度	mg/m³	35	27.1
氧量	%		2.6
氨逃逸	mg/m³	3.79	1.82

三、SNCR/SCR 联合脱硝工程

本节以西南地区某火力发电厂 600MW 机组 SNCR/SCR 脱硝系统为例进行介绍。

（一）工程概况

西南地区某火力发电厂一期工程为 2×600MW 超临界燃煤汽轮发电机组，规划容量为 4×600MW，并留有扩建余地。锅炉为东方锅炉厂有限公司生产的 600MW 级超临界参数、W 形火焰燃烧、单炉膛露天岛式布置、垂直管圈水冷壁变压直流锅炉。燃用无烟煤，采用一次再热，平衡通风，固态排渣方式，全钢架结构。锅炉最低直流负荷为 30%BMCR。不投油最低稳燃负荷为 40%BMCR。

锅炉采用 6 台双进双出钢球磨煤机正压直吹式制粉系统，磨煤机型号为沈重 MGS4366 型，每台磨煤机带 4 只用于燃烧低挥发分煤种的双旋风煤粉燃烧器，24 只煤粉燃烧器顺列布置在下炉膛的前后墙炉拱上，采用分级配风组织 W 形火焰燃烧。为实现锅炉低氮排放，前、后墙水冷壁上还布置有 26 个燃尽风调节器，前、后墙各 13 只，布置在同一面墙上的燃尽风调风器共用一只燃尽风箱。

（二）脱硝工艺概述

该电厂 2 号机组原脱硝设施为 SCR 工艺，采用蜂窝式催化剂，催化剂层数按 2+1 模式布置，初装 2 层预留 1 层。在设计煤种及校核煤种、锅炉最大连续出力工况（BMCR）、处理 100%烟气量、2 层催化剂条件下脱硝效率不小于 52%。后期脱硝装置完成了增加第三层催化剂及增容改造，改造后要求的脱硝效率不低于 85%。为满足超低排放标准的要求，电厂又进行了超低排放改造：SCR 脱硝装置更换初装两层催化剂，并调整原有的蒸汽吹灰器的位置，同时，每层催化剂新增声波吹灰器；在 SCR 装置前增设 SNCR 脱硝装置，协同降低烟囱出口 NO_x 排放浓度。SNCR 脱硝采用尿素溶液作为还原剂。

1. SNCR 工艺概述

SNCR 工艺的还原剂采用 40%尿素溶液，这种还原剂的优点是容易配置，而且不需要特殊的安全法规来处理。在设计煤种，锅炉最大连续蒸发量（BMCR）、处理 100%烟气量、炉膛出口烟气中 NO_x 含量为 800mg/m³ 条件下脱硝效率不低于 30%，即 SCR 脱

硝装置入口浓度不高于$560mg/m^3$。

（1）尿素溶解和储存系统。尿素颗粒经斗式提升机输送到溶解罐里，用除盐水将干尿素溶解成约40％质量浓度的尿素溶液，通过尿素溶液混合泵输送到尿素溶液储罐。储罐中尿素溶液经过尿素溶液输送泵将其送至SNCR，经除盐水稀释后喷入锅炉。

（2）尿素溶液稀释与计量系统。通过尿素溶液供料泵输送至锅炉区域的尿素溶液在本系统中进行稀释及尿素溶液计量，根据锅炉负荷调节尿素溶液供应量，多余尿素溶液通过环形回路返回尿素溶液储罐。稀释水设置两台稀释水泵，出口设置压力调节阀，以保证出口稀释水压力恒定，从而保证喷枪入口的尿素溶液压力，达到要求的喷射效果。尿素溶液的浓度为10％。

（3）尿素溶液分配与喷射系统。尿素溶液通过稀释与计量之后分配到各个SNCR喷枪，各支管道均设有流量调节阀和电动控制阀，根据运行需要，对不同区域的SNCR喷枪分别进行流量分配。喷射系统喷枪喷射器选用耐磨、耐腐蚀的不锈钢材质，采用压缩空气进行雾化和冷却。尿素溶液循环泵将40％浓度的尿素溶液加压送至炉侧稀释计量装置，在稀释计量装置内由除盐水稀释至一定浓度后按比例进行分配，在分配单元内压缩空气和尿素溶液调节配比后送入喷枪，由喷枪均匀雾化喷入炉膛，在炉膛内发生尿素的热解和NO_x的还原反应。

设有固定墙式喷枪和伸缩式喷枪两种，利用一定压力和流量的压缩空气将尿素溶液雾化并经喷枪喷入炉膛。喷枪雾化压缩空气管道和尿素溶液管道由软管连接，喷枪与套管之间为快装接头连接。喷射区分为上下两个区域，共安装56支喷枪。一区布置在标高43.5m层的炉膛前后墙，安装26支伸缩式喷枪，前后墙各13支；二区布置在标高48.0m层的炉膛前后墙及侧墙，共安装30支固定式喷枪，左、右两侧各2支，前、后墙各13支。

（4）SNCR工艺性能保证。SNCR脱硝系统在性能考核试验时的NO_x脱除率不小于30％，氨逃逸不大于$3.79mg/m^3$。在锅炉40％～100％BMCR负荷时，系统尿素耗量为3.229t/h（两台炉，SNCR装置前烟气中NO_x含量按$800mg/m^3$）。

2. SCR工艺概述

（1）工艺系统。SCR反应器布置于省煤器和空气预热器之间的高含尘区域，运行方式为连续运行。采用蜂窝式催化剂，可以满足烟气温度不高于420℃的情况下长期运行，同时能承受运行温度450℃（每次不低于5h，一年不低于3次）的考验，而不产生任何损坏。还原剂为纯度不低于99.6％的液氨。脱硝设备年利用小时数按不小于4500h考虑，机组年可用小时数按不小于7000h考虑。脱硝装置可用率不小于98.5％。

（2）SCR工艺性能保证。燃用设定典型煤种，锅炉50％THA-100％BMCR负荷，烟气中NO_x浓度小于或等于$640mg/m^3$的条件下，氨氮摩尔比不超过0.93；SCR脱硝效率不小于92.18％；氨逃逸不大于$2.28mg/m^3$；SO_2/SO_3转化率小于1％。SCR脱硝装置整体阻力不大于1200Pa，氨耗量不大于460kg/h（单台炉）。

（三）脱硝设施性能情况

表5-35所示为该机组SNCR/SCR脱硝装置100％负荷时的性能考核试验结果。可

以看到，SNCR(SCR)入口 NO_x 浓度（6%O_2）设计值和测试结果分别为 800(640)mg/m³和 696.1(485.3)mg/m³，测试结果均小于设计值。SCR 出口 NO_x 浓度（6%O_2）为 38.4mg/m³，满足出口浓度低于 50mg/m³ 的设计要求。SNCR 装置脱硝效率为 30.3%，满足脱硝效率不低于 30% 的设计要求；SCR 装置脱硝效率为 92.1%，略低于设计值 92.18%，这与入口 NO_x 浓度低有关；SNCR、SCR 联合脱硝效率为 94.5%。SNCR 氨逃逸（SCR 入口喷氨前的氨浓度）为 3.97mg/m³，略高于设计值 3.79mg/m³；SCR 氨逃逸为 1.44mg/m³，满足氨逃逸不高于 2.28mg/m³ 的设计要求。

表 5-35　　　　　　SNCR/SCR 脱硝装置 100%负荷时的性能考核试验结果

指　　标	设计值	测试结果
炉膛出口（SNCR 入口）NO_x 浓度（6%O_2，mg/m³）	800	696.1
SCR 入口（SNCR 出口）NO_x 浓度（6%O_2，mg/m³）	640	485.3
SCR 出口 NO_x 浓度（6%O_2，mg/m³）	50	38.4
SNCR 装置脱硝效率（%）	30	30.3
SCR 脱硝效率（%）	92.18	92.1
SNCR、SCR 联合脱硝效率（%）	—	94.5
SNCR 氨逃逸（mg/m³）	3.79	3.97
SCR 氨逃逸（mg/m³）	2.28	1.44

第四节　除　尘　工　程

一、电除尘工程

某工程配备 4×660MW 超临界燃煤火电机组，是以自备电厂的方式进行发电的工程。工程同步建设脱硫脱硝装置，脱硫采用石灰石-石膏湿法脱硫工艺，脱硝采用 SCR 脱硝工艺。静电除尘器数量为 8 台（每台炉两台，工程共 8 台）。

1. 锅炉本体

（1）锅炉生产商：哈尔滨锅炉厂有限公司。

（2）型号：HG-2110/25.4-HM 型。

（3）型式：4 台 660MW 燃煤汽轮发电机组，锅炉型式为超临界参数、变压直流炉、单炉膛、一次再热、平衡通风、紧身封闭岛式布置、固态排渣、全钢构架、全悬吊结构、切圆燃烧方式、Ⅱ型锅炉。

（4）锅炉最大连续蒸发量：2110t/h。

（5）过热蒸汽出口压力：25.4MPa。

（6）过热蒸汽出口温度：571℃。

（7）再热蒸汽流量：1777.6t/h。

（8）再热蒸汽进口/出口压力（绝对压力，BMCR）：4.455/4.255MPa。

（9）再热蒸汽进口/出口压力（绝对压力，BRL）：4.273/4.087MPa。

（10）再热蒸汽进口温度：319.4℃。

（11）再热蒸汽出口温度：569℃。

（12）给水温度（B-MCR/BRL）：281.6/277.5℃。

（13）一次风热风温度：380℃。

（14）二次风热风温度：370℃。

（15）排烟温度（修正后）：142℃。

（16）锅炉最低不投油稳燃负荷：≤35%。

（17）省煤器出口 NO_x 的排放浓度（标准状态、干基、6%O_2）：≤350mg/m³。

（18）锅炉效率（BMCR）：92.71%。

（19）锅炉点火方式：少油点火。

（20）锅炉运行方式：基本负荷并可调峰。

（21）空气预热器型式：三分仓回转式空气预热器。

（22）设计过量空气系数（空气预热器出口）：1.20。

（23）制粉系统：采用中速磨煤机冷一次风正压直吹式制粉系统。每台炉配7台磨煤机，燃烧设计煤种时，6台运行、1台备用，燃烧校核煤种时，7台运行、不设备用。

（24）除灰方式：气力除灰。

（25）引风机型式：三合一轴流式。

2. 燃料情况

工程燃煤为附近煤矿所产褐煤，启动点火及助燃采用0号或－35号轻柴油。工程燃煤情况见表5-36。

表 5-36　　　　　　　　　　　　工程燃煤情况

	项目	符号	单位	设计煤种	校核煤种
	燃料品种			褐煤1	褐煤2
工业分析	收到基全水分	W_{ar}	%	28.15	31.0
	空气干燥基水分	W_{ad}	%	12	15
	干燥无灰基挥发分	V_{daf}	%	42.38	49.9
	收到基灰分	A_{ar}	%	21.49	25.99
	收到基低位发热值	$Q_{net,ar}$	MJ/kg	13.817	11.32
元素分析	收到基碳分	C_{ar}	%	36.70	31.15
	收到基氢分	H_{ar}	%	2.98	2.37
	收到基氧分	O_{ar}	%	9.60	8.45
	收到基氮分	N_{ar}	%	0.62	0.54
	收到基硫分	$S_{t,ar}$	%	0.46	0.5
	哈氏可磨性指数	HGI		55	55
煤灰熔融性	变形温度	DT	℃	1200	
	软化温度	ST	℃	>1300	
	流动温度	FT	℃	>1300	

3. 安装条件

布置炉后室外，要求采用整体紧身封闭，所有的附属设备均置于封闭之中。封闭采用双层彩色压型钢板，中间设足够厚度的保温材料。

4. 厂用电系统电压

中压系统为 10kV、三相、50Hz；额定值 200kW 及以上电动机的额定电压为 10kV。低压交流电压系统（包括保安电源）为 380/220V、三相五线、50Hz；额定值 200kW 以下电动机的额定电压为 380V；交流控制电压为单相 220V。应急直流油泵的电动机额定电压为 220V 直流，与直流蓄电池系统相连，电压变化范围为 192～248V。

5. 配套电动机

工程配套电动机见表 5-37。

表 5-37　　　　　　　　　　　　工程配套电动机

电源类型	功率等级	额定电压等级	绝缘等级	温升等级
AC	200kW 及以上	10kV	Class F	Class B
	200kW 以下	三相：380V	Class F	Class B
DC	各类容量	控制：110V 动力：220V	Class F	Class B

电动机防护等级见表 5-38。

表 5-38　　　　　　　　　　　　电动机防护等级

位　置	形式	等级
除氧框架除氧层、锅炉房运转层		IP54
锅炉房零米层、空气预热器辅机、除氧框架零米层、煤仓层	TE	IP54
炉后引风机、室内电动机	TE	IP54

注　TE：全封闭风扇冷却式电动机、全封闭管道通风冷却式电动机或全封闭水-空气冷却式电动机。

6. 设备参数

静电除尘器采用形式：干式、卧式、板式除尘器全部电场均采用高频电源。静电除尘器参数见表 5-39。

表 5-39　　　　　　　　　　　　静电除尘器参数

项　目		单位	供方提供的内容
设计效率	设计煤种	%	99.935
	校核煤种	%	99.938
保证效率		%	99.93
本体阻力		Pa	≤250
本体漏风率		%	<2
噪声		dB（A）	≤85
有效断面积		m²	2×692.64

项　目	单位	供方提供的内容
长高比		1.19
室数/电场数		3/5
通道数	个	前四电场3×37；末电场3×31
单个电场的有效长度	m	前三电场3.5；第四电场4.0；末电场4.0
电场的总有效长度	m	18.5
比集尘面积/一个供电区不工作时的比集尘面积	m²/(m³/s)	109.78/103.69
驱进速度/一个供电区不工作时的驱进速度	cm/s	7.53/7.97
烟气流速	m/s	0.98
烟气停留时间	s	18.88
阳极系统	阳极板型式及材质（每台炉）		前四电场为480C/SPCC；末电场为框架型/SPCC
	同极间距	mm	前四电场400；第五电场460
	阳极板规格：高×宽×厚	m×mm×mm	前四电场15.6×480×1.5；末电场4.0×700×0.8
	单个电场阳极板块数		前三电场798块/每电场；第四电场912块，末电场5760块
	阳极板总有效面积（每台炉）	m²	103 147.2＋46 425.6（移动极板）
	振打方式		侧部机械振打
	振打装置的数量	套	16
阴极系统	阴极线型式及材质		RSB管型芒刺线/SPCC
	沿气流方向阴极线间距	mm	500
	阴极线总长度（每台炉）	m	128 138
	振打方式		侧部机械振打
	振打装置的数量	套	30
壳体设计压力	负压	kPa	10.5
	正压	kPa	10.5
	壳体材质		满足低温要求
灰斗	每台除尘器灰斗数量	个	30
	灰斗加热形式		电加热
	数量	台	30
整流变压器	整流变压器型式（油浸式或干式）		油浸式
	每台整流变压器的额定容量	kVA	前三电场96，后两电场112
	整流变压器适用的海拔/环境温度	m/℃	1200/−45～45
	每台炉电气总负荷	kVA	≤3993
	每台炉总功耗	kW	≤1262

第五电场移动极板技术参数见表 5-40。

表 5-40   第五电场移动极板技术参数

项　目	单位	设　计　参　数
极板有效长度	mm	4000
单电场有效高度	m	15.60
单台电除尘器电场内通道数	个	3×31
同极间距	mm	460
极配型式		旋转电极配芒刺线
阳极清灰方式		清灰刷
阴极清灰方式		侧部机械振打
灰斗下法兰净空	m	2.5

电源形式为二路独立电源，每一路额定容量为 2000kVA。电源为交流 380V，三相五线，50Hz。交流低压配电柜主电路绝缘水平为工频 2500V(1min)；主电路额定工作电压为交流 380V；辅助电路额定工作电压为 380/220V 交流电。

主母线额定电流为 3650A，主母线结构在规定的试验条件下，所能承受的短路电流值为 65kA(1s)；中性母线与主母线并列布置时，所能承受的短路电流值为 50kA（1s）；主母线结构在规定的试验条件下，所能承受的短路电流峰值为 150kA；作为保护元件（如断路器、熔断器）在额定工作电压下的分断能力不小于 125kA。电源波动范围：$+10\%U_n$（额定电压）、$\pm2\%$频率变化，长期运行。$-22.5\%U_n$ 不超过 1min 时，允许最大不平衡负荷为 5kVA。

二、袋式除尘工程

某电厂 2×200MW 机组配套安装 2×670t/h 煤粉锅炉，每台炉配除尘器 1 组。除尘方式：由静电预除尘器＋静电后除尘器改为静电预除尘器＋袋式除尘器（即静电预除尘器维持现状，将静电后除尘器改装成袋式除尘器）。

1. 锅炉参数

(1) 工程安装 2×670t/h 煤粉锅炉。

(2) 空气预热器型式：二分仓容克式。

(3) 设计过量空气系数（空气预热器出口）：1.33。

(4) 除灰型式：干除灰。

(5) 锅炉负荷类型：带基本负荷并调峰运行。

2. 燃料情况

锅炉燃用电厂本地区混煤，工程煤质资料见表 5-41。

表 5-41   **工程煤质资料**

项　目		符号	单位	设计煤种
元素分析	收到基碳	C_{ar}	%	39.21
	收到基氢	H_{ar}	%	2.62
	收到基氧	O_{ar}	%	10.02
	收到基氮	N_{ar}	%	0.53
	收到基全硫	$S_{t,ar}$	%	1.22
工业分析	收到基灰分	A_{ar}	%	38.42
	收到基水分	M_{ar}	%	7.96
	空气干燥基水分	M_{ad}	%	2.39
	干燥无灰基挥发分	V_{daf}	%	33.74
收到基低位热值		$Q_{net,ar}$	kJ/kg	14 770
			kcal/kg	3533
哈氏可磨性指数		HGI		75
灰熔点	变形温度	DT	℃	>1500
	软化温度	ST	℃	>1500
	熔化温度	FT	℃	>1500
灰成分	二氧化硅	SiO_2	%	44.77
	三氧化二铝	Al_2O_3	%	45.09
	三氧化二铁	Fe_2O_3	%	4.87
	氧化钙	CaO	%	1.07
	氧化镁	MgO	%	1.15
	氧化钾	K_2O	%	0.55
	氧化钠	Na_2O	%	0.48
	三氧化硫	SO_3	%	0.87
	二氧化钛	TiO_2	%	0.48
	氧化锰	MnO_2	%	0.001

3. 技术指标

工程选用的袋式除尘器有 4 个袋室，整个型式为 4 袋室并行结构。除尘器型号为 ND4×2/1175/RF8000。在锅炉 80% 负荷运行中能够进行在线切换检修，保证避免因检修时风速、阻力过高，影响锅炉、引风机的运行。每个袋室 2 个袋束，每个袋束有 1175 个滤袋，每一台除尘器共有滤袋数量 9400 条，总过滤面积为 29 980 m^2/台，设有 8 套清灰机构。整个工程尽管结构改动量小，但能保证除尘效率和使用寿命，操作维护简单。除尘器在进口处安装有气流均布系统，通过合理的开孔位置和开孔率，保证入口处烟尘气流分布的均匀。具有尘气分离、整流、降低并匀布烟气流速的多功能格栅，可取得明显的减小阻力和降低入口粉尘浓度的效果。

袋式除尘器改造设计除了包括利用原有的壳体结构和灰斗，还包括净气室、脉冲清灰机构、滤袋及袋笼、花板和其他等部分组成。

袋式除尘器技术参数见表 5-42。

表 5-42　　　　　　　　　　　　袋式除尘器技术参数

项　目	单位	参　数
每台炉配置的除尘器数目	套	1
设备名称		袋式除尘器
除尘器型式		低压旋转脉冲喷吹（LPPJFF）
除尘器型号		ND4×2/1175/RF8000
处理烟风量	m^3/h	1 798 763
入口烟气温度	℃	160～190
出口烟尘最高排放浓度（标准状态、6%O_2、干态）	mg/m^3	≤50
本体平均运行阻力（1 年内）	Pa	800～1200
本体平均运行阻力（4 年内）	Pa	≤1300
本体漏风率	%	<2
气流分布均匀性		≤0.2
过滤面积	m^2	29 980
过滤风速	m/min	0.99
过滤风速（单仓检修）	m/min	1.06
袋室数	个	4
滤袋数量	条	9400
滤袋规格	mm	$\phi127×8110$
滤袋间距	mm	115
滤袋允许连续正常使用温度	℃	160～190
滤袋瞬时最高工作温度	℃	200
每炉除尘器灰斗数	个	16
脉冲阀规格		DV14
脉冲阀数量	只	8
喷吹气源压力	MPa	0.07～0.085
气源品质		洁净空气
耗气量	$m^3/$阀次	1.8
清灰气源装置数量	台/炉	3
型号/型式		THW125/罗茨风机
运行方式		两台运行、一台备用
风量	m^3/min	21
风压	kPa	88.2
电动机功率	kW	55

4. 滤袋

滤袋的纵缝采用直接缝线技术。缝线在 10cm 内的针数不少于（25±1）针。滤袋的缝制不连续跳线且 1m 缝线内跳线不超过 1 针、1 线、1 处且无浮线，不连续掉道且 1m 内掉道不超过 1 处。滤袋袋口的环状缝线牢固且不少于两条；滤袋袋底的环状缝线缝制两圈以上。

袋笼采用有机硅静电喷涂工艺表面处理，涂层厚度为 30～50μm。有机硅可耐 300℃高温，具有抗氧化、耐酸、耐腐蚀等性能，在整个寿命期可以保证不出现生锈现象，根据文件提供的烟气参数，经过有机硅静电喷涂工艺表面处理后的袋笼能保证 30 000h 后更换滤袋时不会出现与滤袋黏结现象。袋笼的材质为 20 号钢。袋笼设计轻便、坚固，袋笼的纵筋和反撑环分布均匀，采用碳钢纵筋线，反撑环绕筋线之间的间距是 200mm。

滤袋的技术性能参数见表 5-43。

表 5-43　　　　　　　　　　滤袋的技术性能参数

项　目		单　位	参　数
产品型号			Pristyne 6250
产品名称			戈尔覆膜/PTFE 处理玻纤织物滤料
最高允许连续使用温度		℃	260
允许最高使用温度		℃	288
单位面积质量		g/m²	750
厚度		mm	0.90
断裂强力	经向	N/cm	612.20
	纬向	N/cm	612.20
在 196Pa 下的透气度		m³/(min·m²)	3.8
缝线材质			膨体聚四氟乙烯缝线
缝制方式			滤袋全部用缝线缝制，袋头袋底用纯 PTFE 毡补强
使用寿命		h	>30 000

5. 控制

除尘器整体控制采用 PLC 系统控制。控制方式有 3 种：自动控制、半自动控制、手动控制。3 种控制方式有不同级别的授权，以避免设备在运行中的误操作。

采用 3 种反吹清灰模式：慢速、正常、快速清灰模式，以适应滤袋上灰尘负荷的变化（也就是锅炉负荷的变化），来保证在滤袋整个寿命周期内维持最低的除尘器阻力。

某工程袋式除尘器清灰方式见表 5-44。

表 5-44　　　　　　　　　　某工程袋式除尘器清灰方式

压差设定点	脉冲持续时间	脉冲时间
不清灰（<0.7kPa）	无	无
慢速清灰（0.70~1.00kPa）	200ms	1~5min
正常清灰（1.01~1.50kPa）	200ms	10~60s
快速清灰（>1.51）	200ms	5s

6. 电源

除尘器使用的电源为 380/220V、50Hz。电源为交流 380V 三相四线制、50Hz。当电源电压在下列范围内变化时，所有电气设备和控制系统能正常工作：

交流电源（+5%~-10%）额定电压 U_n、频率 50Hz+2% 长期运行。当电压在 $-30\%U_n$、时间不超过 1min 时，不造成设备事故。电源可允许的最大不平衡负荷为 5kVA。断路器在额定电压下切断 50kA 的对称短路电流有效值，历时 1s 并能承受相应的动稳定电流（峰值）的冲击而不发生损坏。

三、电袋复合除尘工程

某电厂投产 2×350MW 超临界循环流化床间接空冷机组，同步建设石灰石-石膏湿法脱硫设施及脱硝装置，并预留扩建条件。工程于 2016 年 9 月开工，两台机组分别于 2019 年 10 月、2019 年 12 月投产。

1. 锅炉参数

锅炉采用东方电气集团东方锅炉股份有限公司生产的超临界参数变压运行直流炉、循环流化床燃烧方式，一次中间再热、紧身封闭、平衡通风、固态排渣，全钢架悬吊结构，流化床锅炉。

(1) 最大连续蒸发量：1241t/h。

(2) 锅炉最大连续蒸发量时的耗煤量：

1) 设计煤种：242t/h。

2) 校核煤种 1：288.2t/h。

3) 校核煤种 2：269.8t/h。

(3) 空气预热器型式：锅炉厂配套生产的四分仓容克式。

(4) 除渣方式：滚筒式冷渣器。

(5) 除灰方式：正压气力除灰。

(6) 吸风机型式：动叶可调轴流式。

2. 燃料情况

该电厂煤质分析见表 5-45。

表 5-45 某电厂煤质分析

	项目	符号	单位	设计煤种	校核煤种 1	校核煤种 2
煤质分析	应用基碳	C_{ar}	%	36.61	32.57	33
	应用基氢	H_{ar}	%	2.26	2.1	2.29
	应用基氧	O_{ar}	%	6.72	6.72	7.63
	应用基氮	N_{ar}	%	0.65	0.56	0.59
	应用基硫	$S_{t,ar}$	%	2.06	1.99	2.09
	应用基灰分	A_{ar}	%	45.2	48.06	44.53
	应用基水分	M_{ar}	%	6.5	8	9.87
	空气干燥基水分	M_{ad}	%	1.67	2.17	1.11
	干燥无灰基挥发分	V_{daf}	%	35.91	40.43	40.28
	收到基高位发热量	$Q_{gr,ar}$	kJ/kg	14 420	12 390	
	收到基低位发热量	$Q_{net,ar}$	kJ/kg	13 800	11 770	12 790
	哈氏可磨性系数	HGI		76	92	—
	磨损系数	Ke		0.9	1.5	—
灰分分析	变形温度	DT	℃	1490	1480	1500
	软化温度	ST	℃	1500	1500	1500
	半球温度	HT	℃	1500	1500	1500
	流动温度	FT	℃	1500	1500	1500
	三氧化二铁	Fe_2O_3	%	10.79	8.17	7.42
	三氧化二铝	Al_2O_3	%	33.12	32.79	36.07
	二氧化硅	SiO_2	%	51.9	55.42	49.19
	氧化钙	CaO	%	0.13	0.29	2.69
	二氧化钛	TiO_2	%	1.14	0.24	0.81
	氧化钾	K_2O	%	0.72	0.71	1.03
	氧化钠	Na_2O	%	0.35	0.14	0.33
	氧化镁	MgO	%	0.21	0.26	0.72
	三氧化硫	SO_3	%	0.7	1.18	0.67
	二氧化锰	MnO_2	%	0.011	0.017	0.063
其他	煤中氯	Cl_{ar}	%	0.011	0.01	—
	煤中砷	As_{ar}	μg/g	7	7	—
	煤中氟	F_{ar}	μg/g	98	91	—
	煤中汞	Hg_{ar}	μg/g	0.13	0.115	—
	游离二氧化硅	SiO_2 (F)	%	6.78	8.5	—
煤灰比电阻	测量电压	测试温度	单位			
	500V	17℃	Ω·cm	1.50×10^{11}	1.10×10^{11}	—
		80℃	Ω·cm	2.90×10^{12}	1.30×10^{12}	—
		100℃	Ω·cm	3.50×10^{12}	3.40×10^{12}	—
		120℃	Ω·cm	6.10×10^{12}	4.00×10^{12}	—
		150℃	Ω·cm	6.70×10^{11}	6.10×10^{11}	—
		180℃	Ω·cm	7.80×10^{10}	7.20×10^{10}	—

3. 技术参数

电袋复合除尘器整体技术参数见表 5-46。

表 5-46　　　　　　　　　　　　　电袋复合除尘器整体技术参数

项　目	单位	参数
除尘型式		两电两袋
每台炉配置的除尘器数量	套	2
处理烟气量（已考虑10%裕量，过量空气系数为1.29）	m³/h	2 389 095
除尘器入口烟尘浓度	g/m³	86.55
除尘器出口烟尘浓度	mg/m³	≤8
除尘设计效率	%	≥99.99［基于入口浓度（标准状态）≥86.55g/m³时］
保证效率	%	≥99.99［基于入口浓度（标准状态）≥86.55g/m³时］
除尘器总体阻力（电区＋袋区）	Pa	≤1050
除尘器本体漏风率	%	≤1.5
壳体设计压力	Pa	±15 000
外形尺寸	m×m×m	25.5×40.4×29.4
入口烟道标高	m	20.27
出口烟道标高	m	21.735
设备总质量	t	约2000
每台除尘器灰斗数	个	8（电区）＋8（袋区）
灰斗接口尺寸	mm	400×400
灰斗加热形式		电加热
除尘器电区有效断面积/有效长度	m²/m	316/2×3.5
每台炉进口关断门数量		4
进口风门规格	mm	3300×3300（可调）
进口风门型式		挡板门
每台炉出口风门数量	m/m	4
出口风门规格	mm	3300×3300（可调）
出口风门型式		挡板门
除尘器冲洗水量	t/h	无需
灰斗电加热板形式/功率		板式电加热/5kW/每斗
灰斗气化板型号		QHB150×300
灰斗气化板数量	块	32/每炉
垂直于气流方向灰斗积灰不均匀系数		—
平行于气流方向灰斗积灰不均匀系数		—
各个灰斗灰量分布比	%	75：18：3.5：3.5

续表

项 目	单 位	参 数
飞灰在各灰斗的粒度分布		—
灰斗材料		Q235
灰斗厚度	mm	5（无负偏差）
灰斗排灰口相对零米地标高	m	4.0
保温层和保护层材料、厚度（岩棉/彩色外护板）		彩色压型板
本体保温量	m³	约900
电气总负荷（每台炉）	kW	835
最大运行负荷（每台炉）	kW	约350
壳体材料/厚度	mm	Q235/6
噪声	dB（A）	<75

电除尘区技术参数见表5-47。

表 5-47 电除尘区技术参数

项 目	单 位	参 数
室数/电场数	个	8/2
有效断面积/有效长度	m²/m	316/2×3.5
长/高	m/m	0.46
同极间距	mm	400
单个电场长度/有效宽度	m/m	3.5/10.4
阳极板型式/材料/厚度	mm	C板/SPCC/1.5
阴极线型式/材料/总长度	m	针刺线/不锈钢针尖/43 680
比集尘面积	m²/(m³/s)	>33
趋进速度	cm/s	约8
烟气流速	m/s	1.05
烟气在电场内停留时间	s	6.7
通道数量	个	4×26
每台除尘器绝缘子数量	个	24
阳极振打方式		侧部电机振打
阴极振打方式		顶部电磁锤振打
振打电动机的型号、数量、功率		XWED/8/0.18kW
高频电源型号、额定容量	kVA	高频电源1.0A/66kV、83kVA
每台除尘器配高频电源台数	台	4
高频电源质量	t	约1.4
高频电源适用的海拔/环境温度	m/℃	1300/−25～40
电区设备总质量	t	约1000

布袋除尘区技术参数见表 5-48。

表 5-48　　　　　　　　　布袋除尘区技术参数

项　目	单位	参　数
除尘器允许入口烟气温度	℃	<160，高于酸露点 10℃
仓室数	个	8
滤袋数量	条	9072
过滤面积	m²	41 900
滤袋规格（直径×长）	mm	168 系列
滤袋材质		主材为 PPS、PTFE 的高过滤精度滤袋
滤布纺织工艺		针刺毡
滤布（如为混纺）配方、工艺		pps（20％）、超细纤维（30％）、PTFE（50％），PTFE 基布
滤布缝制工艺		PTFE 线缝并做特殊处理
滤袋间距	mm	230～250
滤袋滤料单位质量	g/m²	650
滤袋厚度	mm	1.7
滤袋产地		国产
滤袋允许连续正常使用温度	℃	<160，高于酸度点 10℃
滤袋瞬时最高工作温度	℃	170
除尘器的气布比（过滤风速）	m/min	约 0.95
滤笼材质		Q235
滤笼规格		φ168 系列
滤笼防腐处理工艺		有机硅喷涂
滤袋固定及密封方式		不锈钢弹簧涨圈
脉冲阀规格		3 寸淹没式
脉冲阀数量	只	504
喷吹气源压力	MPa	>0.5
清灰方式		低压行脉冲
机械开阀时间	s	0.15～0.25
清灰气源		压缩空气、无油水
耗气量（正常运行）/（特殊情况）	m³/min	约 18/约 22
减温水水质		无需
减温水压力	MPa	无需
减温水温度	℃	无需
每台炉减温水耗量	t/h	无需
袋区设备总重量	t	约 1000

4. 电气部分

除尘器及其辅助设备属 Ⅱ 类负荷，每台炉提供两台额定容量为 1600kVA 的 400V 变压器作为对应锅炉除尘器系统的两路独立电源，两路独立电源互为备用。

电源为交流 380/220V、三相五线、50Hz。

电源波动范围：+10%U_n、±2%频率变化，长期运行。−22.5%U_n 不超过 1min 时，不造成设备故障。允许最大不平衡负荷为 5kVA。

高频电源参数如下：

（1）电源转换效率：产品在额定负载条件下大于 92%。

（2）功率因数：在额定输出电压、电流条件下大于 0.9。

（3）温升：高频高压电源发生装置在额定电压、额定负载下运行 2h，绝缘栅双极型晶体管（IGBT）模块和油箱的温升不超过 35℃。

（4）高压直流输出电压、额定直流输出电压：60、72kV，电压调节范围为 0～100%；输出电流调节范围为 0～100%。

（5）额定输入电压：三相电压 380V、50Hz。

（6）高频电源功率开关管设温度检测，80℃时报预警；90℃时切断主回路并发出报警信号。采用油循环强制冷却的散热方式，且采用温控启动，当电源工作于小功率状态或环境温度较低时，停止强制冷却系统的工作，并且满功率能长期运行。

（7）高频电源设油温检测，80℃报警，85℃切断电源，发报警信号。

（8）高频电源用油采用 45 号油。

四、低低温电除尘与湿式电除尘改造工程

某电厂 2×600MW 机组采用 SG-2093/17.5-M912 型亚临界压力一次中间再热控制循环汽包炉，单炉膛Ⅱ型紧身封闭布置，采用四角切向燃烧。锅炉采用摆动式燃烧器调温，一次风正压直吹式制粉系统、单炉膛、固态排渣、全钢架悬吊结构、平衡通风。电厂目前配套第一电场高频电源的电除尘器，脱硫采用石灰石-石膏湿法的技术路线，烟尘排放浓度为 52.91mg/m³，为满足 GB 13223—2011《火电厂大气污染物排放标准》中允烟尘浓度小于或等于 30mg/m³（重点地区小于或等于 20mg/m³）和"超低排放"的要求达到 10mg/m³ 要求，将烟尘排放改造至小于或等于 5mg/m³。改造内容为对原电除尘器局部进行改造，更换不锈钢材质的灰斗下部 1/3 及人孔门等，更换灰斗改造部位保温及外护板。通过低低温省煤器降低电除尘器入口烟气温度至 91℃ 左右，以达到降低烟气量和流速的目的，降低烟尘比电阻，改善粉尘的荷电特性，电除尘器比集尘面积达到 80m²/（m³/s）以上，使除尘器出口烟尘排放浓度小于或等于 70mg/m³，达到提高除尘效率的目的，通过湿法脱硫协同除尘，再经过湿式电除尘器深度除尘，实现烟囱入口烟尘浓度小于 5mg/m³，同时能有效去除烟气中细颗粒物 $PM_{2.5}$、SO_3、重金属汞等多种污染物。

1. 锅炉参数

该电厂锅炉参数见表 5-49。

表 5-49　　　　　　　　　　　某电厂锅炉参数

项　目	BMCR	额定工况
过热蒸汽流量（t/h）	2093	1833
过热蒸汽出口温度（℃）	541	541
过热蒸汽出口压力（MPa）	17.47	17.27

续表

项　目	BMCR	额定工况
再热蒸汽流量（t/h）	1771.5	1574.7
再热蒸汽进口温度（℃）	335	320
再热蒸汽出口温度（℃）	541	541
再热蒸汽进口压力（MPa）	4.09	3.63
再热蒸汽出口压力（MPa）	3.89	3.44
省煤器进口给水温度（℃）	284	276
省煤器进口给水压力（MPa）	19.23	18.69
汽包压力（MPa）	18.84	18.42

2. 燃料参数

该电厂煤质特性参数见表 5-50。

表 5-50　　　　　　　　　　　某电厂煤质特性参数

项　目	符号	设计煤种	校核煤种
全水分（%）	M_t	24.81	25.13
空气干燥基水分（%）	M_{ad}	14.80	19.89
收到基灰分（%）	A_{ar}	10.39	9.12
干燥无灰基挥发分（%）	V_{daf}	37.22	39.68
收到基碳（%）	C_{ar}	52.20	50.90
收到基氢（%）	H_{ar}	2.47	2.70
收到基氧（%）	O_{ar}	8.42	10.83
收到基氮（%）	N_{ar}	0.98	0.50
收到基全硫（%）	$S_{t,ar}$	0.73	0.82
收到基低位发热量（MJ/kg）	$Q_{net,ar}$	18.852	18.160
变形温度（℃）	DT	1090	1109
软化温度（℃）	ST	1168	1128
流动温度（℃）	FT	1189	1143
哈氏可磨性指数	HGI	84	78
二氧化硅（%）	SiO_2	23.04	24.72
三氧化二铝（%）	Al_2O_3	26.12	20.02
三氧化二铁（%）	Fe_2O_3	19.46	19.96
氧化钙（%）	CaO	19.99	18.64
氧化镁（%）	MgO	5.53	4.47
三氧化硫（%）	SO_3	2.24	8.48
二氧化钛（%）	TiO_2	0.89	0.97

项　目	符号	设计煤种	校核煤种
氧化钾（%）	K_2O	0.39	0.39
氧化钠（%）	Na_2O	1.62	0.51
二氧化锰（%）	MnO_2	0.084	0.13
灰渣总量（t/h）		34.95	
锅炉排渣量（t/h）		5.12	

3. 低低温除尘器实现方式

（1）在锅炉尾部空气预热器出口和电除尘进口之间的烟道内设置烟气余热回收系统，排烟温度下降至 90℃左右。

（2）充分考虑烟气阻力增加并防止传热管腐蚀、积灰、磨损等问题。

（3）防止工质侧凝结水流动阻力增加等问题。

（4）冷凝水流量可调，换热器出口水温度可控。

（5）低低温省煤器系统换热器采用 H 形翅片管，受热面全部选用耐低温腐蚀材料 ND 钢制作。

（6）低低温省煤器系统换热器受热面布设吹灰器。

（7）回收的烟气余热加热冷凝水，加热后的水再进入到冷凝水系统，进入换热器的水温不低于 65.0℃。

4. 技术参数

该电厂 THA 工况余热回收换热器技术参数见表 5-51。

表 5-51　　　　　　　　某电厂 THA 工况余热回收换热器技术参数

项　目		单　位	数　据
酸露点	水蒸气露点	℃	47.8
	酸露点-苏联方程（1973 版）	℃	104.3
	建议取水温度	℃	≥72.8
烟气侧参数	管束最低壁温	℃	73.6
	进口烟气温度	℃	160.0
	进口烟气焓	kJ/kg	170.9
	出口烟气温度	℃	91.0
	出口烟气焓	kJ/kg	96.3
	烟气平均流速	m/s	9.59
工质侧参数	高温段取水温度	℃	87.2
	高温段取水流量	t/h	476.9
	低温段取水温度	℃	54.8
	低温段取水流量	t/h	541.0

续表

项　目		单　位	数　据
工质侧参数	换热器工质流量	t/h	254.5
	实际给水流量	t/h	1017.9
	混合后工质入口温度	℃	70.0
	工质初焓	kJ/kg	294.1
	出口工质温度	℃	121.1
	出口工质焓	kJ/kg	509.7
	工质平均流速	m/s	0.87
系统阻力	烟气阻力	Pa	433
	工质阻力	MPa	0.20
设备尺寸	烟道横向高度	m	10.3
	烟道横向宽度	m	4.6
	烟道纵向长度（含吹灰）	m	4.12
	有效传热面积	m²	16 928
	基管外径	m	0.038
	基管厚度	m	0.005
	翅片宽	m	0.092
	翅片高	m	0.089
	翅片厚度	m	0.002
	小缝宽度	m	0.013
	H形翅片节距	m	0.016
	横向节距	m	0.100
	纵向节距	m	0.092
	横向排数		46
	纵向排数		36
	换热管重	t	183.3
	单套设备总重	t	231.0
	烟气冷却器换热面积	m²	16 928
	烟气侧折算换热系数	W/(m²·℃)	30.7
	烟气冷却器换热功率	MW	15.1
	单台炉冷却器换热面积	m²	67 712
	单台炉冷却器设备总重	t	970.3

加装低低温电除尘后某电厂除尘器技术参数见表5-52。

表 5-52　　　　　　　　　加装低低温电除尘器后某电厂除尘器技术参数

项　目	单位	数值
除尘器入口烟气量（改造前工况，160℃）	m³/h	3 920 000
除尘器入口烟气量（改造前工况，91℃）	m³/h	3 300 000
除尘器入口烟尘浓度（标准状态、干基、6%O_2）	g/m³	＜31
低低温省煤器后烟气温度	℃	91
烟尘排放浓度（改造前）	mg/m³	97.54
烟尘排放浓度（改造后）	mg/m³	＜70
系统阻力	Pa	≤1200

5. 湿式电除尘改造方式

针对现有场地情况，结合引风机、烟道和脱硫改造，取消烟气再热器（GGH）后，湿式电除尘器布置在 GGH 钢支架上。考虑 GGH 钢支架的结构、基础现状，为减少 GGH 钢支架改造加固工作量，节省设备投资和缩短改造工期，选用立式湿式电除尘器。脱硫吸收塔出口烟气水平引入湿式电除尘器，对吸收塔出口烟道进行拆除改造，湿式电除尘器采用上进气、下出气方式，经过湿式电除尘器后，净烟气烟道连接至烟囱。收尘极板和放电极线均采用定期间断冲洗方式。湿式电除尘器收集下来的烟尘颗粒、水雾和清洗水从下部烟道底部统一排出，接入原脱硫水处理系统进行统一处理。

6. 湿式电除尘技术参数

该电厂湿式电除尘技术参数见表 5-53。

表 5-53　　　　　　　　　　某电厂湿式电除尘技术参数

项　目		参　数
烟气量（×10⁴m³/h）	工况	≤283
	标准状态、干基、6%O_2	≤236
最高烟气温度（℃）		＜85
设计运行烟气温度（℃）		50
设计压力（Pa）		2500
工作压力（Pa）		＜1500
除尘器电场型式		立式
电场断面（m²）		270
收尘极参数（六边形内切圆直径×高，mm）		350×6000
电场风速（m/s）		＜3
同极距（mm）		≥350
收尘极材质		耐酸导电材质、非金属
总收尘面积（m²）		17 801
比集尘面积［m²/(m³/s)］		23
放电极型式		钛合金

续表

项 目	参 数
高压电源型式	恒流源
高压电源容量（kV/mA）	72/2200
高压电源数量（套）	4
设备运行耗水量（m³）	20（每次 10min）
设备收集水量（m³/h）	<4m
设备电气负荷（kVA）	<1250
电加热风机型式及参数	风量 15 000m³/h，压头 5500Pa
电加热风机数量（套）	2，1 台运行、1 台备用
入口烟尘浓度（mg/m³）	≤30
出口烟尘浓度（mg/m³）	≤5
除尘效率（%）	≥83
设备阻力（Pa）	≤250
系统阻力（含烟道，Pa）	≤500
电气负荷（kVA）	590

湿式电除尘器包括 4 个供电区，每台炉配套 4 台高压电源对应 8 台高压控制柜、低压控制柜、配电柜、进线柜及高压隔离开关柜和相应端子箱；采用能有效拟制电场放电、避免电场闪络拉弧的恒流高压供电电源（HLP，规格为 72kV/2.2A）。

在新建的电气控制室内布置控制柜，电气控制柜分为两种尺寸，分别为 1000mm×800mm×2200mm 和 800mm×800mm×2200mm。从 10kV 工作段电源段引接湿式电除尘器电源，需新增两台容量为 1250kVA 干式变压器与除尘器电气控制柜统一布置。该电厂湿式电除尘器电气负荷见表 5-54。

表 5-54　　　　　　　　　　某电厂湿式电除尘器电气负荷

主要设备	台数	运行负荷（kW）	额定总容量（kVA）
高压电源（72kV/2.2A）	4	330	780
水泵	1	6	37.5
风机及电加热器	1	250	277.5
仪表控制及变送器	1	2.4	3
电动阀	5	0.48	0.8
照明灯	32	3	6
功率合计		595	1100

湿式电除尘器清洗用水采用脱硫工艺水，压力和流量不足时配套增压水泵，1 台运行、1 台备用。湿式电除尘器设备运行时采用定期间断喷水冲洗收尘集和阴极放电线，每天冲洗 1 次，冲洗水压力不小于 0.35MPa，每次冲洗时间为 10min 左右，每台炉耗水量为 20m³/次。清洗水和收集到的雾滴直接排放到脱硫地坑。

第五节　脱　硫　工　程

一、石灰石-石膏湿法脱硫工程

内蒙古西部地区电厂主要以石灰石-石膏湿法脱硫为主，脱硫塔主要类型为单塔、单塔双循环、双塔双循环。

某发电公司 4×330MW 直接空冷供热机组工程，烟气脱硫采用石灰石-石膏湿法烟气脱硫工艺。炉最大连续蒸发量为 1185t/h。

（一）石灰石浆液制备系统

两台烟气脱硫（FGD）系统配一套公用石灰石浆液制备系统。设两台湿式球磨机及石灰石浆液旋流分离器，单台设备出力不小于按设计工况下石灰石消耗量的 100%，且满足燃用校核煤质工况下运行要求。石灰石进厂后制成合格的石灰石浆液，并输送到吸收塔。

石灰石浆液制备系统主要设备包括 1 套卸料装置、1 台提升机、1 座可满足两台锅炉 100%脱硫 3 天用量的钢制石灰石储仓、2 台皮带称重给料机、2 台湿式球磨机、1 个石灰石浆液储罐。每座吸收塔设 2 台石灰石浆液输送泵及输送到吸收塔的管道系统。在石灰石卸料斗附近空余场地加石灰石堆料场，堆料场露天布置，设置防风抑尘网。

（二）烟气系统

烟气从锅炉引风机出口接至吸收塔，脱硫后的净烟气回到烟囱（烟囱内筒烟道接口处），其中包括出入口烟道挡板门、膨胀节及有关烟道。石灰石-石膏湿法脱硫工程取消 GGH 系统和脱硫旁路烟道系统，脱硫增压风机与引风机合并，脱硫岛内不再设置增压风机。

（三）SO_2 吸收系统

SO_2 吸收系统为单元制，SO_2 吸收系统至少包括但不限于吸收塔、吸收塔浆液循环及搅拌、石膏浆液排出、烟气除雾器、吸收塔进口烟气事故冷却和氧化空气等几个部分，还包括辅助的放空、排空设施。

（四）石膏脱水及储存系统

石膏脱水及储存系统为两台机组共用一套。

由脱硫吸收塔底部排出的石膏浆液，经石膏浆液排出泵送至工艺楼内石膏浆液旋流器，浓缩至固体物质含量达到 50%后，输送至真空脱水皮带机脱水。经过废水旋流器再经过废水处理设施合格后，达到 GB 8978—1996《污水综合排放标准》中一级排放标准。

脱水石膏储存于石膏储存间，石膏储存间容积至少满足 2×330MW 机组 3 天石膏储量，后直接装车运出，不设石膏仓。

（五）石膏浆液排空与回收系统

石膏浆液排空与回收系统为两台机组共用 1 套。在脱硫系统解列或出现事故停机需要检修时，吸收塔内的吸收浆液由排浆泵排出，存入事故浆罐中，以便对脱硫塔进行维修。在 FGD 重新启动前，事故浆罐的石膏浆液由事故浆液返回泵打入脱硫塔浆池中，为 FGD 装置启动提供晶种。事故浆罐的容积相当于一个脱硫塔浆池，两台炉的两套脱硫装置共用事故浆罐。排空时间不大于 8h。

根据技术协议要求，石灰石-石膏湿法脱硫工程为全烟气脱硫，效率大于或等于 97.5%，烟囱出口烟气中 SO_2 浓度不高于 $100mg/m^3$。

二、钙钠双碱法脱硫工程

（一）吸收系统

某厂脱硫系统采用"一炉一塔"设计；塔内装有除雾装置，可有效实现气液分离，确保排放烟气中的雾滴含量小于或等于 $75mg/m^3$，对除雾器采用高压反冲洗等有效措施，防止除雾器结垢、堵塞。烟气在塔内的流速、停留时间和气液接触情况及塔内阻力等因素，直接影响吸收系统对烟气中的烟尘及 SO_2 的捕集、吸收和转化。

（二）脱硫剂储存、制备、输送系统

石灰粉采用卸料器、螺旋输料器自动供料。将氢氧化钠定量加入氢氧化钠溶解罐中进行溶解和储存，再由氢氧化钠补充泵连续补充至清液池内；经再生泵输送至脱硫塔下循环水池，通过循环泵送至脱硫塔。循环吸收液在吸收 SO_2 后流入塔下循环水池，经再生泵排至再生池。采用斗提机将生石灰粉输送至石灰粉仓，再定量加入制浆池中进行消化和配浆。粉仓出口下设有手动插板门和电动给料机进行定量卸料。

（三）工艺水系统

工艺水输送到各用水点，包括制浆用水，除尘、降温水，脱硫塔补充水，循环管道冲洗水，脱硫塔和除雾器冲洗用水，工艺水系统包括工艺水管道、脱硫塔冲洗水管道、除雾器冲洗水箱、除雾器冲洗水泵。

（四）脱硫液循环再生系统

脱硫液循环再生系统为内循环设置，浆液再生系统的两个浆液池 C 和 D 共用一套清液循环系统。脱硫液循环使用，以减少系统水耗，降低运行成本。脱硫液再生系统主要包括混合池、再生氧化池、再生泵等设备和设施。脱硫过程中形成的亚硫酸钠经再生泵送至氧化池再生后，形成亚硫酸钙，并以半水化合物的形式沉淀下来，使钠离子得到再生，吸收液循环使用。

（五）脱硫渣处理系统

为了不使脱硫副产物对环境造成二次污染，副产物处理系统简单，运行可靠，事故率低，易于维护，脱硫渣采用行车式抓斗机捞出、沥干。

该厂 3 台炉采用钠-钙双碱法烟气脱硫技术，大大降低了烟气中 SO_2 的排放浓度，达到了国家排放标准。

三、氨法脱硫工程

某电厂现有 3 台蒸汽锅炉，每台锅炉烟气排放量为 $2.5×10^5 m^3/h$，经过电袋复合除尘器后的烟尘质量浓度为 $50mg/m^3$，烟气 SO_2 质量浓度为 $2100mg/m^3$，烟气温度为 135℃。采用氨水作为脱硫剂进行脱硫，氨源由合成氨运行部提供，主要包括烟气系统、脱硫塔系统、氨水制备系统、泥浆排除系统、硫酸铵脱除系统、浆液排空及回收系统、工艺水供应系统、测控系统、电气系统和通信工程、消防及火灾报警等。为了减少投资和运行成本，1、2 号锅炉装置共用一座脱硫塔，3 号锅炉装置单独使用一座脱硫塔，其中氨水制备系统、后处理系统和浆液排空及回收系统为 3 台锅炉公用。处理后的净烟气由脱硫塔顶部经过烟囱排入大气，副产品硫酸铵进行综合利用，实现减排增效。

原烟气从锅炉烟道引出，首先进入电袋复合除尘器除尘，通过增压风机后，进入脱硫塔。在脱硫塔内，烟气通过气动脱硫单元进行脱硫除尘处理。循环浆液由循环泵从塔底浆液池供至过滤段上方的布浆管路，然后流入每个气动脱硫单元，与自下而上通过旋流器的烟气产生强烈掺混，并形成动态稳定的乳化层，烟气中的 SO_2 及粉尘被捕获，从而使烟气得到净化。净化后的烟气经脱硫塔内的除雾器除去水雾后，经烟囱排放至大气。其中，在脱硫塔的气动脱硫单元内，浆液中的 NH_3 与烟气中 SO_2 等发生初步快速的化学反应，生成亚硫酸铵和少量的硫酸铵，同时将部分烟尘带入浆液中。脱硫除尘后的净化烟气通过除雾器除去气流中夹带的雾滴后从脱硫塔塔顶通过烟囱排放。携带了大量亚硫酸铵的浆液落入脱硫塔底部的储浆段，储浆段浆液 pH 值控制在 4.0～4.5，由氧化风机向脱硫塔储浆段的浆液中喷入空气，将亚硫酸铵氧化为硫酸铵，并生成硫酸铵晶体。为使硫酸铵浆液保持悬浮状态，脱硫塔储浆段配有 3 台搅拌器。当塔内硫酸铵浆液含固量达到 10% 时，通过排浆泵送至硫酸铵浆液旋流装置，经过旋流以后的底流浆液进入离心机进行脱水处理，获得含水率约为 4% 的硫酸铵晶体。此外，脱硫塔底部设置有排空管道和溢流管道。氨法脱硫工艺流程见图 5-10。

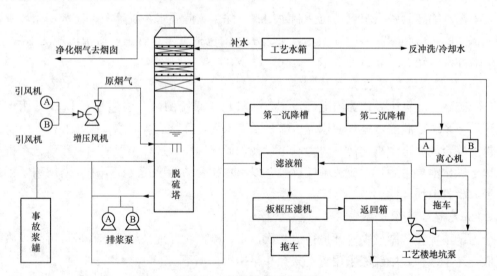

图 5-10　氨法脱硫工艺流程

（一）硫酸铵结晶脱水系统

硫酸铵结晶脱水系统工程配备 2 台离心机，每台离心机出力设计值为 3 台锅炉，设计工况为 3 台锅炉满负荷运行时产生硫酸铵量的 75%。经过脱水的硫酸铵（含水率不超过 4%）进硫酸铵储存库，硫酸铵储存库有效容积为设计工况下 2d 的硫酸铵产量值，将储存库的硫酸铵运至化肥厂进行加工处理后综合利用。硫酸铵脱水系统包括 1 台水力旋流器、2台离心机、2台排浆泵、1个滤液箱、1台滤液箱搅拌器、2台滤液泵、系统内管路及阀门等，硫酸铵脱水工艺流程见图 5-11。

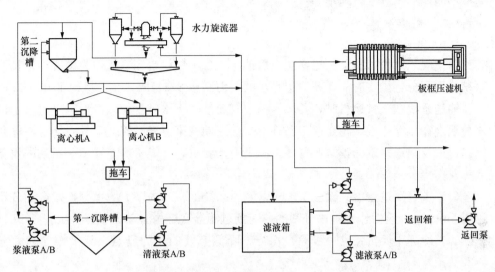

图 5-11　硫酸铵脱水工艺流程

（二）工艺水系统

脱硫系统水的损耗主要为烟气所带走的水分，即脱硫塔蒸发水。这些损耗可以通过输入新鲜的工艺水来补充，补充水量根据氨水的质量分数（约 10％）确定。此外，还包括除雾器及所有浆液输送设备、输送管路、储存箱的冲洗水，氧化风机和其他设备的密封、冷却水等。工艺水系统包括 1 个工艺水箱、2 台除雾器冲洗水泵、2 台工艺水泵、系统管路和阀门。工艺水箱为 3 台炉公用。水泵为单台炉供量设计。工艺水系满足脱硫装置正常运行和事故工况下脱硫工艺系统的用水。

（三）设备的防腐

脱硫前，酸露点温度为 105～111.6℃；脱硫后，95％脱硫效率时，酸露点温度为 70.5～82.1℃。脱硫前，烟气温度为 135℃，此烟气温度高于酸露点温度，故烟气不会在尾部烟道和烟囱内壁结露，不会出现酸冷凝现象；而脱硫后烟气温度在 50℃左右，此温度低于酸露点温度，SO_3 将全溶于水中，烟气会在尾部烟道和烟囱内壁结露。尽管烟气中 SO_2 等酸性气体减少了，但增加了硫酸氢铵和硫酸铵结晶腐蚀，且烟气达到饱和湿度，脱硫后的烟气对烟囱的腐蚀远大于脱硫前的高温烟气腐蚀。脱硫后，烟囱正压区增大，也会使烟囱的腐蚀加大。因此，为避免脱硫后烟气对烟囱内壁的腐蚀，必须对烟囱内壁采取一定的防腐措施。目前，在国内脱硫工程中，采取的烟囱防腐措施基本可以分为 3 种：①烟囱内表面涂耐酸胶泥；②烟囱内表面粘玻璃膨化砖；③烟囱内表面衬钛合金板。

该电厂根据装置实际情况，将烟囱内表面涂耐酸胶泥防腐，脱硫塔内则采用衬胶防腐。

四、炉内喷钙脱硫工程

某电厂1、2号机组均采用炉内喷钙的脱硫方式，每台机组的系统分成两大部分：脱硫剂的输送系统和自动控制系统。

（一）输送系统

1. 气源系统

由空气压缩机、冷干过滤系统及缓冲储气罐组成，气源系统作为袋式除尘器及输灰系统公用部分，操作时需保证输送系统的压力高于0.4MPa，流量保证14m³/min。

输送系统在正常运行时，要求压缩空气无油、无水且压力保持稳定。过多的油分及水分混合在压缩空气中，在一定条件下，会在储气罐、仓泵流化盘气腔甚至在输灰管中结露，危及输送系统的正常运行。为满足上述要求，干燥机房布置了一系列的设备，其名称及作用分别如下：

（1）主管路过滤器：除去10μm以上固态粒子、95%以上的水分，残余油分小于或等于5mg/kg，重力作用将水分和油分带到过滤器底部由自动排水器排出。

（2）冷冻干燥机：进一步除去水分，降低空气的压力露点。其干燥度为大气露点−23℃。

（3）油雾过滤器：除去1μm以上固态粒子，残余油分小于或等于1mg/kg，重力作用将水分和油分带到过滤器底部经自动排水器排出。

上述设备组成了输送系统所需要的压缩、过滤、干燥及稳定的压缩空气系统，保证了输灰设备所必需的高品质的空气。这个系统在正常情况下处于自动运行状态。气源输送工艺流程见图5-12。

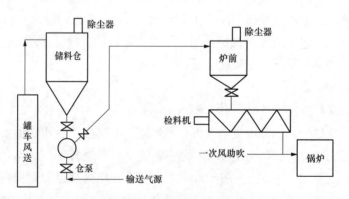

图5-12 气源输送工艺流程

2. 仓泵系统

仓泵作为输送系统的主要设备之一，它的功能是利用压缩空气作为动力不断地把石灰石粉通过管道输送至锅炉。

3. 料仓

输送系统设主储料仓及炉前料仓，粉料由罐车输送至主储料仓。主储料仓的石灰石粉料通过气力输送系统送至炉前料仓。

4. 炉前喷射系统

采用一次风直接将炉前料仓的石灰石粉料喷射到炉膛内适宜的温度反应区间。烟气在线监测信号根据设定烟气 SO_2 排放限值，确定添加石灰石量的大小，当 SO_2 排放浓度较高时，变频调速的电动给料机转速增加，加大石灰石粉料的供应量；当排放浓度较低时，变频调速的电动给料机转速减少，减少石灰石粉料供应量。

（二）控制系统

控制系统采用 PLC 实现自动控制，当自动系统出现故障时，也可进行手动操作。

1. 系统操作

整个脱硫系统采用 PLC 控制，操作可分为现场操作和上位机操作（CP）或触摸屏操作（PF）。

2. 给料量设定

（1）在自动状态时给料量可根据烟气中 SO_2 含量自动调整。

（2）在手动状态时给料量可根据烟气中 SO_2 含量手动调整。

针对环保综合利用电厂、装机容量不大的小型机组，锅炉炉型为循环流化床的锅炉而言，采用炉内喷钙法能够满足环保要求，且能起到明显的治理效果，即使在环保要求比较严格的地区也能达到要求。

五、电子束辐射脱硫工程

杭州协联热电电子束脱硫装置用于某电厂 3 台 130t/h 中温中压煤粉炉的烟气处理，烟气处理能力满足两台锅炉同时运行，设计烟气处理量达 $30.54 \times 10^4 \, m^3/h$，二氧化硫和氮氧化物脱除率分别为 85％和 55％，装置入口二氧化硫和氮氧化物浓度分别约为 $2767 mg/m^3$ 和 $270 mg/m^3$。使用的电子加速器为日本荏原公司制造，参数为 $800kV \times 400mA \times 2$。与其他的电子束脱硫装置不同的是，该装置烟气调质部分采用水洗室，充分去除烟气中的粉尘，出口设置除雾器去除烟气中的水雾滴。工程于 2002 年 12 月通过 168h 的联合试运行，截至 2003 年底，总运行小时数已达 2100 余小时，二氧化硫脱除率高达 90％以上，副产物能够全部进行综合利用。

六、循环流化床烟气脱硫工程

某电厂一期工程 $2 \times 50MW$ 机组，配套建设脱硫岛装置对 $2 \times 50MW$ 炉后烟气进行脱硫、除尘。锅炉最大连续蒸发量为 220t/h，过热器出口蒸汽压力为 9.8MPa，过热器出口蒸汽温度为 540℃，排烟温度为 140℃。脱硫采用循环流化床半干法工艺，两炉一塔。脱硫除尘岛的设计按照锅炉最恶劣工况进行，设计脱硫效率为 90％。

一期工程脱硫系统主要包括烟气吸收塔、袋式除尘器、循环灰系统、吸收剂输送系统等。

（一）烟气吸收塔

烟气吸收塔主要包括吸收塔、高压雾化喷嘴及相关连接烟道。烟气由下部进入吸收塔，工艺水由高压水泵输送至喷嘴雾化后喷入塔内，在吸收塔中与烟气、循环灰、吸收剂等高速混合，起到活化反应的作用，促进反应进行，同时塔内温度降低到 70℃左右。循环灰及吸收剂中的氢氧化钙颗粒迅速与烟气中的 SO_2 等酸性物质混合反应，生成

$CaSO_4$、$CaSO_3$及$CaCl_2$等干态物质，并随烟气进入袋式除尘器。烟气脱硫塔的设计总阻力小于或等于1500Pa，塔径为7m，高约35m。

（二）袋式除尘器系统

脱硫反应后的含尘气体由吸收塔进入袋式除尘器，并通过滤袋，粉尘被捕集在滤袋的外表面，使烟气净化。净化后的烟气汇集至袋室上部的上箱室，汇集到出风烟道排走。随着除尘器的连续运行，滤袋表面的粉尘逐步变厚，系统阻力增大，达到一定阻力时，通过脉冲阀喷吹布袋，将滤袋外表面的烟尘吹落并落入灰斗。除尘器灰斗外设有电加热伴管和保温，防止除尘器灰斗内壁出现酸结露。烟气经除尘后，由引风机引出经烟囱排入大气。除尘系统供气由独立仪表气储气罐供给，保证粉尘排出浓度小于或等于$50mg/m^3$，阻力小于或等于1500Pa。

（三）循环灰系统

循环灰系统可确保增湿过程的正常进行及提高吸收剂的利用率。除尘器灰斗中的灰分两部分输送：一为循环灰，从空气斜槽输送至吸收塔内，与烟气混合后继续参加反应；二为外排灰，从灰斗底部排入仓泵，通过压缩空气输送至灰库。

（四）吸收剂输送系统

吸收塔吸收剂为氢氧化钙。气力罐车将氢氧化钙输送至粉仓内，粉仓配有仓顶布袋和呼吸阀等。粉仓底部配喷射泵，将吸收剂输送至吸收内。

（五）工艺流程

锅炉将烟气通过引风机从侧面引入吸收塔下部；烟气从吸收塔上部通过连接烟道引入袋式除尘器；脱硫除尘后的净烟气经二次引风机引入烟囱排放。

七、炉内喷钙-尾部增湿活化脱硫工程

某电厂2台350MW机组均为循环流化床锅炉机组。炉内脱硫石灰石粉气力输送系统按1台炉为1个单元进行设计，采用空气压缩机做气源的正压气力输送系统。系统设计为双路输送管道，两路输送管道的总出力满足锅炉燃用校核煤种石灰石粉耗量的120％。运至电厂的石灰石粉，由密封罐车输送至石灰石粉仓内储存。每炉设1座钢结构粉仓，满足储存校核煤种BMCR工况下24h的石灰石粉耗量。

每座粉仓下设两套石灰石粉输送器和两根输粉管道。石灰石粉经输粉管道用正压气力输送系统直接送至锅炉炉膛内，达到脱硫的效果。

炉外脱硫系统采用高效大型机组干法脱硫除尘一体化工艺技术（简称LJD－FGD），每台炉配1套脱硫除尘系统。

从电除尘器出来的烟气从底部进入吸收塔，在吸收塔里加入消石灰和水进行化学反应，除去烟气中的SO_2、SO_3等有害物质。净化后的含尘烟气从吸收塔顶部侧向排出，经袋式除尘器、引风机排入烟囱。袋式除尘器收集下的脱硫灰通过再循环系统返回吸收塔继续参加反应，如此循环，部分多余的脱硫灰通过气力除灰系统送至灰库。脱硫除尘系统的设计脱硫效率大于或等于95％，经脱硫除尘净化的烟气SO_2排放浓度小于或等于$35mg/m^3$，粉尘排放浓度小于或等于$10mg/m^3$，均要求达到超低排放的排放要求。

LJD-FGD系统由烟气系统、吸收塔系统、脱硫袋式除尘器系统、吸收剂制备及供应系统、脱硫灰再循环及排放系统、工艺水系统，以及电气、仪表控制系统等组成。

袋式除尘器主要由进、出风烟道、过滤室（含滤袋、袋笼、花板等）、灰斗、壳体及旋转喷吹清灰装置等组成。考虑布置及烟气处理的需要，脱硫袋式除尘器设有6个室，分别对应于布袋进口烟道中心线对称，分列两侧，每个室由两个烟气处理单元组成，每个单元装有长度为8m，材质为PPS滤袋。在袋式除尘器每个室的进、出口均设有气动风挡，便于袋式除尘器检修及更换。

布袋的旋转喷吹清灰装置主要由喷吹储气罐、喷吹臂、减速电动机及连接转动件、脉冲阀、喷吹气源及管道等组成。布袋的清灰，无需与烟气隔离，其清灰气源由4台罗茨风机提供，清灰压力保持在85～90kPa之间，清灰气量经过计算，保证清灰气产生足够大的振打力，使粉尘脱落。

整个FGD系统的控制由吸收剂制备及供应、烟道、吸收塔、脱硫灰循环及排放、工艺水、袋式除尘器以及仪表控制等系统组成。

八、喷雾干燥脱硫工程

以某厂旋转喷雾干燥脱硫工艺为对象进行介绍，该厂采用石灰作为脱硫剂，石灰经过消化处理，通过湿式球磨机研磨机配制成具有一定浓度的石灰浆脱硫剂，用泵送到高位料箱，流入高速离心雾化机，经雾化后在旋转干燥喷雾吸收塔与含SO_2烟气逆向充分接触，石灰浆雾滴中的水分被烟气蒸发，而烟气中SO_2被石灰浆滴吸收，生成的干灰渣通过袋式除尘器除去，净化后烟气通过烟囱进行排放。

采用旋转干燥喷雾吸收塔为设施主体，配套建设烟气系统、袋式除尘器及灰渣处理系统、浆液系统，具体工艺如图5-13所示。

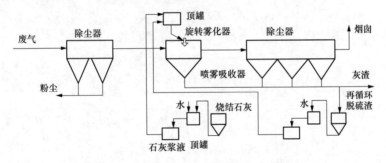

图5-13 旋转喷雾干燥脱硫工艺流程

（一）烟气系统

含有SO_2的原烟气从脱硫塔顶部及中部进入，脱硫后的烟气进入脱硫袋式除尘器，经除尘后净烟气经烟囱排放。

（二）吸收塔系统

脱硫吸收塔为空塔，顶部装有烟气分配器、中心烟气分配器及雾化器，全部采用钢结构形式，塔内不设置运动和支撑杆件，也无需设防腐内衬。另外，为保证烟气在塔内的均匀流动，需要在进口烟道设置均流装置，出口设置温度、压力监测设备。

（三）除尘及灰渣处理系统

旋转喷雾干燥脱硫工艺为半干法脱硫，除尘系统的稳定运行是脱硫效率达到设计要求的重要保证。该配套袋式除尘器对滤袋质量要求较高，滤袋材料需抗氧化、耐酸碱、疏水，寿命不低于 2 年。除尘器入口风量为 $8.1 \times 10^5 \, m^3/h$，过滤面积大于 $1.3 \times 10^4 \, m^2$。袋式除尘器采用脉冲喷吹的方式进行清灰，喷吹所使用压缩空气需要经过脱油以及脱水处理。根据设计要求，袋式除尘器的除尘效率在 98.5%～99.4% 之间。除尘灰由卸灰阀、刮板机、斗提机等输送设备进行输灰，将脱硫灰一部分送至制浆系统配料，多数输送至脱硫灰仓。喷雾干燥系统出来的最后脱硫产物以 $CaSO_3$ 为主，但同时含有大量未反应完的吸收剂、脱硫产物及其他副产物 $Ca(OH)_2$、$CaSO_4$、$CaCO_3$ 和 Fe_2O_3 等。

（四）浆液系统

浆液系统采用普通的石灰制浆，与湿法工艺的制浆工艺基本相同，但要求浆液细度更高。生石灰粉通过气力输送进入原料仓内。仓下料位进行计量监测，将生石灰定量放入消化罐。消化罐内设隔板，配两台浆液搅拌器。浆液分两路，正常工作时一路溢流至振动筛，消化罐底部设排空管，排空管上装有调节阀，调节排到振动筛上的浆液量，筛出大于 16 目的颗粒直接排至地面上的沉沙槽，筛下浆液流到浆液罐。浆液通过浆液罐下的渣浆泵、阀门和管道输送到脱硫塔上部的顶罐内，浆液在脱硫塔内被雾化器雾化成 30～80μm 的雾滴，并与烟气中的 SO_2 发生反应，从而达到脱除 SO_2 的目的。

第六章

废 水 环 保 工 程

第一节　废水设施生产状况

用水效率较高的火力发电厂，产生的废水主要包括湿法脱硫废水、酸碱再生废水和循环水系统排水。直流冷却机组的冷却排水不计入排水量中。

FGD废水的产生过程比较复杂，脱硫浆液可浓缩的程度决定了废水的产生量。影响脱硫浆液浓缩的主要因素是带入脱硫浆液中的杂质组成和杂质总量。浆液中的杂质有些会影响脱硫效率，有些会影响石膏的脱水效果和质量，因此浆液不能过度浓缩。脱硫浆液中的杂质越多，可浓缩倍数就越低，排放的废水量就越大。杂质主要来源是烟气（根源是煤）和工艺用水。煤中氯化物、氟化物等杂质在燃烧后会全部进入烟气，最终进入脱硫浆液，是浆液氯化物、氟化物的主要来源。一般通过控制浆液的氯离子浓度决定废水的排放，因此，燃煤氯化物的含量对FGD废水产生量影响很大。现在很多电厂采用高浓度废水作为脱硫工艺水，有些废水中的氯离子浓度很高，也会大大增加脱硫废水的产生量。

除此之外，FGD废水的产生量还与机组发电量直接相关。图6-1所示为不同电厂FGD废水的产生量与发电量的关系。从图6-1中可以看出，随着发电量的增加，单位发电量FGD废水的产生量总体呈现增大的趋势。但是在相同或相近发电量下，FGD废水的产生量可相差数倍，差别很大，这主要是燃煤煤质差异造成的。在实际运行中，即使是同一台机组，燃煤的改变也会使废水的产生量发生大的改变。因此，FGD系统的单位发电量废水的产生量差别很大，通常无法用于不同机组或发电厂之间的比较。

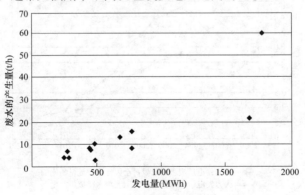

图 6-1　不同电厂 FGD 废水的产生量与发电量的关系

全厂废水的产生量取决于很多因素，包括原水的水质（包括使用的中水）、废水综合利用的程度、用水管理水平等。图 6-2 所示为不同规模电厂的单位发电量废水的产生量，大部分集中在 0.005～0.025m³/MWh 的区间。

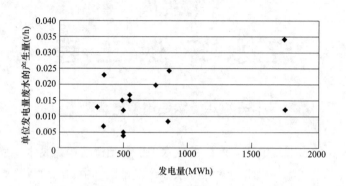

图 6-2　不同规模电厂的单位发电量废水的产生量

第二节　废水排放状况

2000 年，全国火力发电厂废水排放总量为 15.3 亿 t，2005 年达到峰值 20.2 亿 t，2017 年降至 2.7t，比峰值减少 17.5 亿 t，降幅达到 86.6%。2017 年，火力发电厂单位发电量废水排放量为 0.06kg/kWh，与 2000 年的 1.38kg/kWh 相比，降幅达到 95.7%。

火力发电厂废水排放量占工业废水排放量的比例，由 2000 年的 3.74% 升高至 2005 年的峰值 4.28%，然后降至 2016 年的 0.52%。火力发电厂废水排放量占全国废水排放量的比例，由 2000 年的 2.47% 升高至 2005 年的峰值 2.82%，然后降至 2016 年的 0.34%。

火力发电厂废水排放量占工业废水排放量及全国废水排放量的比例见图 6-3。

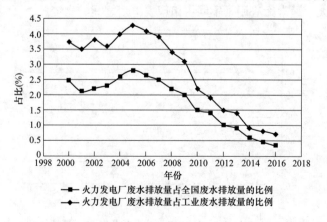

图 6-3　火力发电厂废水排放量占工业废水排放量及全国废水排放量的比例

以 2000 年为基准年，2001—2017 年，在火力发电厂节水的基础上，通过废水梯级利用、加大废水治理力度等措施，火力发电厂行业累计减少废水排放量约 518.5 亿 t（以 2000 年火力发电厂单位发电量废水排放量为计算基础，计算每年因技术进步等因素可减少的废水排放量，累计得到 2001—2017 年的废水排放量），为我国水污染防治工作做出了巨大贡献。

以 2000 年为基准年，不同情形下的火力发电厂废水排放量见图 6-4。

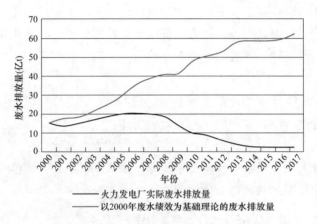

图 6-4　以 2000 年为基准年的不同情形下的火力发电厂废水排放量

从中国电力企业联合会专项调查结果看，调查机组实现废水不外排机组的装机容量占比随机组等级的提高而不断增大，其中，30 万 kW 等级机组的占比为 55.7%，60 万 kW 等级机组的占比为 78.4%，100 万 kW 及以上机组的占比高达 91.5%。

废水不外排机组装机容量占比见图 6-5。

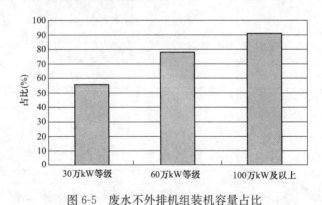

图 6-5　废水不外排机组装机容量占比

第三节　电厂废水与节水改造工程

一、碱式软化＋过滤＋超滤＋反渗透＋蒸发结晶工程

1. 电厂基本情况

某电厂一、二、三期机组装机容量分别为 2×350MW、2×330MW、2×600MW。

一、二期采用自然通风冷却塔循环供水冷却方式，三期采用直接空冷的冷却方式；二期为湿式排渣；脱硫方式均为石灰石-石膏湿法烟气脱硫工艺。

2. 存在的问题及改造的主要原因

（1）电厂水源全部采用城市中水后，原中水处理系统出力及出水水质均达不到设计要求，污泥脱水系统无法正常运行。

（2）水源更换后由于水质差异较大，现有化学制水离子交换系统再生频繁，膜系统有机物污堵风险高，影响机组安全稳定运行的同时也不利于全厂节水减排工作的实施。

（3）因中水水质较差，为保持较高循环水浓缩倍率，循环排污水量将大幅提高，而电厂没有循环排污水处理系统或原处理系统容量无法满足处理要求，造成循环水系统整体排水量偏大。

（4）电厂没有工业废水处理系统或系统运行不正常，造成可以回用的废水直接或间接通过排渣系统排放，没有实现废水的有效利用。

（5）排渣系统采用水力除渣技术，一方面，大量废水随除渣系统进入灰场；另一方面，由于渣水系统无法实现自循环，渣系统存在溢流废水、处理难度大等问题。

该电厂原采用地下水和改造后使用的中水水质比较见表 6-1。

表 6-1　　　　　某电厂原采用地下水和改造后使用的中水水质比较

项目	地下水	再生水
Cl^- 浓度（mg/L）	117.4	147.1
SO_4^{2-} 浓度（mg/L）	282.4	322.4
总硬度（mmol/L）	9.1	12.0
非碳酸盐硬度（mmol/L）	5.4	6.0
碳酸盐硬度（mmol/L）	3.7	6.0
总碱度（mmol/L）	3.7	6.0
pH 值	7.3	7.2
总固体（mg/L）	772	1130
溶解固体（mg/L）	759	1094
悬浮物（mg/L）	13	36
COD_{Cr}(mg/L)	3	58
浊度 NTU		4.5

该电厂碱式软化＋过滤＋超滤＋反渗透＋蒸发结晶废水零排放处理系统的工艺流程见图 6-6。

3. 具体改造措施

对电厂的节水和废水治理改造分三个阶段实施：第一阶段实现雨污分离和雨废分离，将生活污水、工业废水处理后回用；第二阶段对一、二期机组锅炉补给水系统、再生水深处理系统和循环排污水处理系统根据水源更换情况进行改造，同时用循环水反渗透浓水置换目前脱硫使用的循环水；第三阶段将二期湿除渣系统改为干排渣系统，同时

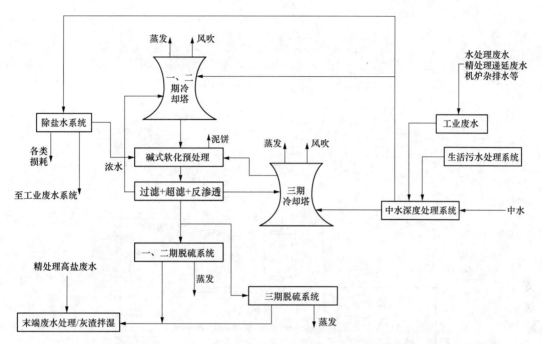

图 6-6　某电厂碱式软化＋过滤＋超滤＋反渗透＋蒸发结晶废水零排放处理系统的工艺流程

对脱硫废水采用塘喷或烟气加热或蒸发结晶技术处理，达到废水治理的目标。6 台循环冷却机组的浓缩倍率均达到 5.0 倍。循环排污水反渗透脱盐处理能力增容后，淡水总出力达 960m³/h，产生的浓水为 240m³/h。另外，锅炉补给水系统产生反渗透浓水约 65m³/h（改造后全厂锅炉补给水出力为 260m³/h），反渗透浓水共 305m³/h。全厂脱硫塔蒸发损失约为 262m³/h，脱硫废水排放量约 40m³/h，脱硫系统使用反渗透浓水作为工艺水时水量基本平衡。

二、多效闪蒸浓缩＋烟道喷雾蒸发工程

1. 工程概况

项目在某电厂原一期 2×330MW 机组向东扩建，建设 3×350MW 超临界燃煤间冷供热机组，同步建设脱硫、脱硝设施。

该电厂多效闪蒸浓缩＋烟道喷雾蒸发工艺流程见图 6-7。

2. 主要系统及设备

低温余热闪蒸蒸发技术应用在石灰石-石膏湿法脱硫废水零排放上的工艺流程示意如图 6-7 所示。整个工艺主要由废水储存及输送系统、烟道换热器系统、多效闪蒸蒸发系统、冷却系统、浓液处理系统、排空系统 6 个系统组成。在除尘器出口至引风机入口烟道上加装烟道换热器，利用除尘器出口 132℃烟气的热量在Ⅰ效真空泵作用下将换热器内介质（除盐水）加热成低于 100℃的低温蒸汽，并将蒸汽（热源）送至Ⅰ效蒸发系统对废水进行蒸发浓缩，蒸汽冷凝后收集在Ⅰ效冷凝罐中，再通过加湿水泵重新送到烟道换热器。此部分为蒸发系统的低温余热获取环节。

来自水力旋流器出口脱硫废水送至废水来料箱，经废水来料泵送至多效蒸发系统加

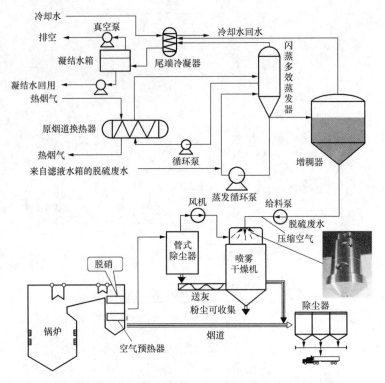

图 6-7　某电厂多效闪蒸浓缩＋烟道喷雾蒸发工艺流程

热浓缩。在尾气真空泵作用下，Ⅰ效分离器中废水在Ⅰ效加热器管程中均匀流动，并与Ⅰ效加热器壳程中的蒸汽进行换热，被加热后的废水再进入Ⅰ效分离器完成汽、液分离，并利用Ⅰ效强制循环泵进行强制循环蒸发，浓缩物料，在Ⅰ效蒸发系统内经多次循环后，完成初步浓缩的料液通过平衡管在液位压差的作用下进入Ⅱ效分离器，同时Ⅰ效分离器产生的二次蒸汽进入Ⅱ效加热器，作为Ⅱ效蒸发系统的热源。以此类推，废水不断地浓缩结晶，净水不断地蒸发冷凝。最终，Ⅲ效分离器出口的二次蒸汽在尾气冷凝器内利用循环冷却水将蒸汽冷凝成凝结水，收集在尾气冷凝罐中。Ⅲ效蒸发系统中浆液质量浓度被浓缩设计值大于 1300kg/m 时，开启出料阀门，利用Ⅲ效强制循环泵出口压头，将浓浆液送至浓液缓冲罐中储存。此时各效因出料而产生液位降低，废水在废水来料泵和物料连通管的作用下自行补充各效分离器、加热器内的物料，各效物料的补充速度由进料电动阀控制，从而达到控制各效液位的目的。

浓浆液通过浓浆输送泵送至固液分离装置，结晶体和饱和母液经分离后，固体被送去石膏库，饱和母液回送至废水来料箱，进而随废水重新进入多效蒸发系统进行浓缩结晶。上述低温余热闪蒸蒸发技术不同于膜法浓缩，不需要预处理，系统更为简单、可靠，操作更为简便。

系统热源取自除尘器出口烟气余热，系统运行成本更低；整个多效蒸发系统采用外热式强制蒸发工艺，极大地降低了系统管道、设备结垢的可能性。

采用闪蒸技术实现废水浓缩，浓缩后的废料经过干燥送入电除尘器被捕捉。蒸发出的洁净水回收再利用，实现废水处理后无废水、无废气、无废弃固体物产生的真正零排放。无需三联箱预处理系统，一方面，减少了高昂的药剂费用及运营费用；另一方面，没有污泥产生，无需为此发生费用。

闪蒸浓缩技术的系统简单，自动化程度高，不需要增加运行维护人员；应用尾部烟气余热加热，不消耗蒸汽；投运后不需要加药；只有电费的消耗，吨水处理费用不到10元。回收高品质水达90%，可节约水费。

利用烟道尾部余热，采用烟气加热及闪蒸相结合的技术获取热量，加热脱硫废水。既达到余热利用，又可以降低烟气进入脱硫系统的温度，从而降低了脱硫系统的水耗。通过烟气加热，进入脱硫系统的烟气温度可降低5~8℃。

经过脱硫废水蒸发处理，废水回收率最大可达到90%，浓缩率在0~90%连续自动调整。通过闪蒸后，脱硫废水蒸发冷凝后的水属蒸馏产品水，可用于锅炉补水。

三、高密池石灰软化＋过滤＋超滤＋离子交换＋反渗透工程

（一）工程概况

某电厂现有2台300MW直接空冷机组，锅炉采用循环流化床脱硫工艺。为了减少全厂外排废水量，降低单位发电量取水量，电厂实施了废水零排放工程，将含盐量高并具有强烈结垢倾向的废水经深度处理后进行回用。

为了充分实现废水的资源化利用，电厂将厂内工业废水及辅机冷却水排污水进行深度除盐后。回用于辅机冷却水补水、热网补水及锅炉补给水系统。该废水治理工程采用"石灰软化高效澄清池＋过滤＋超滤＋离子交换＋高效反渗透"的处理工艺，工业废水深度处理系统主要包括预处理系统、离子交换系统、高效反渗透系统、回用系统、加药系统、压缩空气系统。考虑干灰渣综合利用时循环水、排污水不能同用，冬季煤场喷洒水量减少的因素，按最大排污量考虑设计处理能力，工业废水深度处理系统的设计处理能力为60m³/h。

该电厂高密池石灰软化＋过滤＋超滤＋离子交换＋反渗透废水零排放处理系统的工艺流程见图6-8。

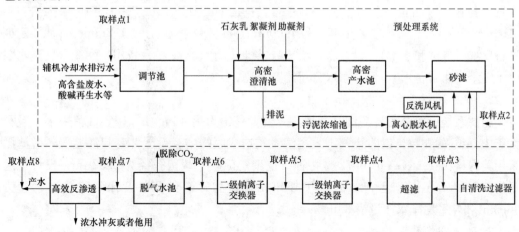

图6-8 某电厂高密池石灰软化＋过滤＋超滤＋离子交换＋反渗透废水零排放处理系统的工艺流程

该电厂废水零排放采用传统膜法过滤工艺，即反渗透工艺，首先需要经过预处理，反渗透预处理工艺以膜过滤为主，辅以杀菌工艺和沉淀工艺，目的是去除水中的悬浮物和微生物，使处理后的水质能够初步满足反渗透的进水要求。主体工艺通常采用两段反渗透系统，由于二段系统的进水为一段系统的浓水，需用专门的化学药剂对其进行处理，以确保二段系统的进水参数符合要求。同时，在其进入二段系统前，可针对其水质情况，添加专业的阻垢剂和调节剂，确保系统稳定运行。产品水进入回用水池，系统中少量的浓水可用来冲渣，实现水处理系统的零排放。

（二）主要系统及设备

1. 预处理系统

（1）调节池。因来水水质、水量等水质指标随排水时间的波动较大，为使后续处理设备及构筑物不受废水高峰流量或浓度变化的冲击，需设置调节池对来水进行缓冲。工业废水深度处理系统设置 1 座钢混凝土结构的调节池，有效容积为 240m³，通过 2 台工业废水提升泵（1 台运行、1 台备用）将辅机冷却水排污水、高含盐废水、酸碱再生废水等输送至高密澄清池。

（2）高密澄清池。调节池出水经废水提升泵进入高密澄清池，池内加有絮凝剂和消石灰，去除铁硅化合物、钙镁碳酸盐硬度、悬浮物、胶体物质，降低浊度，同时去除磷酸盐以及有结垢倾向的离子和少量重金属，减少含盐量，为后续离子交换减轻负荷。

高密澄清池采用方形钢混结构，包括快混池、絮凝池和沉淀池。沉淀池设置刮泥机，沉淀池上层活性污泥通过污泥回流泵回流至絮凝池，增强絮凝效果，剩余污泥通过污泥排放泵排至污泥浓缩池浓缩处理，再经离心脱水机脱水后送入灰渣场。系统设置 2 座高密澄清池，单台设备出力为最大处理水量的 50%，设置 1 套石灰储存加药装置、1 套聚铁加药装置和絮凝剂自动加药装置。

（3）高密产水池。高密澄清池出水自流入高密产水池，经泵送入砂滤、自清洗过滤器和超滤系统。高密产水池容积为 50m³。

（4）砂滤。高密产水池出水进入砂滤以去除水中的悬浮物和胶体，降低浊度。系统设置 3 台砂滤，2 台运行、1 台备用。单台设备正常出力为 25m³/(h·台)，最大出力为 37.5m³/(h·台)。石英砂装填高度为 1200mm，砂粒粒径为 0.5~1.2mm。砂滤需定期进行反洗（气洗和水洗），设置 2 台反洗鼓风机（1 台运行、1 台备用）和 2 台反洗水泵（1 台运行、1 台备用），反洗水取自超滤产水池。

2. 超滤系统

超滤系统设置 2 台自清洗过滤器，单台设备出力为 40m³/h，用于截留来水中粒径大于 100μm 的颗粒，以防止其进入超滤系统造成膜损伤。设置 2 套超滤装置，超滤膜采用美国科氏 TARGA Ⅱ 10072 型特种改性聚醚砜膜，截留孔径为 0.02μm，设计水通量为 50L/(m²·h)，运行方式采用外压死端过滤。单套设备设计平均总进水量为 36.5m³/h，平均净水产量为 33m³/h。

3. 离子交换系统

为了提高后续高效反渗透设备的回收率，降低膜结垢的可能性，保证其在高 pH 值环境下的稳定运行，需将水的硬度降至最低，因此设置两级钠离子交换器，用于交换水中大部分的多价阳离子，降低硬度。当硬度达 200μmol/L 时，钠离子交换器到达失效终点，运行失效后，需采用浓度为 5%～8% 的食盐水进行逆流再生。

两级钠离子分别为 3 台一级钠离子交换器和 3 台二级钠离子交换器，单台设备规格为 1200mm×2400mm（直径×高度），净出力为 33m³/h，2 台运行、1 台备用。一、二级钠床均采用 001×7Na 型强酸阳离子树脂，石英砂垫层高度为 200mm，树脂层高度为 1200mm。

离子交换出水送入脱气塔脱除 CO_2。系统设置 2 台脱气塔，塔直径为 1000mm，1 台运行、1 台备用；1 座钢混凝土结构的脱气水池，容积为 25m³，脱气塔搭建在脱气水池上。

4. 高效反渗透系统

高效反渗透系统主要由保安过滤器、升压泵和反渗透装置构成。基于运行中便于调节水量的需要，系统将反渗透系统设置成 2 套一级两段式反渗透装置，并联运行。第一段采用 30 支 BW3OFR-400 型抗污染电中性复合膜，第二段采用 18 支 SW3OHRLE-400 型高脱盐率海水淡化膜。单台设备出力为 30m³/h，水回收率不低于 95%。反渗透膜组件技术性能参数如下：1 年内系统脱盐率不小于 90%；3 年内系统脱盐率不小于 88%，水回收率不小于 95%；反渗透膜使用寿命不少于 4 年。

5. 加药系统

加药系统包括石灰储存加药系统、絮凝剂加药系统、盐加药系统、氢氧化钠加药系统、还原剂加药系统、反渗透清洗系统。

四、预处理＋旁路烟道干燥工程

（一）工程概况

某电厂总装机容量为 4×300MW 亚临界机组，采用石灰石-石膏湿法脱硫，每台机组脱硫废水的产生废水量约为 3t/h，配套设计的脱硫废水处理系统为传统的三联箱，以前处理后的脱硫废水排入的灰场，由于灰场租期临近，脱硫废水无处排放，如达标废水直排内河，对内河水质影响较大，电厂生产用水取自内河，直接威胁到电厂的生产用水安全，因此，脱硫废水迫切需要实现零排放。

该电厂预处理＋旁路烟道干燥废水零排放处理系统的工艺流程见图 6-9。

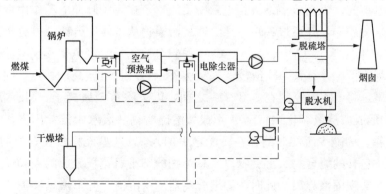

图 6-9　某电厂预处理＋旁路烟道干燥废水零排放处理系统的工艺流程

（二）主要系统及设备

1. 设置烟气旁路

从空气预热器出口烟道上引出一路 3%～5% 的旁路烟道设计，空气预热器在机组全负荷段阻力在 500～1100Pa 以上，而烟气旁路和干燥塔阻力很小，因此完全可以利用主烟道的负压将加热后的旁路烟气抽回到主烟道的电除尘器进口。

2. 干燥塔和旋转雾化器

经过三联箱处理后的脱硫废水经过高速旋转雾化器后被雾化成极微小的雾滴，与旁路引入的高温烟气接触，瞬间得到干燥，废水中盐分生成固体颗粒，部分从干燥塔底部除去，另一部分颗粒物随着烟气抽回到电除尘器进口烟道，通过电除尘器进行捕捉然后进入仓泵，干燥塔底部也设有仓泵，废水中 30%～40% 的盐分和烟尘从干燥塔底部仓泵除去，其余随烟气从电除尘抽取除去，在干燥塔运行期间从底部排放口取样检验颗粒物的干燥情况，也可以通过干燥塔筒体不同高度的测温点的变化判断干燥情况。干燥塔中的旋转雾化器是整个干燥塔的核心部分，脱硫废水被送至高速旋转的雾化盘时，受离心力的作用，浆液伸展为薄膜或被拉成细丝（取决于转速和浆液量），在雾化盘边缘破裂分散为液滴。液滴的大小取决于旋转速度和浆液量。雾化器能够保证在液体流量不发生很大变化时，雾滴的粒径分布不发生显著改变。干燥过程尽量保持连续稳定是确保喷雾性能的关键。该特性能使浆液雾滴在接近饱和温度时瞬间干化，因此不会发生过多水分凝结、聚集，黏在吸收塔壁上的现象。

五、电絮凝预处理＋反渗透＋蒸发结晶工程

（一）工程概况

某电厂 2×350MW 机组采用石灰石-石膏湿法烟气脱硫工艺脱硫，该电厂设置了单独的脱硫废水处理系统，但是经处理废水仍不能满足要求；且处理后废水氯离子浓度高，对金属设备腐蚀性较强，无法回用于其他系统。

该电厂电絮凝预处理＋反渗透＋蒸发结晶废水零排放处理系统的工艺流程见图 6-10。

（二）主要系统及设备

1. 预处理设备

脱硫废水首先进入高效多维极相电絮凝反应器，在高频脉冲电压作用下，实现废水中污染物的氧化还原，并通过凝聚、浮除，将污染物从水体中分离，可有效去除废水中的 CN^- 和 Zn^{2+}、Cd^{2+}、Cr^{6+}、Ni^{2+}、Cu^{2+} 等重金属离子。经电絮凝反应器处理后，废水进入 pH 调节箱，针对其 pH 值较低、Mg^{2+} 和 SO_4^{2-} 含量较高的特点，向调节箱添加石灰乳和液碱，将 pH 值控制在 9.5～11 之间，以去除重金属离子、Mg^{2+} 和 SO_4^{2-} 等。此时，Mg^{2+} 形成微溶氢氧化物、SO_4^{2-} 形成微溶硫酸钙从废水中沉淀出来，并通过溢流管进入污泥箱。为减少沉淀时间，在污泥箱中加入 5% 新型无机多孔絮凝剂 SF-CZ-01，絮凝后溶液中包含的络合物、沉淀物以及悬浮物的细小矾花积聚成的大颗粒物被输送至固液分离器，实现固液分离。此时，固液分离器出水澄清，并形成紧实泥饼。新型无机多孔絮凝剂 SF-CZ-01 的加入，一方面，加快污泥沉降、保持污泥形态稳定；另一方面，

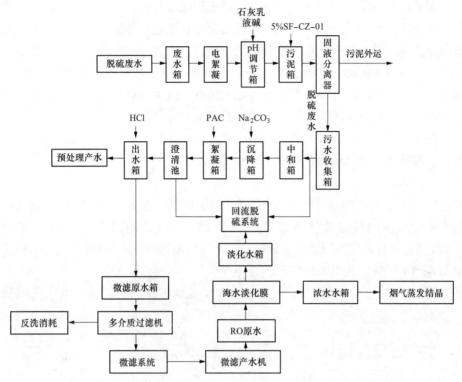

图 6-10 某电厂电絮凝预处理＋反渗透＋蒸发结晶废水零排放处理系统的工艺流程

可去除一定量悬浮物，降低水中固体微粒杂质，可减少后续双膜系统的膜污染。固液分离器渗滤液出水经收集，调节 pH 值后进入沉降箱；沉降箱中加 Na_2CO_3，形成碳酸钙沉淀以去除钙离子；沉降箱的泥水混合物经溢流管进入絮凝箱，添加 PAC 进行絮凝，并溢流至澄清池；澄清池底部污泥，一部分通过循环泵返回中和箱，以提供沉淀所需晶核，获得更好的沉降；一部分通过污泥输送泵进入板框式压滤机脱水，生成的泥饼外运；澄清池上清液经出水箱收集进入双膜系统。

2. 浓缩减量设备

为了减小进入烟道水量负荷，以减弱对烟道温度、湿度、粉煤灰质量以及除尘效率的影响，经高效多维极相电絮凝反应器耦合双碱法预处理后的废水进一步经过双膜法处理，达到浓缩减量的目的。微滤膜能截留 $0.1\mu m$ 以上的颗粒，只有溶解无机盐和小分子物质能通过膜，悬浮物、微生物、蛋白质、胶体等大分子物质则被阻挡。微滤膜凭借对颗粒、胶体物质、细菌的较强去除能力得到了广泛的应用。

反渗透膜具有工艺简单、体积小、操作程序单一、分离系数大、节能高效、不产生酸碱废水、无二次污染等优点，为此，采用反渗透膜对微滤产水进行浓缩减量处理。经预处理及微滤处理后产水可满足反渗透膜对进水水质的要求。

3. 高效节能废水蒸发结晶器

将浓水排入烟气余热蒸发模块，采用喷嘴将其雾化，喷入电除尘器和空气加热器之间的烟道间隙，利用烟道内高温烟气将雾化后浓水蒸发为水蒸气，随除尘后烟气进入脱硫塔，在脱硫塔喷淋冷却作用下，水分凝结进入脱硫塔浆液循环系统；蒸发结晶物随灰尘一起进入电除尘器随灰外排。该模块既可以充分利用电厂外排烟气热能，又可达到脱硫废水零排放的目的，具有重要的工程应用价值。

雾化装置将浓水雾化为粒径小于 $100\mu m$ 的细小液滴，较小液滴具有较大比表面积，蒸发速度快，大部分液滴在到达烟道壁前已被蒸发，避免湿壁现象发生，有效减少对烟道内壁腐蚀。浓缩减量模块有效降低了进入烟道的水量负荷，进一步减少了脱硫废水对烟道可能产生的影响。

六、全部软化＋纳滤＋反渗透膜＋MVR工程

（一）工程概况

某电厂在建设之初即对 $4\times330MW$ 超临界燃煤机组和 $2\times1000MW$ 超超临界燃煤机组的脱硫废水提出零排放整体要求，采用 TUF（管式超滤膜）＋NF（纳滤）＋SCRO（特殊流道卷式反渗透膜）＋DTRO（高压反渗透膜）＋MVR（机械蒸汽再压缩蒸发结晶）的全膜法工艺对脱硫废水进行零排放处理。

该电厂全部软化＋纳滤＋反渗透膜＋MVR废水零排放处理系统的工艺流程见图6-11。

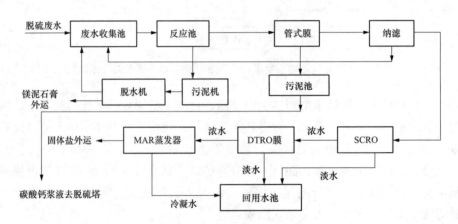

图 6-11　某电厂全部软化＋纳滤＋反渗透膜＋MVR废水零排放处理系统的工艺流程

（二）主要系统及设备

1. 预处理工艺

预处理工艺主要分为两部分：

（1）加药软化预处理。针对脱硫废水钙、镁硬度高的特点，向反应器中投加石灰、氢氧化钠和碳酸钠药剂，分别与废水中的镁、钙离子反应生成氢氧化镁和碳酸钙沉淀，浓水进入管式超滤膜（TUF）过滤，产水进入产水箱，同时去除重金属离子。

（2）NF分盐装置。主要对废水中的一价离子和二价离子进行分离，实现分盐处理及高品质工业盐、高品质石灰石浆液的回收利用，降低固体废物的排放量。

2. 膜浓缩单元

膜浓缩单元的核心技术为特殊流道反渗透（SCRO）加高压反渗透（DTRO），该工

艺段主要实现脱硫废水的浓缩减量处理，利用高盐废水专用反渗透膜的脱盐作用，将脱硫废水中的盐截留在浓盐水中，使得进入蒸发结晶系统的废水量降至原水的22％左右，最大限度地减小蒸发系统的处理规模，节约投资和运行成本。

3. 蒸发结晶工艺

脱硫废水经软化预处理及膜浓缩减量后进入蒸发结晶段，由于采用了纳滤系统分盐，浓盐水98％以上的盐分为氯化钠，高纯度的氯化钠浓盐水使得蒸发结晶系统的运行更加稳定可靠。蒸发结晶段工艺为最节能的MVR蒸发结晶器，得到的结晶盐经流化床干燥处理后全自动打包封装，最终产品为纯度高于96.3％的袋装氯化钠，达到规定的日晒工业盐一级标准，实现固体废物的综合利用和减量处置。

七、混凝沉淀＋多介质过滤＋DTRO碟管式反渗透膜＋蒸发结晶工程

1. 工程概况

山东某电厂脱硫废水处理工程分2期建设，一期设计规模为10m³/h，二期扩展到20m³/h，预处理段按二期设计规模建设，处理量为20m³/h，膜浓缩段按一期设计规模建设。处理量为10m³/h，蒸发结晶段按一期设计规模建设，处理量为5m³/h（蒸发结晶装置1台运行、1台备用），处理后的废水全部回用。

该电厂混凝沉淀＋多介质过滤＋DTRO碟管式反渗透膜＋蒸发结晶废水零排放处理系统的工艺流程，见图6-12。

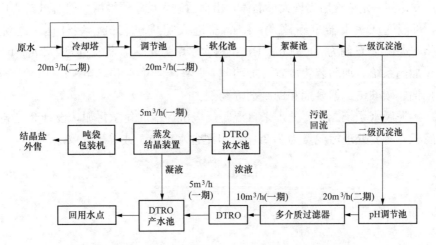

图6-12　某电厂混凝沉淀＋多介质过滤＋DTRO碟管式反渗透膜＋蒸发结晶废水零排放处理系统的工艺流程

脱硫废水进入调节池进行水质水量调节，随后经提升泵加压后进入两级混凝沉淀系统，向软化池和絮凝池中投加氢氧化钠、碳酸钠、聚合硫酸铁和聚丙烯酰胺。软化去除水中硬度，二级沉淀池出水经调节pH值后提升至多介质过滤器，多介质过滤器出水经高压泵增压后进入DTRO装置浓缩，产水进入回用水池，经提升泵送往回用水点，浓水进入DTRO浓水池，DTRO浓水经泵提升进入多效蒸发系统进行蒸发处理。多效蒸发系统的冷凝水进入回用水池，结晶盐经脱水处理后打包外售。

2. 主要系统及设备

（1）调节池。用于收集脱硫废水，对水质、水量进行调节，使来水水质均匀，避免水质水量波动对后续设备运行负荷产生过大冲击。保证设备的安全及稳定运行。设计 1 座，停留时间为 10h。尺寸为 6.7m×6.0m，有效水深为 5.0m。

（2）混凝反应沉淀池。其包括配水渠、软化池、絮凝池、一级沉淀池、二级沉淀池及 pH 调节池，集上述单元于一体，每个池体均设有排空管设计流量为 20m³/h，软化池和絮凝池停留时间为 2.3h，一级沉淀池负荷为 0.7m³/(m^2·h)，二级沉淀池负荷为 0.7m³/(m^2·h)，控制 pH 值在 10～11 之间。

（3）多介质过滤器。通过过滤器内填料截留去除水中的悬浮物、有机物、胶质颗粒、微生物等。设计流量为 20m³/h×2 套，1 台运行、1 台备用，单套直径为 2m，过滤流速为 6.4m/h。

（4）DTRO 装置。主要用于去除水中的溶解盐类、小分子有机物及二氧化硅等，可去除水中 95％以上的电解质（盐分）和粒径大于 0.000 5μm 的杂质。设计流量为 5m³/h×2 套，水温为 20～40℃，系统回收率大于或等于 50％，DTRO 膜通量小于或等于 15 L/(m^2·h)。

（5）三效蒸发器及吨袋包装机。工艺采用三效蒸发器处理来料，蒸发器采用抗盐析、抗结垢、适用性能强的强制循环蒸发器原料液。首先经预热器预热后进入蒸发器进行蒸发浓缩，蒸发达到一定浓度后出现大量晶体，出料后进入稠厚器增浓。然后进离心机进行固液分离，母液返回蒸发器重新蒸发，结晶盐进入吨袋包装机包装外运。进料流量为 5000kg/h，进料 TDS 约为 50 000mg/L，出料含水率为 45％，蒸发量为 4750kg/h。

（6）加药系统。加药装置放置在加药间，1 座，尺寸为 14.0m×13.0m×5.9m。放置氢氧化钠、碳酸钠、絮凝剂和助凝剂等药剂。

（7）污泥脱水系统。主要处理来自混凝反应沉淀池的化学污泥，设计 2 套自动液压箱式压滤机，每套处理污泥量为 7.2t/d，出泥含水率小于或等于 60％。

第七章

固体废物环保工程

第一节 灰 场 工 程

一、项目概况

某电厂一期建设 $2\times1000MW$ 机组，配套建设储灰场。经测算设计煤种与校核煤种年产生的灰渣量与脱硫石膏的总量分别为 70.55×10^4t/年和 81.39×10^4t/年。储灰场与厂区距离近，为减少灰水对环境污染同时结合当地的资源情况，采用汽车运输灰渣混除调湿灰的外部除灰方式，即用汽车运送经脱水的渣、经加水调湿至不飞扬的粉煤灰至灰场堆放，并用推土机推平，再使用压路机碾压，待堆放至设计标高后可进行复土还田或作为今后其他建设用地。

二、储灰场

（一）储灰场选择和布置

电厂附近山谷和平原均分布有村庄，基本不具备灰库的条件，厂址北为大片滩涂，基本具备灰场建设条件，储灰场建设为滩涂灰场。

储灰场最终选址为厂址北侧总面积约 $2900hm^2$ 的围垦区，围垦区分为 3 个区域，建设有总长度为 20.96km 的堤线，该围垦工程指挥部划出 $200hm^2$ 租用给电厂作为灰场，并承诺在灰场填满后将原用地收回并重新划出 $200hm^2$ 供电厂继续作为灰场使用。储灰场优先从围垦工程靠近电厂侧租用围垦场地，预留 $200hm^2$ 堆灰面积，容积为 $1280\times10^4m^3$，可满足电厂 20 年的储灰要求。

储灰场位于围垦工程东南角围垦区，使用分隔堤将储灰场围区其他区域分隔，进行充分综合利用，初期预先围合 $60hm^2$，储灰场设 2 条总长为约 1600m 分隔堤分别位于西北侧及东北侧，现有平均标高为 1.9m 的滩面，滩涂表面为淤泥质土，具有高压缩性质，堆灰会使滩涂表面产生平均沉降量为 1.2m 的沉降，按照设计堆灰面可堆至 6.0m，受沉降影响实际可利用的堆灰高度为 5.3m，由此推算可堆灰渣总量约为 $280\times10^4m^3$。按灰渣密实度为 1.1 计算，按电厂设计煤种、校核煤种计算分别可堆放约 4.3 年和 3.8 年。灰场布置依据围垦工程总体规划要求进行建造，投运过程中各项指标满足环保要求，对周围的工业发展无影响。当灰渣回填至设计标高，进行表层覆土后可作为农业用地，也可作为今后开发项目的建设用地。

电厂储灰场采用调湿灰汽车运灰渣方案。干灰及渣、石子煤运送所用的汽车运灰道路走向，从电厂沿进厂道路至灰场，运灰道路总长约为 5.5km。

为便于灰场的运行管理，在灰场入口处设灰场管理小区一处，内设灰场管理房、运灰汽车的冲洗场地和停车车位、灰场运行机械车库等建筑物。根据电厂的建设规模，输送灰渣量的大小和运行方式，灰场运行机械的配置如下：

（1）推土机：2辆，用于调湿灰平整。

（2）压路机：2辆，用于分层碾压密实。

（3）洒水车：1辆，用于灰库作业区防尘，运灰道路清洁、防尘。

（4）运灰汽车冲洗沉淀池1座以及冲洗水泵、冲洗装置等1套。

（5）移动式潜水排污泵：3台，用于排除作业区积水。

（二）储灰场运行

储灰场位于围垦区内，由于围垦工程主要为海产品养殖区，环保要求较高，出灰方式采用干出灰调湿后自卸汽车运输方案，无灰水进入灰场，干灰分块碾压填埋，及时复土还田。进入灰面的雨水可经处理后用于灰面防尘洒水等综合利用。

灰库运行采用分区、分块的原则。灰库干出灰的堆灰碾压的次序如下：

（1）清除滩涂表层浮泥。

（2）先铺一层炉底渣（厚度为0.5～1.0m，炉底渣尽可能铺在灰库底部）。

（3）调湿灰运至灰场后用推土机推平（每层0.3～0.5m）。

（4）压路机碾压密实-表层洒水防尘。

（三）灰面防尘及雨水处理方案

电厂灰库由滩涂围垦而成，地势较低，为便于堆灰碾压，需排除堆灰作业区的积水，因此，围堤和分隔堤按闭气坝设计，并考虑在临海侧围堤上或在围垦区排水通道处设排水闸一座，以排除库内的雨水。

灰库采用干灰碾压方案，灰面水分蒸发后风吹容易引起扬尘；电厂灰渣本身无灰水进入灰场，但大气的降水可能会使表层灰中的部分元素析出溶解在雨水中，从而造成对环境的污染。根据同类型电厂灰分的浸溶性试验分析，灰水中污染因子，主要是灰分中氧化钙造成水中的pH值上升。为防止灰面扬尘和灰面雨水对海域的环境影响，灰库运行考虑以下措施来预防灰面扬尘和灰面雨水的外泄。

1. 预防灰面扬尘

灰库的灰面扬尘问题处理，相对比较简单。灰渣在灰库堆放后，可通过压路机进行分层碾压，将灰渣碾压至较为密实。灰分中的钙质存放一定时间后可在灰层表面形成硬壳层，不对其扰动，不会造成扬尘。但运灰车辆的进出，表层灰渣的松动扬尘不可避免，采用洒水车洒水防尘。

2. 灰面雨水处理

（1）对灰库外来水的截流。灰库四周为防浪大堤及分隔堤，陆域水不可能进入灰库；防浪大堤设计有闭气坝，可有效防止海水渗透，灰库主要来水水源为灰库面积所产生的大气降水。

（2）灰库运行分区、分块，以减少雨水影响，有效保证灰面的面积。灰库分为3个分区，即未使用滩涂区、作业区、使用后已达设计标高的覆土植被绿化区。使用临时分隔堤将 3 个区域之间分开，滩涂区和覆土植被绿化区均不会造成污染影响水体。因此，堆灰作业区的雨水问题是储灰场需要主要解决的问题，在实际运行过程中作业区的面积决定这个问题的影响大小，处理容易。堆灰作业区面积只需在满足运灰车辆进出、推平碾压即可，堆灰到设计标高后及时覆土并进行种植植物，可将问题的水量影响降低到最低程度。

由于灰库表层均为淤泥质土，只使用滩涂泥堆积筑成的小型低坝即可分隔 3 个区域。可通过排水闸将滩涂区和覆土植被绿化区降水排入大海，作业区降雨天的雨水通过移动式水泵，集中到回收水池经预沉池沉淀后，用于灰库作业区的灰面洒水防尘。经计算，作业区的场地面积为 15 000m² 左右即可满足堆灰作业的要求。电厂所在地区的大气降水，最长的降水历时为 23 天，过程降水量为 181.4mm。如按不利的工况连续 23 天降水 181.4mm 计，灰面的径流系数按储煤场的径流系数 0.2 取值，则作业区（面积为 15 000m² 计）的总径流水量在不考虑蒸发的情况下为 544.2m³。因此，灰库的回收水池建造一座 1000m³ 水池就可满足要求，作业区回收雨水，作为灰面防尘洒水、运灰汽车冲洗的水源（水量不足时由电厂淡水补给水补充），灰库可实现灰水零排放，并可节省灰库运行的淡水消耗。

第二节　粉煤灰磨细工程

一、工程概况

工程用于某电厂废渣及粉煤灰进行精、深加工，磨细优质粉煤灰。优质粉煤灰现主要用于水泥混合材、混凝土、高级填料等中。优质粉煤灰加工过后的材料广泛应用于建材、建工、水利建设、公路、铁路、采矿等领域。某电厂年废渣排放量为 200 万 t，随着电厂的改扩建进行，废渣排放总量会逐步增大，废渣的处理会占用大量的土地。废渣露天堆放同时会污染空气和地下水源，大量的堆放从长远角度考虑不利于节能减排指标的完成，同时对于国家提出的环境友好型、资源节约型社会建设也不为长久之计。

国家规定要求用于商品混凝土的一级粉煤灰必须满足细度小于 12%，烧失量不大于 5% 的标准。目前，该电厂所在省区内仅两家发电企业可产出一级粉煤灰，年产量仅 5 万 t，且细度均大于 12%，满足商品混凝土标准的一级粉煤灰缺乏。该省内一级粉煤灰的年需求量达到 80 万 t，周边省区一级粉煤灰的年需求量达到 100 万 t。该电厂粉煤灰项目年产量可达 20 万 t 一级粉煤灰，可满足当地及周边满场需求。

二、项目建设条件

1. 建设地点

项目建设地点位于电厂煤场北侧、灰库以西 200m。项目周边临近多条高速公路。

2. 自然条件及水文地质

项目场地表面约 1m 沙土，下层为中硬土，处于对建筑抗震有利地段，为 II 类建筑场地。场地具备 50 年超越概率 10% 的地震动峰值加速度为 0.2g，即等同于该地区的地震基本烈度为 8 度。地下水埋深大于基础埋深，地下水对施工的影响可不予考虑。最大冻土深度 1.1m。

该地区位于大陆西北腹地，属于半干旱半沙漠大陆季风气候区，常年降水量低，蒸发量大、多风沙、昼夜温差大。春季干旱多风，冬季属严寒，风向为夏季南风、冬季多北风，年均气温为 9.2℃，最高气温为 37.7℃，最低气温为 −25℃，年降水量为 175.9mm，7—8 月为降水量集中时间，占全年总量的 60%～70%。

场地用水从厂用水管道接取。距离约为 0.5km。场地用电从该厂动力电源线处接取。

周围 5km 范围内无人居住，该项目全部采用封闭式加工车间和厂房，将废弃的粉煤灰进库或进罐后进行加工。

3. 项目占地

项目总占地面积 0.67hm²，项目区域为该电厂所有的闲置荒滩。

4. 项目建设内容

项目建设内容为 300m² 的标准化磨细、包装车间，120m² 地磅房，1200m² 包装储存车间，灰罐，350m² 办公建筑带附属设施，1800m² 作业停车场，围墙等。按照不同的生产功能进行区域分类布局。根据项目建设规模及内容，共包含 3 大区域：

（1）生产区包括粉煤灰精加工车间及粉煤灰包装工车间。

（2）办公区包括行政设施、生活设施、生产附属设施。

（3）停车区用于停靠运灰大型车辆。厂区将道路以外设施外全部绿化。

该项目总占地面积 10 亩，共投资 635 万元。其中：120 万元建设及设施投资、15 万元环境绿化投资，10 亩征地费用为 60 万。设置 1 套年包装灰 10 万 t 级粉煤灰生产包装系统投资 100 万元；建设 1200m² 袋装储存库投资 90 万；投资 150 万元建设一套含 1500m 以内的输送系统的 50t/h 的磨细系统；配套建设两个 2000m³ 细灰罐，投资为 100 万元。

三、项目工艺流程

1. 粉煤灰磨细系统流程

粉煤灰磨细系统使用 ZG 系列粉煤灰超细球磨机系统，包含粉煤灰专用球磨机、选粉机、原灰仓、气箱脉冲袋式除尘器、辅料仓、给料机、螺旋给料机、电子计量秤、斗式提升机、引风机、螺旋输送机、控制系统等。

粉煤灰磨细系统运行将原灰从原灰仓取出，原灰使用螺旋给料机进行给料，灰尘由电子秤称重，而后被空气斜槽投入磨头提升机送入选粉机进行分选，粗灰经空气斜槽送入球磨机研磨，磨后的灰中含有大量细灰，再次进入选粉机分选，分选出的细灰送入灰库，球磨机尾部配收尘系统进行收尘，采用选粉机的系统可提高产量达 30%～40%，加工能耗低。

2. 烘干设备及系统流程

当热风炉温度达 350℃时，在系统发出联锁动作，各设备开始启动。水分低于 20% 的湿粉煤灰由湿料输送设备送入顶部有打散及自动均匀布料装置的烘干设备，设备内将湿料打散均匀分布于整个设备截面，而后落入散料锥，进入滑料盆。湿料被多重重叠并均匀搅动与热气流充分接触，经过对流和热传导及辐射的方式进行高效的热交换，水分被热量蒸发并随干燥的热气流被带走，物料被快速烘干。烘干设备上部装有振动式结构进行振打，用于延长物料在设备内的停留时间，增加热交换，以提高热能利用效率。

同时，使用了旁路热风技术解决设备中湿料水分波动大的烘干难题。该项技术可将高温烟气送入烘干设备的上部直接与湿料接触，可达到以下目标：

（1）增强湿物料流动性，有利于表面水分的迅速蒸发。

（2）降低运行中炉内温度，有助于设备寿命的延长。

（3）提高热交换效率。

（4）降低出料温度。

四、系统特点

系统设备输送全部采用气力或机械输送，能耗低，不易造成磨损，系统成熟度高，可用率高；整合分选与收集系统，降低了系统阻力，采用内部循环气流选粉，布置流畅、工艺简洁，可靠性高，不影响运行电厂原有设备运转。

五、生产能力

春夏秋 3 季度可进行磨细和包装一、二级商品混凝土，同时消耗粉煤灰 20 万～30万 t。冬季产量降低可包装储存经磨细和分选后的可废弃一级粉煤灰 10 万 t。

第三节 使用再生催化剂工程

某电厂 2×330MW 热电联产机组于 2017 年 7 月进行脱硝系统催化剂再生。

一、再生催化剂性能

该电厂改造所用催化剂均为再生催化剂，更换再生催化剂其性能保证要求见表 7-1。

表 7-1 某电厂催化剂性能保证要求

项目	单位	性能要求
出口氮氧化物（干基、6%O_2）	mg/m³	≤50
脱硝率	%	≥87.5
氨逃逸（干基、6%O_2）	mg/m³	≤2.28
化学寿命	h	15 000（需保证的剩余活性时间）

该电厂催化剂样品几何特性见表 7-2。

表 7-2 某电厂催化剂样品几何特性

项目	单位	样品 1	样品 2
片数		一个单元体 26 片，2 个单元体串联检测	一个单元体 21 片，两个单元体串联检测
单元体长度	mm	639	705

续表

项目	单位	样品 1	样品 2
单元体宽度 A	mm	149.1	148.2
单元体宽度 B	mm	150.0	150.0
壁厚	mm	0.65	0.90
波高	mm	5.85	7.72
波宽	mm	20.07	19.23
几何比表面积	m^2/m^3	350	285

通过低温氮气物理吸附分析该电厂催化剂样品比表面积、孔径、孔容参数见表 7-3。

表 7-3　　　　　　　　某电厂催化剂样品比表面积、孔径、孔容参数

项目	单位	样品 1	样品 2
比表面积	m^2/g	98.4	73.0
孔径	nm	9.0	12.7
孔容	cm^3/g	0.237	0.275

利用 X 射线荧光光谱法测定该电厂催化剂样品的化学组成，见表 7-4。

表 7-4　　　　　　　　某电厂催化剂样品的化学组成　　　　　　　　　　%

项目	样品 1	样品 2
SiO_2	6.850	5.027
Al_2O_3	3.190	1.190
Fe_2O_3	0.315	0.597
TiO_2	86.436	89.757
CaO	0.025	1.967
MgO	0.114	0.224
BaO	低于检出限	0.060
Na_2O	0.048	0.044
K_2O	0.016	0.031
SO_3	0.627	0.664
P_2O_5	0.543	0.068
V_2O_5	1.638	1.109
WO_3	2.126	0.272
MoO_3	1.129	1.106
PbO	0.006	0.001
Nb_2O_5	0.006	0.003
Cr_2O_3	0.019	0.036
CuO	0.006	0.006
ZrO_2	0.040	0.070

该电厂再生催化剂样品性能检测烟气条件见表7-5。

表7-5   某电厂催化剂样品性能检测烟气条件

项目	单位	目标值	样品1	样品2
烟气流量（标准状态、湿基、实际氧）	m^3/h	164.8	163.8	162.8
面流速	m/h		16.53	18.55
氮氧化物（标准状态、干基、6%O_2）	mg/m^3	419.40	422.64	416.18
二氧化硫（标准状态、干基、6%O_2）	mg/m^3	2377.29	2386.98	2372.20
氧量（干基）	%	3.55	3.52	3.52
含水量	%	10.13	10.07	10.07
氨氮摩尔比（活性）		1.000	1.002	1.000
氨氮摩尔比（二氧化硫/三氧化硫转化率）		0.896	0.896	0.895
温度	℃	350.0	350.1	350.5

该电厂全尺寸催化剂性能检验结果见表7-6。

表7-6   某电厂全尺寸催化剂性能检验结果

项目	单位	样品1	样品2
入口氮氧化物（标准状态、干基、6%O_2）	mg/m^3	442.64	416.18
出口氮氧化物（标准状态、干基、6%O_2）	mg/m^3	42.33	45.91
活性	m/h	38.04	40.89
入口SO_3（标准状态、干基、6%O_2）	mg/m^3	3.89	5.38
出口SO_3（标准状态、干基、6%O_2）	mg/m^3	6.34	15.45
入口SO_2（标准状态、干基、6%O_2）	mg/m^3	2386.98	2372.20
SO_2/SO_3转化率（单层）	%	0.08	0.34
压降（单层）	Pa	97	77

二、原脱硝系统设计条件

该电厂原有脱硝入口烟气参数见表7-7。

表7-7   某电厂原有脱硝入口烟气参数

项目	单位	设计煤种	校核煤种
省煤器出口烟气成分（过量空气系数为1.2、湿基）			
CO_2	%	14.11	13.95
O_2	%	3.19	3.2

项目	单位	设计煤种	校核煤种
省煤器出口烟气成分（过量空气系数为 1.2、湿基）			
N_2	%	72.49	72.8
SO_2	%	0.08	0.13
H_2O	%	10.13	9.92
省煤器出口烟气量和温度（BMCR）			
燃煤量	t/h	194.85	207.71
省煤器出口烟气含氧量（体积分数）	%	3.19	3.2
省煤器出口湿烟气量	m^3/h	1 135 188	1 136 916
省煤器出口烟气温度（设计煤种）	℃	379	379
空气预热器入口烟气温度	℃	379	379

该电厂锅炉 BMCR 工况脱硝系统入口烟气中污染物成分见表 7-8。

表 7-8　某电厂锅炉 BMCR 工况脱硝系统入口烟气中污染物成分（标准状态、湿基、$6\%O_2$）

项目	单位	设计煤种	校核煤种
烟尘浓度	g/m^3	49.43	64.13
NO_x（干基、$6\%O_2$）	mg/m^3	240	240
SO_2	mg/m^3	2378	3787
SO_3	mg/m^3	48	76

性能保证：

（1）在 BMCR 工况下，燃用锅炉设计煤种，脱硝装置入口氮氧化物标准状态下不大于 $240mg/m^3$，脱硝装置在化学寿命期内的氮氧化物脱除率不小于 80%（备用层不投运），氨逃逸不大于 $2.28mg/m^3$，SO_2/SO_3 转化率小于 1%。

（2）脱硝装置入口氮氧化物标准状态下不大于 $300mg/m^3$，脱硝装置出口氮氧化物浓度标准状态下小于 $100mg/m^3$。

（3）上述设计条件下保证系统氨耗量小于或等于 $92.2kg/h$。

项目同期新建氨区及 SCR 区。

三、脱硝进行催化剂再生后的设计条件

该电厂催化剂再生后脱硝入口烟气参数见表 7-9。

表 7-9　　　　　　　　某电厂催化剂再生后脱硝入口烟气参数

项目	单位	设计煤种	校核煤种
省煤器出口烟气成分（过量空气系数为 1.2、湿基）			
CO_2	%	14.11	13.95
O_2	%	3.19	3.2
N_2	%	72.49	72.8

续表

项目	单位	设计煤种	校核煤种
省煤器出口烟气成分（过量空气系数为1.2、湿基）			
SO_2	%	0.08	0.13
H_2O	%	10.13	9.92
省煤器出口烟气量和温度（BMCR）			
燃煤量	t/h	194.85	207.71
省煤器出口烟气含氧量（体积分数）	%	3.19	3.2
省煤器出口湿烟气量	m^3/h	1 135 188	1 136 916
省煤器出口烟气温度（设计煤种）	℃	350	350
空气预热器入口烟气温度	℃	350	350

该电厂锅炉 BMCR 工况脱硝系统入口烟气中污染物成分见表 7-10。

表 7-10　某电厂锅炉 BMCR 工况脱硝系统入口烟气中污染物成分（标准状态、湿基、6%O_2）

项目	单位	设计煤种	校核煤种
烟尘浓度	g/m^3	49.43	64.13
NO_x（干基、6%O_2）	mg/m^3	400	400
SO_2	mg/m^3	2378	3787
SO_3	mg/m^3	48	76

四、脱硝系统催化剂再生设计原则

脱硝工艺采用 SCR 法。SCR 脱硝装置按标准状态下氮氧化物由 $400mg/m^3$ 降低到 $50mg/m^3$ 进行设计，在设计煤种及校核煤种、锅炉最大工况（BMCR）、处理 100%烟气量、三层催化剂投运条件下脱硝效率不小于 87.5%。考虑锅炉出口氮氧化物浓度的波动性，脱硝系统标准状态下余量设计为满足 $440mg/m^3$ 降低到 $50mg/m^3$ 的要求，但化学寿命不大于 13 000h，该项不作为性能考核，氨耗量设计校核。

新增备用层催化剂，采用声波＋蒸汽吹灰方式；工程采用板式催化剂。催化剂模块必须有效防止烟气短路的密封系统，密封装置的寿命不低于催化剂的寿命。催化剂各层模块规格统一、具有互换性。催化剂考虑燃料中含有的任何微量元素可能导致的催化剂中毒。催化剂采用模块化设计以减少更换催化剂的时间。催化剂模块采用钢结构框架，并便于运输、安装指导、起吊。SCR 反应器内催化剂能承受运行温度 420℃（每次不低于 5h）的考验，而不产生任何损坏。

每台锅炉配置 2 台 SCR 反应器，采用"2＋1"模式布置，原设计单台反应器的截面尺寸为 9m×10m。催化剂的选型应充分考虑蒸汽吹灰器＋声波吹灰器吹灰方式的作用和影响。

新增备用层催化剂规格见表 7-11。

表 7-11　　　　　　　　　　　　新增备用层催化剂规格

参　数	单　位	数　量
机组数量	台	2
每一机组的反应器数量	台	2
本次备用层催化剂层数	层	1
催化剂型式		板式
催化剂孔数	个	16×16
催化剂基材		TiO_2
催化剂活性物质		V_2O_5、WO_3
内壁厚	mm	1.32
间距	mm	9.28
催化剂单元截面尺寸	mm×mm	150×150
催化剂单元的高度	mm	1110
催化剂几何比表面积	m^2/m^3	358.2
密度	kg/m^3	550
每一模块的催化剂元件数	条	72
模块截面尺寸	mm×mm	1910×970
模块高度	mm	1410
每一层的模块阵列/反应器	块	9×5
模块质量	kg/模块	约1200
每台反应器催化剂体积	m^3	86.25
每台机组催化剂体积	m^3	172.5
每层的压降		
备用层催化剂的压降	Pa	220
催化剂截面处线速度	m/s	5.93
催化剂孔内速度	m/s	8.2
设计温度	℃	350
最高连续运行温度	℃	420
最低连续运行温度	℃	310
氨耗量/炉	kg/h	170
磨损及抗压强度		
未硬化	%/kg	≤0.15
轴向抗压强度	MPa	≥2.5
径向抗压强度	MPa	≥0.8
迎风面硬化端	cm	5
催化剂寿命		
化学寿命（机组运行小时数）	h	24 000
机械寿命	年	7
备用层催化剂初始活性	m/h	≥38
24 000h 末期活性	m/h	≥26.6

催化剂活性检测指标说明：

（1）催化剂按 VGB—R302He《脱硝催化剂检测指南》中要求的 NH_3/NO_x 摩尔比为 1 进行检测，且以单条完整的单元体为检测样块。

（2）催化剂投运后，每年提取测试单元体进行全尺寸性能检测。

（3）$K = -AV \times \ln(1-\eta)$；$NH_3/NO_x$ 摩尔比为 1。K 为活性，AV 为面速度，η 为脱硝效率。

（4）吸收剂为液氨，氨区扩容，新增设备与原氨区统一规划布置。

（5）脱硝设备年运行小时按 8000h 考虑。

（6）脱硝装置可用率不小于 98%。

（7）装置服务寿命为 30 年。

第八章

电磁与噪声环保工程

第一节 电磁与噪声环境生产状况

一、电磁环境生产状况

按照波长从长到短，频率从低到高的原则，电磁波可以分为无线电波（长波、中波、短波、超短波、微波）、光波（红外线、可见光、紫外线）、X射线、γ射线。电磁辐射是指能量以电磁波的形式由源向空间发射并传播的现象。通常所说的电磁辐射是指高频率的射频，国家环保局规定的电磁辐射防护限值适用的频率范围为100kHz～300GHz。电磁辐射按其来源途径可以分为天然型和人工型两大类。现有环境中的电磁辐射主要来自人工辐射，产生于人工制造的若干系统、电气装置及电子设备。电磁感应是指电流产生磁场或者磁场产生电流的现象。高压输变电产生的就是电磁感应现象。高压输变电低频率（50Hz）、长波长（6000km）的特点决定了它不可能以电磁波形式向周围形成有效的电磁能量辐射，在环境中仅表现为可独立存在的电场与磁场。它对人体的影响也只是通过电场、磁场分别作用之后在体内产生感应电流或感应电场。因此，高压输变电产生的微弱的电磁感应并不属于电磁辐射范畴，目前很多专家学者称为电磁环境。不同类别电磁辐射的来源及特点见表8-1。

表8-1　　　　　　　　　　不同类别电磁辐射的来源及特点

类别	电磁辐射来源设备名称	电磁辐射工作特点
广播、电视	广播、电台及转播站	定时、定额、定功率
通信、雷达	通信发射台、干扰台、雷达站	定额、定功率、定方向
工业、科技、医疗	电火花冲击器、高频焊接、高频熔炼、短波与超短波理疗机等	基波和谐波共同辐射、频率杂乱无章
高压放电	高压电线、高压开关、放电管	电晕放电、弧光放电、辉光放电
火花放电	各种机动车辆、启动设备	杂波干扰、点火系统火花放电
日常生活	计算机、电磁炉、微波炉灶等	小剂量的微波辐射

（一）电磁辐射的原理

在电磁波的传播过程中，会有部分能量被传送出去，称为电磁能辐射，电磁波不易被人感觉，但当电磁辐射的能量达到一定量时，会对生产、生活环境以及人体健康造成直接或潜在的损害。因此，联合国已将电磁辐射列为环境污染物之一，在某种情况下，辐射会对人体健康造成不同程度的损害，会引起不必要的能量损耗，同时造成对其他系统的干扰。

电磁辐射分为两种：一种是指在较大范围内电磁场的背景值是各种设备和各种传播途径电磁辐射环境本底值；另一种是指在某一电磁辐射设备或设施的局部范围内，造成较强的电磁辐射。高压交流输变电的导线可以在导线周围的较大区域内产生电场。工程上常用电场强度的垂直分量表征空间某点的工频电场，输电线路下的电场不但与导线对地高度有关，同时还与导线的排列方式有关。如 500kV 输电线路按水平、正三角和倒三角排列时，在导线对地高度相同的情况下，以导线倒三角排列电磁辐射＜正三角排列电磁辐射＜水平排列电磁辐射。交流输电线路运行时，导线中的电流在导线周围较大范围内产生工频磁场。

（二）电磁辐射的三种特性

高压电输变电电磁辐射效应一般是以电场、磁场和电晕 3 种形式发生的，其各自的特点如下。

1. 磁场特性

磁场强度的大小与电流大小有关，与电压无关；50Hz 或 60Hz 的磁场能非常容易地穿透绝大多数物体（建筑物或人），同时不会受到这些物体的干扰。从理论上讲，由于三相交流输电线中各相电流的有效值相等，相位互差 120°，所以在与输电线较远距离产生的磁场相互抵消，近似为零。

2. 电场特性

输电线周围的空间会产生电场，有如下特性：

（1）电场强度与输电线路对地的电压成正比。

（2）场中的导电物体（建筑物、树林等）会引起电场的严重畸变，从而产生一定的屏蔽效果。

（3）三相交流输电线排列方式不同，电场强度不同（导线水平排列，场强影响范围最大；正三角排列次之；倒三角排列时最小）。

提高输电线架设高度，可减少地面电场强度。

3. 电晕特性

当导线表面的电场强度大于空气击穿强度时，就会发生电晕放电。此时，导线表面的电场强度会达到 30kV/m 以上，只有高压输电线路导线表面才会有如此强大的电场强度，因此，电晕放电大多都发生在高压输电线路上；电晕放电受到线路本身条件影响，电晕放电与电压成正比；电晕放电与导线直径、导线表面光滑度成反比。此外，电晕放电还与环境条件有关，在环境空气质量较差以及天气条件比较恶劣时，电晕放电一般是比较强烈的。空气污染越严重、相对空气湿度越大、风速越大、降雨、降雪时，电晕放电加剧。

（三）输电线路电磁辐射的产生

1. 高压变电站

变电站内高压设备的上层存在相互交叉的带电导线，下层存在各种形状的高压带电的电气设备以及设备的连接导线，电极形状复杂，数量较多，在它们周围空间形成了一个比较复杂的高交变工频电磁场，会对周围地区产生静电感应，即变电站附近存在一定的电磁辐射场。变电站布局和周围环境协调不恰当时，将对其周围环境产生一定的电磁辐射。

2. 高压输电线路

高压输电线路运行时，其电压等级较高，相对地面将产生一定的静电感应，即有一个交变电磁辐射场。变电站高压构架及输电导线离地面的高度越大，相当于带电体离地面越远，那么它在地面附近产生的电场强度就越小。因此，变电站高压构架附近和输电线路导线下方电场强度具有最大值，但随着距离导线投影距离的加大，电场强度会快速衰减。同时由于导线弧垂的存在，最大场强区域位于档距中央，而最小场强区域在靠近杆塔处，这是因为靠近杆塔的导线高度相对较高，且杆塔自身也有一定的屏蔽效果。

二、噪声环境生产状况

（一）环境噪声标准

GB 3096—2008《声环境质量标准》中按区域的使用功能特点和环境质量要求，将声环境功能区分为以下 5 种类型：

0 类声环境功能区：康复疗养区等特别需要安静的区域。

1 类声环境功能区：以居民住宅、医疗卫生、文化教育、科研设计、行政办公为主要功能，需要保持安静的区域。

2 类声环境功能区：以商业金融、集市贸易为主要功能，或者居住、商业、工业混杂，需要维护住宅安静的区域。

3 类声环境功能区：以工业生产、仓储物流为主要功能，需要防止工业噪声对周围环境产生严重影响的区域。

4 类声环境功能区：交通干线两侧一定距离之内，需要防止交通噪声对周围环境产生严重影响的区域，包括 4a 类和 4b 类两种类型。4a 类为高速公路、一级公路、二级公路、城市快速路、城市主干路、城市次干路、城市轨道交通（地面段）、内河航道两侧区域；4b 类为铁路干线两侧区域。

GB 12348—2008《工业企业厂界环境噪声排放标准》中规定了五类声功能区的厂界环境噪声的排放限值，见表 8-2。

表 8-2　　　　　　　　工业企业厂界环境噪声排放限值　　　　　　　　dB（A）

厂界外声环境功能区类别	时段	
	昼间	夜间
0	50	40
1	55	45
2	60	50
3	65	55
4	70	55

夜间频发噪声的最大声级超过限值的幅度不得高于 10dB（A）；夜间偶发噪声的最大声级超过限值的幅度不得高于 15dB（A）。

工业企业若位于未划分声环境功能区的区域，当厂界外有噪声敏感建筑物时，由当地县级以上人民政府参照 GB 3096—2008《声环境质量标准》和 GB/T 15190—2014《声环境功能区划分技术规范》的规定确定厂界外区域的声环境质量要求，并执行相应的厂界环境噪声排放限值。

当厂界与噪声敏感建筑物距离小于 1m 时，厂界环境噪声应在噪声敏感建筑物的室内测量，并将表 8-2 相应的限值减 10dB（A）作为评价依据。

（二）噪声测试方法

1. 测量条件

（1）气象条件：测量应在无雨雪、无雷电天气，风速在 5m/s 以下时进行。不得不在特殊气象条件下测量时，应采取必要措施保证测量准确性，同时注明当时所采取的措施及气象情况。

（2）测量工况：测量应在被测声源正常工作时间进行，在测点示意图上标注出声源的位置。

2. 测量位置

（1）工业企业厂界噪声测量。一般情况下，测点选在工业企业厂界外 1m、高度 1.2m 以上。距离任一反射面距离不小于 1m 的位置。

当厂界有围墙且周围有受影响的噪声建筑敏感建筑物时，测点应选在厂界外 1m、高于围墙 0.5m 以上的位置。当厂界无法测量到声源的实际排放情况时（如声源位于高空、厂界设有声屏障等），应按"测点位置一般规定"设置测点，同时在受影响的噪声敏感建筑物户外 1m 处另设测点。

当厂界与噪声敏感建筑物距离小于 1m 时，厂界噪声应在噪声敏感建筑物的室内测量，并将相应的限值减 10dB 作为评价依据。

室内噪声测量时，室内测量点位设在距任一反射面至少 0.5m 以上、距地面 1.2m 高度处，在受噪声影响方向的窗户开启状态下测量。

（2）固定设备结构传播室内噪声测量。固定设备结构传声至噪声敏感建筑物室内，在噪声敏感建筑物室内测量时，测点应距任一反射面至少 0.5m 以上、距地面 1.2m 高度处、距外窗 1m 以上，窗户关闭状态下测量。被测房间内的其他可能干扰测量的声源（如电视机、空调机、排风扇等）应关闭。

3. 测量时段

分别在昼间和夜间两个时段测量。夜间有频发、偶发噪声影响时同时测量最大声级。

（1）被测声源是稳态噪声，采用 1min 的等效声级。

（2）被测声源是非稳态噪声，测量被测声源有代表性时段的等效声级，必要时测量被测声源整个正常工作时段的等效声级。

4. 背景噪声测量

（1）测量环境：应不受被测声源影响且不受其他声环境与测量被测声源时保持一致。

（2）测量时段：应与被测声源测量的时间长度相同。

（三）除尘系统噪声生产状况

某 2×300MW 燃煤发电机组，除尘系统采用静电除尘器，为双室五电场卧式布置。

对 1 号除尘器进行提效改造后，将第一、二、三、五电场更换为高频电源。电除尘器满足如下指标：

（1）电除尘出口烟尘排放浓度小于 40mg/m³（标准状态、干基、6%O_2）。

（2）除尘效率大于 99.94%。

（3）本体漏风率小于或等于 1.5%。

（4）本体阻力小于或等于 300Pa。

（5）噪声小于或等于 80dB（A）。

对 1 号除尘器进行了噪声测试，测点分布见图 8-1，噪声测试结果见表8-3。可以看到，除尘器顶部、东、南、西侧均满足除尘器本体噪声小于 80dB（A）的要求。除尘器北侧噪声超标主要是因为高压流化风机房和 2 号除尘器噪声的影响。

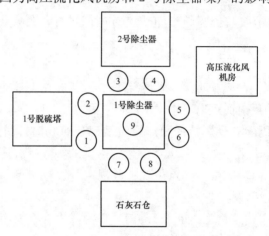

图 8-1　除尘器环境噪声测点分布

表 8-3　　　　　　　　　　　1 号机组除尘器噪声测试结果　　　　　　　　　　　dB（A）

测点	测试位置	测试值	
1	除尘器西侧靠南	71.9	71.8
2	除尘器西侧靠北	74.7	74.6
3	除尘器北侧靠西	83.5	83.4
4	除尘器北侧靠东	86.6	86.5
5	除尘器东侧靠北	79.4	79.5
6	除尘器东侧靠南	79.7	79.8
7	除尘器南侧靠东	77.3	77.2
8	除尘器南侧靠西	74.6	74.5
9	除尘器顶部	73.8	73.9

（四）脱硫系统噪声生产状况

某 2×300MW 燃煤发电机组，采用炉内喷钙脱硫＋石灰石-石膏湿法脱硫工艺，湿法脱硫为一炉一塔配置。脱硫采用旋汇耦合装置＋四层喷淋层＋单回路喷淋塔工艺，除雾装置为管束式除尘除雾器。湿法脱硫效率不小于 98.7%，脱硫装置出口 SO_2 浓度小于 35mg/m³（标准状态、干基、6％O₂），机械设备噪声小于或等于 85dB（A），控制室及相关房间噪声小于或等于 55dB（A）。

表 8-4 所示为脱硫系统各设备噪声测试结果，吸收塔浆液循环泵噪声值为 92.1～92.8dB（A），不满足保证值要求；氧化风机噪声值为 91.5～91.9dB（A），不满足保证值要求；脱水皮带机噪声值为 84.1dB（A），满足保证值要求；脱硫集控室噪声值为 53.7dB（A），满足保证值要求。建议对循环泵和氧化风机增加隔离措施。

表 8-4 脱硫系统各设备噪声测试结果 dB（A）

设备名称	循环泵			氧化风机		脱水皮带	脱硫集控室
测试值	1 号循环泵	2 号循环泵	3 号循环泵	1 号氧化风机	2 号氧化风机		
	92.4	92.8	92.1	91.5	91.9	84.1	53.7

（五）变压器噪声生产状况

针对某 500kV 变压器环境噪声进行了测试，图 8-2 所示为某 500kV 变压器环境噪声测点分布，测试结果见表 8-5。可以看到，大体上，一次电流越大，环境噪声也越大。测点 9 和测点 10 的噪声明显大于其他测点，表明冷却器产生的噪声较大。

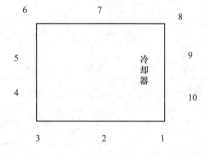

图 8-2 某 500kV 变压器环境噪声测点分布

表 8-5 某 500kV 变压器环境噪声测试结果 dB（A）

一次电流		3000A			6250A			6650A		
	测点	A 相	B 相	C 相	A 相	B 相	C 相	A 相	B 相	C 相
噪声测试结果	测点 1	82.5	81.2	80.9	84.2	82.8	83.2	85.3	83.5	83.0
	测点 2	84.0	86.8	84.1	85.6	87.1	85.6	83.5	85.9	85.1
	测点 3	83.9	82.9	80.9	83.6	83.9	83.3	80.1	82.8	84.3
	测点 4	83.4	80.3	83.8	82.7	83.5	86.2	82.0	82.9	84.7
	测点 5	83.7	85.0	81.6	84.3	86.4	85.9	83.2	85.8	84.6
	测点 6	82.3	84.9	81.2	84.1	83.7	82.4	82.5	85.6	84.6
	测点 7	81.8	85.7	83.5	86.3	83.6	87.1	85.2	85.4	85.7
	测点 8	84.0	82.7	83.7	85.4	83.0	85.8	84.1	82.7	84.6
	测点 9	85.9	87.1	86.8	86.2	87.7	87.2	86.5	87.9	86.8
	测点 10	87.5	87.1	87.2	87.1	88.0	88.1	86.7	88.1	88.0

第二节 电磁与噪声环境污染状况

一、电磁环境污染状况

由于电力行业的蓬勃发展，输电线路越建越多，经过的区域也越来越复杂，与社会的矛盾也越来越尖锐，所以积极对输变电线路进行电磁环境测试非常重要，对于超标的

　　地方采取有效的防护措施，确保环境以及居民生活环境的健康和安全。GB 8702—2014《电磁环境控制限值》，规定了电磁电磁环境中控制公众暴露的电场、磁场、电磁场（1Hz～300GHz）的场量限值。公众暴露控制限值见表 8-6。

表 8-6　　　　　　　　　　　　公众暴露控制限值

频率范围	工频电场强度 E （V/m）	工频磁场强度 H （A/m）	工频磁感应强度 B （μT）	等效平面波功率密度 S_{eq}（W/m²）
1～8Hz	8000	$32\,000/f^2$	$40\,000/f^2$	—
8～25Hz	8000	$4000/f^2$	$5000/f^2$	—
0.025～1.2kHz	$200/f$	$4/f$	$5/f$	—
1.2～2.9kHz	$200/f$	3.3	4.1	—
2.9～57kHz	70	$10/f$	$12/f$	—
57～100kHz	$4000/f$	$10/f$	$12/f$	—
0.1～3MHz	40	0.1	0.12	4
3～30MHz	$67/f^{1/2}$	$0.17/f^{1/2}$	$0.21/f^{1/2}$	$12/f$
30～3000MHz	12	0.032	0.04	0.4
3000～15 000MHz	$0.22/f^{1/2}$	$0.000\,59/f^{1/2}$	$0.000\,74/f^{1/2}$	$f/7500$
15～300GHz	27	0.073	0.092	2

注　1. 频率 f 的单位为所在行中第一栏的单位，如 50Hz 应换算为 0.05kHz，则 f 取值 0.05。

　　2. 0.1MHz～300GHz 频率，场量参数是任意连续 6min 内的方均根值。

　　3. 100kHz 以下频率，需同时限制电场强度和磁感应强度；100kHz 以上频率，在远场区，可以只限制电场强度或磁场强度或等效平面波动功率密度；在进场区，需同时限制电场强度和磁场强度。

　　4. 架空输电线路线下的耕地、田园、牧草地、畜禽饲养地、养殖水面、道路等场所，其频率 50Hz 的电场强度控制限制为 10kV/m，且应给出警示和防护指示标志。

　　表 8-7 所列数据为某 500kV 超高压输电线路经过村民房屋周围，对居民房屋及房屋周边进行的工频电场强度、工频磁感应强度的测试结果。测试结果显示工频电场强度最大值为 1283V/m，工频磁感应强度最大值为 0.482 9μT。

表 8-7　　　某 500kV 超高压输电线路经过村民房屋周围，对居民房屋及
房屋周边进行的工频电场强度、工频磁感应强度的测试结果

测点	工频电场强度 E（V/m）	工频磁感应强度 B（μT）
1	685.3	0.452 8
2	756.4	0.482 9
3	793.8	0.469 2
4	1283	0.460 4
5	626.2	0.230 5
6	397.9	0.150 5
7	195.0	0.144 2

火力发电厂作为目前电力供应的主力军，在产生电量以后需要经过升压站以及输电线路进行上网传输，供电力公司统一分配调度。火力发电厂升压站出线根据要求也要进行电磁环境测试，表 8-8 和表 8-9 分别是对某电厂的升压站及出线走廊工频电场强度、工频磁感应强度测试的结果。

表 8-8   某电厂升压站工频电场强度、工频磁感应强度测试的结果

测点	工频电场强度 E(V/m)	工频磁感应强度 B(μT)
1	148.2	0.325 8
2	332.5	0.496 8
3	574.0	0.697 3
4	387.6	0.730 3
5	687.3	0.662 9
6	1118	1.432
7	672.0	1.418
8	1121	1.045
9	950.0	0.759 3
10	1628	1.152
11	1207	1.010
12	1380	0.738 7
13	477.5	0.782 0
14	1072	0.823 8

表 8-9   某电厂出线走廊工频电场强度、工频磁感应强度测试的结果

测点	工频电场强度 E（V/m）	工频磁感应强度 B（μT）
1	1926	2.494
2	1704	1.817
3	1334	1.104
4	1010	0.806 8
5	843.0	0.760 3
6	584.8	0.684 3
7	2267	1.615
8	1475	1.486
9	1007	1.340
10	823.0	1.235
11	691.6	1.150

二、噪声环境污染状况

（一）某 4×330MW 燃煤电厂厂界噪声排放状况

某 4×330MW 燃煤电厂厂区总平面布置紧凑，分期分区明确，工艺流程顺畅短捷。

西面是公路，北面有一、二期已建铁路。采用 NL-42 声级计对该电厂进行了厂界噪声测试，测点分布见图 8-3，共布 9 个测点，西面为一期工程，北面为运煤铁路专线，无需监测。测试分昼间和夜间，表 8-10 为测试结果，可以看到，在升压站附近噪声较大，厂界噪、声昼间最大值为 53.4dB（A），夜间最大值为 49.2dB（A）。昼、夜间噪声均满足 GB 12348—2008《工业企业厂界环境噪声排放标准》中规定的 3 类厂界外声环境功能区类别标准值要求，标准值为昼间 65dB（A）、夜间 55dB（A）。

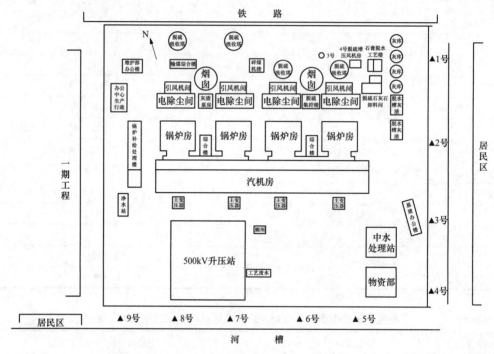

图 8-3　某 4×330MW 燃煤电厂厂界噪声测点分布

注："▲"代表噪声监测点。

表 8-10　　　　　　　某 4×330MW 燃煤电厂厂界噪声测试结果　　　　　　　dB（A）

测点	测试结果	
	昼间	夜间
1	49.4	46.7
2	48.6	44.6
3	48.1	49.2
4	47.7	45.5
5	48.6	44.9
6	49.1	47.0
7	49.0	43.2
8	53.4	48.1
9	48.3	46.1

（二）某 2×350MW 燃煤电厂厂界噪声排放状况

内蒙古西部某 2×350MW 燃煤电厂厂区总平面布置紧凑，分区明确，工艺流程顺畅短捷。南面是公路，北面有二期预留场地，西面和东面为村庄。厂址地貌属山前冲洪积平原，地形有起伏，地势东南高，西北低，自然坡度在 2‰左右。采用 NL-42 声级计对该电厂进行了厂界噪声测试，测点分布见图 8-4，共布 17 个测点。测试分昼间和夜间，表 8-11 为测试结果，可以看到，厂界噪声昼间最大值为 64.5dB（A），夜间最大值为 54.7dB（A）。昼、夜间噪声均满足 GB 12348—2008《工业企业厂界环境噪声排放标准》中规定的 3 类厂界外声环境功能区类别标准值要求。主厂房汽轮机侧噪声偏大，建议加装隔离措施。

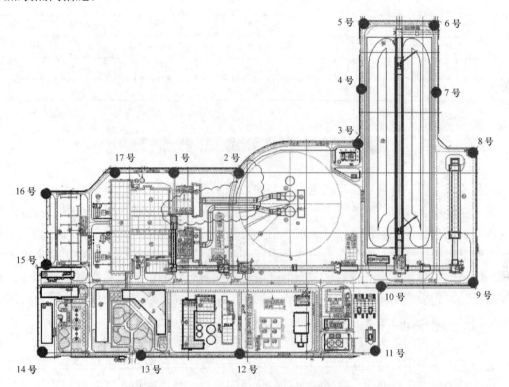

图 8-4　某 2×350MW 燃煤电厂厂界噪声测点分布

表 8-11　　　　　　　　　　某 2×350MW 燃煤电厂厂界噪声测试结果　　　　　　　　　　dB（A）

测点	测试结果	
	昼间	夜间
1	62.8	54.3
2	60.5	52.1
3	55.8	51.5
4	58.0	43.8
5	53.8	45.4
6	55.0	39.3

续表

测点	测试结果	
	昼间	夜间
7	56.9	41.8
8	54.3	43.9
9	53.0	46.7
10	57.3	47.3
11	54.3	49.5
12	51.2	50.1
13	52.4	49.6
14	50.2	48.2
15	53.3	47.1
16	61.3	50.1
17	64.5	54.7

第三节　电磁治理环保工程

目前，人们对自身生存环境越来越关注，越来越重视，关于电磁辐射，不断对输电行业工作提出新要求，因此，需要电力行业对此类问题加以重视并采取措施，通过强化宣传，加强自身的环境意识，以及积极的环境辐射评估。从而来主动避免有可能发生的因电磁辐射而带来的纠纷。在高压线路设计和建设运行中，预防电磁辐射污染必须引起相关部门的重视。在设计规划时应确保把电磁辐射对公众的影响降低到最低的水平。在线路设计时积极采用环保方案。线路通道选择上应尽可能地远离居民住宅，对通道附近电磁辐射不满足环境要求的要尽量拆迁。从源头上消除高压线路附近居民的担忧。线路结构上要多采用同塔多回路或在下层架设低电压等级的混合线路等诸多措施来减少线路通道的使用，采用相序优化以及适当的升高杆塔高度来降低地面的电场强度。在高电压等级的长距离输送线路中，尽可能通过变化相序排列、导线间距，减少分裂数等措施来减少输电线路的辐射影响。

通过屏蔽的方式来减少极低频率的电场强度的作用也比较显著，一般钢筋混凝土结构的房屋的屏蔽效果就非常好。屋内的电场强度基本与背景值相当。研究数据表明，3m 高的树木可以使其周围地面的电场强度降低 4 倍左右，因此在高压线路通道两侧种植树木不但可以美化环境，还可以降低电磁场强度。

一、屏蔽措施

某 500kV 变电站拟采用的继电保护设备进行抗扰度试验。试验结果表明，抗干扰性能基本上达到了 A 类水平。根据国外经验，达到这样水平的继电保护设备是能够直接下放到开关站内的。但当时，国产设备并没有此类的下放经验，而且与保护设备配套和相连的其他设备，如计量、监测等设备的抗干扰性能也没有可以使用的数据，因此，在考虑该继电保护设备下放时，提出了采用保护小室的屏蔽措施。

（一）屏蔽及屏蔽效能

保护小室的屏蔽作用能够为其中的二次设备提供良好的电磁环境，以确保它们的正常工作。保护小室的屏蔽作用不仅是屏蔽体本身，一般还包含滤波、接地。屏蔽体的主要功能是屏蔽空间的辐射场，如工频、高频辐射、阻尼振荡、脉冲磁场等。但是对于因为电源、信号端口传导进入保护小室内的干扰，则需要通过滤波器，将其屏蔽于保护小室之外。否则，即使保护小室的其他部分结构良好，但是如果电源滤波不佳，仍会影响到整个保护小室的屏蔽作用。

根据 IEC 设备安装位置的环境分类，变电站的控制室与商业区属于同类环境，这类环境同开关场中的环境相比，各种电磁干扰现象的强度为 6~20dB。我国保护设备在变电站控制室中已经拥有比较成熟的运行经验，因此，经过 20dB 的衰减值（保护小室提供）之后，能够保证达到控制室的环境要求。按照 GJB/Z 25—1991《电子设备和设施的接地、搭接和屏蔽设计指南》，一般钢筋混凝土建筑的屏蔽效能能够达到 20dB 左右。因此，钢筋混凝土结构的建筑至少能够使建筑物内外的干扰水平控制在 1/10 以下；这样建筑物外的 10V/m 的电场在建筑物内也就只有 1V/m 左右。因此，对保护小室实施一定的屏蔽措施，使其屏蔽效能达到 40dB，是极其安全的。

（二）屏蔽设计方案

（1）屏蔽体。钢板是比较合适的电磁屏蔽材料，但是与开门、开窗和开孔的要求比较严格，否则屏蔽能力下降很快，而且与砖混结构的外墙配合比较困难，因此，经过屏蔽效能的计算，认为采用合理的孔径和线径的钢板能够满足需求。

（2）电源滤波器及进出信号电缆的处理。保护小室的供电线路通过电源滤波器（插入损耗应在 40dB 以上）才可以进入保护小室。其安装方法和质量对其性能影响比较大，应当遵循以下原则：

1）进入小室的每根电源线都应该配置电源滤波器。

2）滤波器应当安装在电源穿越屏蔽体入口处外侧，所有电源滤波器应安装在一起，以便于滤波器的外壳接地方便简单，其接地应短、可靠。

3）滤波器滤波后的输出线应用金属管敷设。控制和信号电缆应经过贯穿钢管后再进入保护小室。

（3）保护小室的接地。考虑雷击、母线故障接地时，地电位的升高将会给保护小室内的二次设备带来非常不利的影响。因此，应对保护小室接地足够的重视。同时，为了减小保护小室内任意两点之间在雷击或母线故障接地时的地电位差，保护小室的接地应当采用一点接地。

二、设置一定的安全距离

（一）变电站选取

为了能够更好地了解 220kV 变电站运行时产生的电磁辐射对外界的影响及衰减规律，选取广州某 220kV 变电站作为监测目标。该变电站占地面积为 16 003m²，有 220kV 进线 3 回，110kV 出线 7 回，主变压器总容量为 2×180MVA。

（二）监测仪器

监测仪器采用德国 Narda 生产的 PMM8053B 电磁辐射分析仪，探头为 ElHP-50C；测量频率为 5Hz～100kHz；量程为 0.01V/m～100kV/m（电场强度），1n～10mT（磁场强度）；分辨率：0.01V/m（电场强度）、1nT（电场强度）。

（三）监测方法与布点

根据 HJ 681—2013《交流输变电工程电磁环境监测方法（试行）》开展电磁辐射监测，监测工作应在无雨、无雾、无雪的天气下进行，且环境湿度应在80％以下。监测仪器的探头架设在地面上方 1.5m 高度处。监测工频电场时，监测人员与监测仪器探头的距离不小于 2.5m，监测仪器探头与固定物体的距离不小于 1m。监测地点选在地势平坦、远离树木且没有其他电力线路、通信线路及广播线路的空地上，变电站连在无进出线或远离进出线的围墙外且距离围墙 5m 处。断面监测路径以变电站围墙周围的工频电场和工频磁场监测最大值处为起点，在垂直于围墙的方向上布置，监测点间距为 5m，顺序测至距离围墙 50m 处。电磁辐射每个监测点连续测 5 次，每次监测时间为 30s，读取仪器的方均根值（RMS）；每个监测位置的 5 次读数的算术平均值作为监测结果。

监测结果表明：电磁辐射会因射源空间的距离变大而减小，在距变电站 40m 处的电磁辐射临近背景值。

（四）电磁辐射的控制措施

为了防止变电站对自然环境产生破坏性的影响，建设高压变电站要严格按照相关标准要求，认真履行"三同时"环境保护制度，确保变电站稳定达标运行。基于"电磁辐射会因射源空间的距离变大而减小，在距变电站 40m 处的电磁辐射临近背景值"的考虑，对电磁辐射防范措施进行以下方面的优化。

（1）变电站选址须满足不小于 40m 的卫生防护距离，协助政府部门做好规划管理工作，确保卫生防护距离内没有敏感建筑物。

（2）变电站建设时要充分考虑电磁辐射可能带来的影响，选用合乎规定的元器件，设置屏蔽、接地等设施。

（3）变电站在运行时要加强管理，确保设备在良好的状态下运行，减少放电、电晕等问题的发生；定期委托第三方检测机构对变电站周边电磁辐射进行监测。

（4）把监测数据粘贴在公告栏上，消除公众疑虑。

第四节　噪声治理环保工程

一、某垃圾焚烧发电厂机械通风冷却塔噪声治理工程

（一）工程概况

该厂于厂区西南面设有两台 NH-3500 型机械通风冷却塔，冷却塔噪声是厂界噪声超标的主要原因之一。两塔占地面积为 30×15m²，单塔循环水量为 3500m³/h，每塔顶部配有风量为 206.3×104m³/h 的 LF-85ⅡA 型轴流风机，直径为 8.53m，转速为 700～

900r/min，风机用功率为 135/36kW 的 YD315L1-8/4W 型电动机驱动。冷却塔距西侧、西南侧、东南侧厂界分别为 60、80、54m。2006 年，在冷却塔西侧进风口设置一道隔声屏，一定程度上降低了冷却塔噪声，但隔声屏距进风口太近，影响通风，且无吸声效果，降噪效果不佳。冷却塔东侧和顶部排风口无降噪措施，东侧进气口的噪声通过东侧山坡（人工挖凿切面）反射回西侧厂界，顶部排风口噪声向上辐射，通过衍射辐射到距厂界一定距离的环境敏感区。电厂南侧目前有人居住，西北侧厂界附近有零散的居民。据当地居民反映，昼间发电厂的噪声影响相对较小，但夜间发电厂的低频噪声已严重影响了睡眠。

（二）冷却塔噪声源分析

机械通风冷却塔的主要噪声源为进风口淋水噪声和出风口风机噪声，其次为电动机噪声。

1. 淋水噪声

淋水噪声是冷却塔进风口的主要噪声源，它是一种高强度的稳态噪声，其声音强度昼夜几乎保持不变。淋水量、淋水密度以及水滴质量、水力高度增大，淋水噪声也随之增大。由于向上的气流会降低水滴的下落速度，因此淋水噪声与塔内风速也密切相关。淋水噪声频谱具有中高频特性，并且随着集水池水深的增加，向低频方向移动。喷嘴布水到填料上以及进入塔内的空气对流都会产生噪声，但比淋水噪声小得多。

2. 风机噪声

风机噪声主要包括空气动力噪声和机械噪声，其中以空气动力噪声为主。空气动力噪声又包括旋转噪声和湍流噪声，冷却塔主要是湍流噪声。受条件限制，无法进行现场实测（实测需在冷却塔出风口上方 45° 方向，距离风筒 5m 处进行）。根据有关经验，其噪声应在 85dB 左右。轴流风机以中频噪声为主，气流含水率高，较难治理。

3. 电动机噪声

电动机噪声主要包括旋转噪声、电磁噪声、空气动力性噪声、机械噪声等，其中以空气动力性噪声为主。

（三）冷却塔噪声治理

1. 淋水噪声治理

（1）塔内降噪。基于斜面消能减噪原理进行塔内降噪，落水消能降噪导流装置铺设在集水池水面上，避免冷却塔落水对水面的直接冲击，在冷却塔落水撞击水面前，先在斜面上以无声擦贴的接触形式实现缓冲减速，经无声擦贴、粘滞减速、挑流分离、疏散洒落等消能形式的过渡，达到降低落水冲击噪声的控制效果。

本例中使用的落水消能降噪导流装置主要由飘浮式支承架及消声器组成。消声器采用优质无毒、不易老化、耐酸耐碱、轻质耐压的乙丙共聚烯制成，以六角蜂窝斜管为主体形式。飘浮式支承架由浮体、飘浮框架和支承栅组成，通过结点卡座组装并作防腐处理。安装时，漂浮框架通过万向连接卡座连续拼接，直至将全塔水面覆盖严密。

（2）塔外声波阻隔。塔外治理的主要手段之一是消声治理，即在冷却塔周围安装通风消声器。该方法具有较好的降噪效果，但会影响冷却塔的通风效果，也会使循环水温度升高。本例中冷却塔允许最大压力损失仅 8.5Pa，需要充分的通风环境，不能对其采取封闭的消声措施。由于淋水噪声的频谱以高频噪声为主，而隔声屏对高频声波有显著的屏蔽作用，所以分别在塔的东西两侧设置 3 段交错式 L 形吸声隔声屏，并拆除西侧原有隔声屏。

2. 风机噪声治理

采用穿孔板消声器降低风机噪声。该消声器质量轻、阻损小，而且具有消声频带宽、耐高温、耐蒸汽的特性，适用于高速气流、潮湿的风机排风筒，本例中设计消声器的消声量为 15dB。

3. 电动机噪声治理

电动机的两侧和顶部均设半封闭式吸声隔声屏障，尾部设置消声百叶。为保证降噪同时又不影响机组的正常散热，隔声屏及消声百叶距电动机 1m。吸声型隔声屏障单元设计隔声量为 25dB。

4. 治理效果

冷却塔降噪措施实施前后噪声声级变化见表 8-12，可以看到，实施降噪措施后，降噪量明显。经环保部门在厂界规定点监测，昼间噪声从原来的 64.1dB 降至 52.2dB，夜间噪声从原来的 63.4dB 降至 48.1dB，达到了 GB 12348—2008《工业企业厂界环境噪声排放标准》中 2 类区昼间小于或等于 60dB，夜间小于或等于 50dB 的要求。

表 8-12　　　　　　　　冷却塔降噪措施实施前后噪声声级变化　　　　　　　　dB

冷却塔单元	降噪措施	治理前噪声	治理后噪声	实测降噪量
进风口、集水池	落水消能降噪导流装置	76.4～76.8	70.3～70.7	6.1
	交错式隔声屏	70.3～70.7	54.1～54.3	16.2
风机	双层微穿孔板消声器	85	67～70	15～18
电动机	复合式百叶隔声屏	69.9～70.6	55.3～56.0	14.6
冷却塔整体		88.9～89.3	72.8～74.2	15.1～16.1

二、某燃气电厂空冷平台噪声治理工程

（一）工程概况

华北某 859MW 燃气电厂为空冷凝汽机组，大型空冷平台位于主厂房南侧，距南厂界约 17m，距东侧敏感点居民住宅约为 90m。南侧厂界执行 GB 12348—2008《工业企业厂界环境噪声排放标准》4a 类声功能区标准；北厂界、西厂界和东厂界执行 GB 12348—2008《工业企业厂界环境噪声排放标准》2 类区标准，东厂界的敏感点居民住宅处执行 GB 3096—2008《声环境质量标准》2 类区标准。

空冷平台长为 97.4m、宽为 47.8m，顶柱高度为 34m，共有 32 台风机，4（垂直于 A 列方向）×8（平行于 A 列方向）布置。风机直径约为 9m，风机单元尺寸为 12.0m×11.6m，单台风机的风量为 544m^3/s，电动机额定功率为 160kW，声功率级小于或等于 91dB（A）。根据专业声学计算，为达到厂界噪声排放标准，空冷平台需采取整体降噪

措施，整体降噪量大于或等于 12dB（A）；为保证通风冷却效率，要求降噪措施的附加阻力损失小于或等于 12Pa。

（二）空冷平台噪声治理措施

在空冷平台下方设置的阵列式消声器由 12 700 个消声单元组成，消声单元外形尺寸为 230mm×230mm×2500mm，间距为 200～280mm，按阵列的方式布置，通过合理设置消声单元的截面尺寸、长度、数量和间距来满足消声和气流阻力损失两方面的要求。

图 8-5 所示为阵列式消声器，与传统阻性片式消声器相比，阵列式消声器的优势在于气流可以在水平横向及垂直纵向 4 个方向流动，能够更好地与轴流风机的螺旋状气流走向达成"自适应"匹配，能更好地适应风机群复杂多变的气流走向。因此，对于特定的风冷平台，其阻力损失较传统的片式消声器更小，对应的风机系统日常运行的能耗损失也更小。

图 8-5　阵列式消声器

为了尽量增加进风面积，除在空冷平台底部安装进风阵列式消声器外，四周侧面还设置了挡风墙和消声百叶，以改善空冷平台的进风条件。由于空冷平台西侧面向厂区内部，因此不采取措施，敞开通风。

（三）空冷平台噪声治理效果

图 8-6 所示为采用 SOUNDPLAN 声学模拟软件计算并绘制的噪声治理前后空冷平台对全厂产生的噪声分布图。可以看到，东南侧敏感点的噪声较大，噪声治理前，东厂界处和最近居民住宅处噪声级最高达到 65dB（A）；噪声治理后，东厂界和东南侧敏感点居民住宅处的噪声下降明显，噪声级由 65dB（A）降到 50dB（A），达到预期的降噪要求。经环保验收测试，空冷平台阵列式消声器完全达到设计指标，降噪效果显著。

(a) 噪声治理前

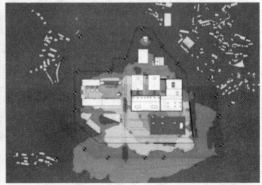

(b) 噪声治理后

图 8-6　噪声治理前后空冷平台对全厂产生的噪声分布

三、某城市户外 110kV 变电站变压器噪声治理工程

(一) 工程概况

某城市户外 110kV 变电站设施分布如图 8-7 所示。站界东南墙角外有数栋居民楼，为噪声敏感区域。西侧为市政道路，道路对面是商业区，北侧为绿化带，均不属于噪声敏感点。在测点处测试噪声后发现，噪声主要集中在 50～630Hz 低频段，最强峰为 100Hz 和 315Hz，测点 A 计权声压级分布在 77～81dB（A）范围内。在噪声敏感区域的居民楼内昼间和夜间声压级分别在 49～54dB（A）和 46～50dB（A）范围内，其中夜间噪声值已经超过 GB 12348—2008《工业企业厂界环境噪声排放标准》Ⅰ类声环境功能区规定的噪声排放阈值 45dB（A）。

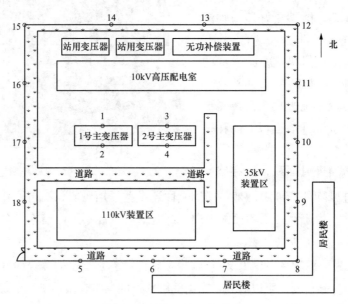

图 8-7　某变电站设施分布

(二) 变电站噪声治理措施

在 1 号主变压器的西侧、南侧，距变压器主体 2m 处各布置一道 5m 高的声屏障。西侧屏障长 8m，在屏障北端向东延伸 2m；南侧屏障长 10m，在屏障东端向北延伸 2m。为解决因高度受限使顶部无法封闭的问题，除南侧外，其他屏障上加装垂直高度为 30cm 的挑檐隔声屏障，上部声学挑檐与水平成 45°。南侧屏障可移动，以方便检修时车辆进入。2 号主变压器的声屏障与 1 号主变压器声屏障对称布置。

(三) 变电站噪声治理效果

按照 GB 12348—2008《工业企业厂界环境噪声排放标准》的要求，该站东侧、南侧厂界属于 1 类声环境功能区，即厂界昼间不超过 55dB（A），夜间不超过 45dB（A）。北侧、西侧厂界属于 2 类声环境功能区，即厂界昼间不超过 60dB（A），夜间不超过 50dB（A）。表 8-13 所示为该变电站噪声治理前后站界噪声监测结果，经降噪工程改造后，站界声环境均能满足标准要求的排放值。居民楼内敏感点的昼间和夜间噪声分别降

至 42～45dB（A）和 40～43dB（A），降噪效果明显。

表 8-13   某变电站噪声治理前后站界噪声监测结果   dB（A）

测点位置	治理前		治理后		标准值	
	昼间	夜间	昼间	夜间	昼间	夜间
5	50.1	46.7	45.7	43.7	55	45
6	50.2	47.1	46.3	43.4	55	45
7	49.7	46.4	46.0	43.1	55	45
8	49.4	46.7	46.2	42.8	55	45
9	52.5	47.3	45.9	43.0	55	45
10	53.2	49.5	45.8	43.5	55	45
11	53.6	48.8	46.2	44.0	55	45
12	52.8	48.5	51.6	48.3	60	50
13	52.3	49.6	51.2	48.4	60	50
14	53.4	50.8	51.7	48.7	60	50
15	53.0	50.3	51.4	48.2	60	50
16	54.4	52.5	50.3	47.3	60	50
17	53.9	50.9	50.2	47.7	60	50
18	53.6	51.2	49.5	47.4	60	50

第九章
电力环保工程经济性水平

电力环保工程属于投入型设施建设，其投入成本与运行能耗是考量工程的重要因素。目前，电力环保工程中以燃煤电厂的超低排放改造最为普遍，且投资大、改造范围广、对行业影响力大，其他污染物如废水、固废治理设施种类繁多、规模参差不齐、处理能力差别大，且占燃煤电厂建设总投资比例小，运行成本较低，无法进行类比分析。超低排放改造的投入及投运后的能耗是目前电力环保行业应最为关注的，对其经济性水平的分析，是行业发展所必要的。

一、经济性水平的评价

对于燃煤电厂改造的经济性水平的评价应运用科学的方式，而对于投入型设施建设，应从以下几个方面进行考量：

（1）项目的设备购置、工程安装与设施建设等费用，即投资成本。

（2）工程的资产折旧、物料耗费、维修花销、人工成本等运行成本。

（3）工程从投资建设运行角度所产生的经济效益和投运后的环境治理效应。

二、投资成本

对于燃煤电厂超低排放改造，技术路线多种多样，技术路线的选择和燃煤电厂的煤质供应、技术特性、锅炉性能和日常运转方式有很大关系。对于已经建成的燃煤电厂还要考虑原有的环保设施，从而根据原有设计加以改造，减少投资，结合以上各类情况，燃煤电厂的超低排放改造投资是各不相同的。

（一）对于新建机组而言

新建燃煤电厂在初步设计时就要考虑达到超低排放的排放要求。同其他电厂相比，初期烟尘排放浓度要从 $30mg/m^3$ 降至 $10mg/m^3$、二氧化硫从 $100mg/m^3$ 降至 $35mg/m^3$，氮氧化物从 $100mg/m^3$ 降至 $50mg/m^3$。各项指标分别需下降 $30\%\sim50\%$，总体污染物排放量下降 44.1%，总体投资与运行成本较非超低排放设计增加 30% 左右。若将烟尘排放浓度控制在 $5mg/m^3$ 以内，其因对于除尘要求严格，进行的设备加装会再使总体投资与运行成本增加 10% 左右。

（二）对于现役机组而言

现役机组同新建机组类似，针对电厂不同情况，所选择的技术路线也各有差异。总体来说，因可在已有设备的基础上进行改造，投资总额通常较新建机组会低一部分，但视改造情况相差也并不会很大，针对通常使用的技术路线，即采用低氮燃烧配合脱硝改造、采用高频电源及旋转极板技术电除尘器、高效脱硫技术及末端加装湿式电除尘器这样的组合，不同装机容量燃煤电厂单台机组投资总额见表9-1。

表9-1　　　　　　　　　不同装机容量燃煤电厂单台机组投资总额

项目	300MW级机组	600MW级机组	1000MW级机组
脱硫投资（万元）	10 000~18 000	16 000~27 000	22 000~34 000
单位发电量投资（元/kW）	170~304	133~224	100~200
脱硝投资（万元）	8000~12 000	13 000~18 000	18 000~24 000
单位发电量投资（元/kW）	148~199	108~143	88~120
除尘投资（万元）	10 000~13 000	18 000~20 000	26 000~29 000
单位发电量投资（元/kW）	178~215	142~160	131~142
投资总额（万元）	28 000~43 000	47 000~65 000	66 000~87 000
单位发电量投资（元/kW）	496~718	383~527	319~462

三、运行能耗

（一）脱硝技术

1. 选择性催化还原法

选择性催化还原法的主要性能取决于脱硝催化剂与还原剂。通常，脱硝反应效率为60%~90%。在使用一层催化剂时效率可达40%以上，在使用两层催化剂可达到70%以上，在使用三层催化剂时可以达到80%以上。脱硝系统的电耗占总发电量的0.1%~0.3%。其运行产生的废物为氨逃逸及废弃催化剂。

2. 选择性非催化还原法

选择性非催化还原法系统简单，运行耗电量小、系统阻力小。对其运行主要的影响因素为反应温度、烟气在反应区停留时间以及还原剂类型。通常，其电耗可忽略不计，氨逃逸在$6~8mg/m^3$之间。

（二）除尘技术

1. 电除尘技术

电除尘器的主要性能参数是烟尘比电阻、集尘极的总表面积、烟气流量及烟尘的跟随程度，这些指标保障了除尘器运行的效率以及运行的消耗。通常情况下电除尘器的正常除尘效率为99.0%~99.8%、烟尘浓度在$50mg/m^3$以下。电除尘主要能耗为电能，一般占电厂发电量的0.1%~0.4%。

在使用高频电源时，相比使用工频电源，在除尘效率不变的情况下，电除尘器可节能70%~90%；在使用同一本体基础进行改造的情况下，烟尘排放量可降低40%~70%。

2. 袋式除尘技术

滤料的性能决定了袋式除尘器的性能，除此之外锅炉风速、清灰方式也不同程度影响袋式除尘器性能。袋式除尘器除尘效率为99.5%~99.99%，可将烟尘的排放浓度控制在$30mg/m^3$以下。袋式除尘器的主要消耗在更换滤袋上，通常为一次大修进行全部更换；其电耗量为中发电量的 0.2%～0.4%。

3. 电袋复合除尘技术

电袋复合除尘器集合电除尘器与袋式除尘器的性能特点，其除尘效率可达 99.5%～99.99%。烟尘排放浓度可达 30mg/m³ 以下、漏风率控制在 3% 以下。其运行的能耗占总发电量的 0.1%～0.3%。

（三）脱硫技术

1. 湿法脱硫技术

（1）石灰石-石膏法脱硫技术。石灰石或石灰石-石膏法和电石渣等脱硫技术主要的能耗为脱硫剂的消耗和电能的消耗，电能消耗占总发电量的 1.0%～1.5%。

其脱硫效率在钙硫比为 1.02～1.05、循环浆液 pH 值为 5.0～6.0 时可到 95% 以上，此条件下所产出的石膏纯度在 90% 以上。脱硫系统会产生脱硫废水、副产物石膏、粉尘污染和机械噪声。

（2）氨法脱硫技术。氨法脱硫主要的能耗是脱硫剂与电能，其电能消耗一般为总发电量的 0.4%～1.2%。对于氨法脱硫其效率在 95% 以上。同时，氨法脱硫运行会产生氨逃逸。

（3）海水脱硫技术。海水脱硫系统主要消耗海水及电耗，其电耗约占总发电量的 1.0%。其运行产生的外排海水水质需要满足 GB 3097《海水水质标准》中第三类要求。通常 300MW 机组海水脱硫的海水耗量在 32 400～43 200t/h 且海水必须经过强制曝气后外排。

2. 半干法脱硫技术

（1）循环流化床烟气脱硫技术。循环流化床烟气脱硫技术运行主要消耗脱硫剂和电能，其电能消耗占总发电量的 0.5%～1.0%。通常其性能与脱硫的钙硫比、喷水量、反应温度和烟气停留温度有关。通常海水脱硫技术效率可达到 90% 以上。该技术无废水产生，通常废物为脱硫副产物及设备噪声。

（2）增湿灰循环烟气脱硫技术。增湿灰循环烟气脱硫技术运行时主要能耗为脱硫剂和电能，其电耗约占总发电量的 0.1%～0.3%。其脱硫效率一般在 85% 以上，影响其效率的主要因素为脱硫灰循环倍率和钙硫比。通常废物为脱硫副产物和设备噪声，无脱硫废水，采用袋式除尘器除尘。

（四）运行成本

对于新建机组而言，以 300MW 级机组为例，全年发电小时按 4500h 计算，其年污染物脱除设施运行成本在 6000 万元以上，污染物单位脱除成本为 0.04 元/kWh 左右。其中，脱硫运行成本约为 2500 万元，脱硫单位发电量运行成本约为 0.015 元/kWh；脱硝系统运行成本约为 2500 万元，脱硝单位发电量运行成本约为 0.015 元/kWh；除尘器运行成本约为 1000 万元，除尘单位运行成本约为 0.01 元/kWh。

对于不同情况下，污染物脱除系统的运行成本不同。如使用的燃料中硫分含量较高，会使脱硫系统运行成本大大增大；脱硝系统单位发电量运行成本会随机组运行负荷下降而升高；而除尘系统的单位发电量运行成本会随机组发电利用小时数增加而降低。

对于改造机组而言，其从 GB 13223—2011《火电厂大气污染物排放标准》中特别限值要求改造至达到超低排放要求，对于 300MW 级机组，需要增加污染物脱除的单位发电量成本为 0.018 元/kWh；对于 600MW 级机组，需要增加污染物脱除的单位发电量成本为 0.014 元/kWh；对于 1000MW 级机组，需要增加污染物脱除的单位发电量成本为 0.010 元/kWh。

四、效应

污染物脱除的效应主要分为两个方面，即经济效益和环境效益。

经济效益主要体现在实现超低排放的电价补贴和副产品。在燃煤电厂污染物达到国家排放标准限值可获得补贴电价为 0.027 元/kWh，其中，脱硫、脱硝、除尘的补贴电价分别为 0.015、0.01、0.002 元/kWh。在达到超低排放标准后，对 2016 年 1 月 1 日以前已经并网运行的现役机组，对其统购上网电量加价 1 分钱/kWh（含税）；对 2016 年 1 月 1 日之后并网运行的新建机组，对其统购上网电量加价 0.5 分钱/kWh（含税）。

环境效益主要体现在二氧化硫、氮氧化物及烟尘的减排上。在施行 GB 13223—2011《火电厂大气污染物排放标准》后，SO_2、NO_x 及烟尘这三个主要污染物的分别减排 97.77%、72.24% 和 92.48%。在超低排放实施后，SO_2、NO_x 及烟尘这三个主要污染物的减排量有限，但超低排放实施对于大气中的 $PM_{2.5}$ 等非常规污染物治理意义重大，而这正是导致近年来雾霾现象频发的元凶。为此燃煤电厂实现超低排放的环境治理意义及其重大，其所带来的环境效益可观。

参 考 文 献

[1] 顾卫荣，周明吉，马薇，等．选择性催化还原脱硝催化剂的研究进展．化工进展，2012，31（07）：1493-1500.

[2] Schwämmle T，Bertsche F，Hartung A，et al. Influence of geometrical parameters of honeycomb commercial SCR-DeNOx-catalysts on DeNOx-activity，mercury oxidation and SO_2/SO_3-conversion. Chemical Engineering Journal，2013，222：274-281.

[3] 吕宏俊，刘浩波，张泽玉，等．吹灰器在 SCR 脱硝系统中的选用．中国环保产业，2015（04）：64-66.

[4] 游松林，罗洪辉，王振，等．燃煤电厂 SCR 脱硝系统氨逃逸率控制技术研究．华电技术，2019，41（02）：55-59.

[5] 贾振宇．一种应用于超低排放中试平台的高频电源设计［J］．神华科技，2017，015（6）：35-39.

[6] 郭江源，姜冉，张志勇，等．基于石灰石-石膏湿法脱硫的超低改造技术分析［J］．能源环境保护，2019，33（6）：36-38，64.

[7] 汪茜．石灰石湿法脱硫的发展现状综述［J］．化工管理，2018，20：162.

[8] 刘学冰，张莉，孙丰勇．资源综合利用热电厂烟气脱硫工艺研究［J］．煤矿现代化，2008，（5）：41-43.

[9] 张香转，李朝阳，韩洪兵，等．DTTW 双循环脱硫除尘一体化技术在燃煤锅炉上的应用［J］．工业锅炉，2012，（2）：21-25.

[10] 王媛，李博识．双碱法脱硫在锅炉烟气脱硫中的应用［J］．金田，2013，（4）：353.

[11] 高飞．二氧化硫的吸收性能及机理研究［D］．淮南：内蒙古工业大学，2013.

[12] 杜建敏．干法与半干法烟气脱硫技术综述［J］．工业安全与环保，2002，28（6）：13-15.

[13] 运用雅，辛清萍，张玉忠．烟气脱硫技术的研究进展［J］．山东化工，2019，48（7）：68-71.

[14] 刘鸣．影响炉内喷钙脱硫效率的主要因素及控制［J］．中国环保产业，2016，8：36-38.

[15] 郭小江，马海丽．伊泰锅炉循环流化床烟气脱硫技术研究［J］．洁净煤技术，2014，20（6）：122-124.

[16] 金龙．锅炉炉内喷钙脱硫技术应用 CFB 的创新探究［J］．价值工程，2018，（34）：164-165.

[17] 李欣悦．电子束脱硫脱硝工艺应用及发展［J］．四川化工，2019，22（1）：20-21，28.

[18] 陆慷．CFB-FGD 半干法脱硫技术的应用［J］．企业导报，2016，（19）：49.

[19] 吕宏俊．炉内喷钙-尾部增湿活化脱硫技术应用研究［J］．中国环保产业，2011，3：23-25.

[20] 杨源田，赵世霞，冯振堂．喷雾干燥法烟气脱硫技术及其应用［J］．工业安全与环保，2009，30（4）：16-17，44.

[21] 刘晓波．烟气脱硫主要技术的应用及对比［J］．石油化工应用，2018，37（10）：116-118.

[22] 国家计委．中国粉煤灰综合利用技术政策及其实施要点［J］．煤炭加工与综合利用，1991（5）：2-5.

[23] 李化全，郭传华．废弃脱硝催化剂中有价元素钛钒钨的综合利用研究 Comprehensive recovery of valuable elements vanadium，titanium，and tungsten from abandoned denitration catalyst［J］．无机盐工业，2014，046（005）：52-54.

[24] 李俊峰，张兵兵，李翼然．基于钒钛基 SCR 法废脱硝催化剂的回收利用［J］．广州化工，2014（24）：130-132.

［25］黎昌金，余洁．电磁辐射污染在国内外研究综述［J］．内江师范学院学报，2019，34（4）：59-64.

［26］程芳．关于电磁辐射污染的探讨［J］．环境与可持续发展，2015，1：126-127.

［27］张琦，张华英．电磁辐射环境污染现状及防治对策研究［J］．环境与发展，2008，16：102.

［28］郭星，樊东方．高压输电线路电磁辐射对环境的影响及对策［J］．科技向导，2012，36：190.

［29］翟俊玉，张运国．输变电工程电磁辐射污染及防治［J］．中国电力企业管理，2004，5：65-66.

［30］谢春康．双碱法技术在脱硫改造工程中的应用［J］．中国氯碱，2019，（2）：43-44.

［31］王杰斌，芦广起，牛曰响．浅析双碱法进行烟气脱硫的设计应用［J］．化学工程与装备，2013，（8）：145-146.

［32］曾健琴，周世嘉．钠-钙双碱法工艺在高温烟气脱硫中的应用［J］．绿色科技，2013，（5）：211-213.

［33］吕丽．氨法脱硫在锅炉烟气净化中的应用［J］．能源化工，2017，38（2）：75-79.

［34］吴荣强，侯玉彬．炉内喷钙脱硫在循环流化床锅炉上的应用实践［C］．中国煤炭学会会议论文集，2008：56-58.

［35］毛本将，丁伯南．电子束烟气脱硫技术及工业应用［J］．环境保护，2004，（9）：15-18.

［36］李钦武．循环流化床脱硫技术工程应用及增效优化［J］．电力科技与环保，2013，29（2）：39-40.

［37］贾东坡，王明毅，宋魏鑫，等．循环流化床锅炉尾部增湿活化深度脱硫工艺研究［J］．电站系统工程，2014，30（5）：41-43.

［38］王殿辉，门雪燕．喷雾半干法脱硫工艺在烧结烟气治理中的应用［J］．中国环境管理干部学院学报，2014，24（2）：57-60.

［39］邓林俐．循环流化床烟气脱硫技术应用及进展［J］．资源节约与环保，2019，（3）：35.

［40］林晓芬，林卫华．循环流化床烟气脱硫技术简介［J］．广东化工，2017，44（22）：116-117.

［41］赵雅晶．循环流化床在烟气脱硫中的应用分析［J］．化工设计通讯，2016，42（7）：11，34.

［42］蔡小琼，王伯光，石雷，等．垃圾焚烧发电厂机械通风冷却塔噪声治理技术研究．环境科学与技术，2009，32（12）：146-150.

［43］冯建华．电厂直接空冷系统噪声污染及控制研究与实践．噪声与振动控制，2018，38（04）：237-240.

［44］孟晓明，陈胜男，杨黎波，等．城市户外变电站噪声治理研究．电力科技与环保，2019，35（03）：1-3.

［45］杨胜利．高压输电线路的电磁辐射影响及其防治措施［J］．科技促进发展，2011，S1：238-239.

［46］孙竹森，张禹方，张广州，等．500kV变电站电磁骚扰和防护措施的研究（二）［J］．高电压技术，2000，2（26）：26-27.

［47］郑经伦．220kV变电站电磁辐射监测及防范措施研究［J］．资源节约与环保，2017，5：40-42.

［48］王忠杰．分析电磁辐射污染的防治研究［J］．中国电力企业管理，2004，5：65-66.

［49］黄昕，张亮，王国旗．城市电磁辐射污染问题及防治措施分析［J］．科技创新与应用，2017，7：75.

［50］是凡，靳朝喜．变电站电磁辐射监测及防治措施［J］．环境与发展，2017，3：232-233.

［51］陈庚远．浅谈电磁污染及其防治［J］．科技经济市场，2010，11：12-13.

［52］唐建军．变压器和输电线电磁辐射对环境影响的研究［D］．重庆：重庆大学，2003.

［53］丁玉斌．武汉市高压电输变电电磁辐射对城市环境的影响研究［D］．武汉：华中师范大学，2008.